新世纪高等学校公共课重点建设教材

U0749519

概率论与数理统计教程 修订版

习题全解指南

韩兆秀　王海敏　主编

浙江工商大学出版社
ZHEJIANG GONGSHANG UNIVERSITY PRESS

图书在版编目(CIP)数据

概率论与数理统计教程(修订版)习题全解指南 / 韩兆秀,王海敏主编. -- 杭州:浙江工商大学出版社,2025. 1. -- ISBN 978-7-5178-6392-2

Ⅰ. O21-44

中国国家版本馆 CIP 数据核字第 2025D8J071 号

概率论与数理统计教程(修订版)习题全解指南

GAILYULUN YU SHULI TONGJI JIAOCHENG(XIUDING BAN)XITI QUANJIE ZHINAN

韩兆秀 王海敏 主编

责任编辑	王黎明
责任校对	沈黎鹏
封面设计	蔡思婕
责任印制	祝希茜
出版发行	浙江工商大学出版社
	(杭州市教工路 198 号　邮政编码 310012)
	(E-mail:zjgsupress@163.com)
	(网址:http://www.zjgsupress.com)
	电话:0571-88904980,88831806(传真)
排　　版	杭州朝曦图文设计有限公司
印　　刷	杭州捷派印务有限公司
开　　本	787mm×960mm　1/16
印　　张	16
字　　数	286 千
版 印 次	2025 年 1 月第 1 版　2025 年 1 月第 1 次印刷
书　　号	ISBN 978-7-5178-6392-2
定　　价	38.00 元

前　言

　　本书是龚小庆、王炳兴主编的《概率论与数理统计教程（修订版）》（浙江工商大学出版社）的习题全解指南。

　　本书按教材各章顺序编排，每章内容由两部分组成：第一部分内容提要，主要是系统归纳总结本章的基本概念、基本定理和主要公式，梳理知识结构。第二部分习题详解，与教材的习题一致。在解答中，有的习题在解答前分析了解题思路，使读者不仅能学到这个题的具体求解方法，而且能学到如何来分析这个题的求解过程。有的习题在详细解答之后给出了评注，主要是对这类题型的解题方法做一个归纳、总结，或指出其技巧点所在，等等。

　　我们建议，做习题时，先自己想一想，动手算一算，写出完整的解答过程，然后将自己所得的结果与本书的结果做一比较，看哪些自己做对了，哪些自己做错了，想想自己为什么会做错，找出自己在知识掌握方面的不足，学习分析、解题的方法和思路，学会举一反三。如果还有不清楚的地方，可以与你的同学、老师研讨。如果用这样的态度与方法来学习，不仅能提高你的解题能力，而且能使你更深刻地理解、掌握概率论与数理统计的基本概念、基本理论和基本方法，习惯概率论与数理统计独有的思维方式。

　　本书编写的具体分工为：第 1、2 章由王波执笔；第 3、5 章由王海敏执笔；第 4、6、9、10 章由韩兆秀执笔；第 7、8 章由曾慧执笔；全书最后由韩兆秀、王海敏统稿、定稿，王炳兴主审。

　　由于时间仓促，书中难免存在差错和缺欠，诚恳地希望读者批评指正。

编　者

浙江工商大学

目　录
CONTENTS

第 1 章　随机事件及其概率

1.1　随机事件与样本空间

1. 两个基本原理

（1）加法原理

做一件事,完成它可以有 n 类办法,在第一类办法中有 m_1 种不同的方法,在第二类办法中有 m_2 种不同的方法,$\cdots$,在第 n 类办法中有 m_n 种不同的方法,那么完成这件事共有 $N = m_1 + m_2 + \cdots + m_n$ 种不同的方法.

（2）乘法原理

做一件事,完成它需要分成 n 个步骤,做第一步有 m_1 种不同的方法,做第二步有 m_2 种不同的方法,$\cdots$,做第 n 步有 m_n 种不同的方法,那么完成这件事共有 $N = m_1 m_2 \cdots m_n$ 种不同的方法.

2. 排列

从 n 个不同元素中,任取 m 个($1 \leqslant m \leqslant n$)不同元素,按照一定的顺序排成一列,叫作从 n 个不同元素中取出 m 个元素的一个排列.所有这样的不同排列的种数(排列数)记为 A_n^m 或 P_n^m,这里 $\mathrm{A}_n^m = \mathrm{P}_n^m = 1 \leqslant n(n-1) \cdots (n-m+1)$.

从 n 个不同元素中取出 m 个($1 \leqslant m \leqslant n$)元素(元素可以重复),按照一定的顺序排成一列,叫作从 n 个不同元素中取出 m 个元素的一个可重复元素的排列.所有这样的可重复排列的种数(可重复排列数)为 n^m.

3. 组合

从 n 个不同元素中,任取 m 个($0 \leqslant m \leqslant n$)不同元素,不计顺序并成一组,叫作从 n 个不同元素中取出 m 个元素的一个组合.这样不同的组合种数(组合数)为 $\begin{bmatrix} n \\ m \end{bmatrix}$ 或

C_n^m，这里

$$\begin{bmatrix} n \\ m \end{bmatrix} = C_n^m = \frac{A_n^m}{A_m^m} = \frac{n(n-1)\cdots(n-m+1)}{m!}.$$

组合数有两个性质：$\begin{bmatrix} n \\ m \end{bmatrix} = \begin{bmatrix} n \\ n-m \end{bmatrix}$，$\begin{bmatrix} n+1 \\ m \end{bmatrix} = \begin{bmatrix} n \\ m \end{bmatrix} + \begin{bmatrix} n \\ m-1 \end{bmatrix}$.

4. 随机现象、随机试验、随机事件

在一定条件下，可能发生也可能不发生的现象称为随机现象.随机现象仅就一次观察呈现不确定性，但在大量重复试验中，具有某种统计规律性.对随机现象进行的观察称为随机试验.随机试验的结果称为随机事件.随机试验的每一个可能结果称为基本事件或样本点，所有基本事件构成的集合称为样本空间，记作 S 或 Ω.特别地，样本空间 S 或 Ω 称为必然事件，空集 $\varnothing$ 称为不可能事件.

5. 事件间的关系与运算

（1）事件间的关系与运算（见表 1-1）

表 1-1　事件的运算及关系表

运算或关系名称	记 号	定 义	文氏图
A 包含 B （包含关系）	$A \supset B$ 或 $B \subset A$	事件 B 的发生必然导致事件 A 的发生	
A 与 B 相等 （相等关系）	$A = B$	A 与 B 相互包含	
积事件 （交运算）	AB 或 $A \cap B$	事件 A 与事件 B 同时发生	
和事件 （并运算）	$A + B$ 或 $A \cup B$	事件 A 与事件 B 至少有一个发生	

续　　表

运算或关系名称	记　　号	定　　义	文氏图
互不相容 （互斥关系）	$AB = \varnothing$	事件 A 与事件 B 不能同时发生	
差事件 （减法运算）	$A - B$	事件 A 发生，但事件 B 不发生	
对立事件 （互逆关系）	$B = \overline{A}$	事件 A 与事件 B 中必有一个发生，但不能同时发生	

（2）　完备事件组

如果一组事件 $A_1, A_2, \cdots, A_n$，满足

① 两两互不相容（互不相容性）；

②$A_1 \bigcup A_2 \bigcup \cdots \bigcup A_n = S$（完备性），

则称事件组 $A_1, A_2, \cdots, A_n$ 为完备事件组.

（3）　运算的性质

① **交换律**　$A \bigcup B = B \bigcup A, A \bigcap B = B \bigcap A$；

② **结合律**　$(A \bigcup B) \bigcup C = A \bigcup (B \bigcup C), (A \bigcap B) \bigcap C = A \bigcap (B \bigcap C)$；

③ **分配律**　$(A \bigcup B) \bigcap C = (A \bigcap C) \bigcup (B \bigcap C), (A \bigcap B) \bigcup C = (A \bigcup C) \bigcap (B \bigcup C)$；

④ **德·摩根律**　$\overline{A \bigcup B} = \overline{A} \bigcap \overline{B}, \overline{A \bigcap B} = \overline{A} \bigcup \overline{B}$，

一般地，$\overline{\bigcup_{i=1}^{n} A_i} = \bigcap_{i=1}^{n} \overline{A_i}, \overline{\bigcap_{i=1}^{n} A_i} = \bigcup_{i=1}^{n} \overline{A_i}$.

1.2　概率及古典概型

1. 概率的统计定义

在相同条件下，进行了 n 次试验，在这 n 次试验中事件 A 发生的次数 n_A 称为事件 A 的频数，比值 $\dfrac{n_A}{n}$ 称为事件 A 发生的频率，并记为 $f_n(A)$，即 $f_n(A) = \dfrac{n_A}{n}$.

在相同的条件下，重复进行很多次试验，事件 A 的频率的稳定值 p 称为随机事件

A 的概率,记作 $P(A) = p$.

2. 概率的古典定义

古典概型具有以下特点:

(1) 所有可能的试验结果只有有限个,即试验的基本事件个数有限;

(2) 试验中每个基本事件发生的可能性相等.

称满足上述条件的事件组为等概基本事件组.

在古典概型中,设基本事件总数为 n,事件 A 包含的基本事件数为 $m(m \leqslant n)$,则事件 A 的概率为

$$P(A) = \frac{\text{事件 } A \text{ 所含基本事件数}}{S \text{ 所含基本事件总数}} = \frac{m}{n}.$$

3. 概率的公理化定义

设随机试验 E 的样本空间为 S,对试验 E 的随机事件 $A(\subset S)$ 赋予一个实数 $P(A)$,如果它满足下列三条公理:

(1) **非负性** 对于每一个事件 A,$P(A) \geqslant 0$;

(2) **规范性** $P(S) = 1$;

(3) **可列可加性** 若 $A_1, A_2, \cdots, A_n, \cdots$ 是一组两两不相容的事件,则有

$$P(\bigcup_{i=1}^{\infty} A_i) = \sum_{i=1}^{\infty} P(A_i),$$

则称 $P(A)$ 为事件 A 的概率.

1.3 概率的计算

1. 概率的加法公式

(1) 互不相容事件的加法公式

① 若事件 A, B 互不相容,则 $P(A \bigcup B) = P(A) + P(B)$;

② $P(\overline{A}) = 1 - P(A)$.

(2) 减法公式

① 若 A, B 为任意两个事件,则 $P(B - A) = P(B) - P(AB) = P(\overline{A}B)$;

② 若 $A \subset B$,则 $P(B - A) = P(B) - P(A)$.

(3) 一般事件的加法公式

设 A, B 为任意两个事件,则 $P(A \bigcup B) = P(A) + P(B) - P(AB)$.

一般地,设 $A_1, A_2, \cdots, A_n$ 为任意 n 个事件,则

$$P(\bigcup_{i=1}^{n} A_i) = \sum_{i=1}^{n} P(A_i) - \sum_{1 \leqslant i < j \leqslant n} P(A_i A_j) + \sum_{1 \leqslant i < j < k \leqslant n} P(A_i A_j A_k) - \cdots +$$
$$(-1)^{n-1} P(A_1 A_2 \cdots A_n).$$

2. 概率的乘法公式

（1）条件概率

设 A, B 是两个事件，且 $P(A) > 0$，在事件 A 已发生的条件下，事件 B 发生的概率称为事件 B 在给定事件 A 下的条件概率，记作 $P(B \mid A)$.

（2）概率的乘法公式

若 $P(A) > 0$，则 $P(AB) = P(A)P(B \mid A)$；

一般地，若 $P(A_1 A_2 \cdots A_{n-1}) > 0$，则

$$P(A_1 A_2 \cdots A_n) = P(A_n \mid A_1 A_2 \cdots A_{n-1}) P(A_{n-1} \mid A_1 A_2 \cdots A_{n-2}) \cdots P(A_2 \mid A_1) P(A_1).$$

3. 全概率公式与贝叶斯公式

（1）划分

若事件组 $\{B_i : i \in I\}$ 满足 $\bigcup_{i \in I} B_i = S, B_i B_j = \varnothing (i \neq j)$，则称事件组 $\{B_i : i \in I\}$ 为 S 的一个划分.

（2）全概率公式

设事件组 $\{B_i : i \in I\}$ 为 S 的一个划分，且 $P(B_i) > 0 (i \in I)$，则有

$$P(A) = \sum_{i \in I} P(A \mid B_i) P(B_i).$$

（3）贝叶斯公式

设 $\{B_i : i \in I\}$ 为 S 的一个划分，且 $P(A) > 0, P(B_i) > 0 (i \in I)$，则有

$$P(B_i \mid A) = \frac{P(A \mid B_i) P(B_i)}{\sum_{j \in I} P(A \mid B_j) P(B_j)}.$$

4. 事件的独立性

（1）事件的独立性

① 对于任意事件 A, B，若 $P(A) > 0$，有 $P(B \mid A) = P(B)$ 成立，则称事件 A 与事件 B 相互独立.

② 事件 A 与事件 B 相互独立的充分必要条件是 $P(AB) = P(A)P(B)$.

一般地，若 n 个事件 $A_1, A_2, \cdots, A_n$ 满足

$$P(A_{i_1} A_{i_2} \cdots A_{i_k}) = P(A_{i_1}) P(A_{i_2}) \cdots P(A_{i_k}), \quad 1 < k \leqslant n, 1 \leqslant i_1 < i_2 < \cdots < i_k$$
$\leqslant n$，则称 $A_1, A_2, \cdots, A_n$ 相互独立.

③ 事件 A 与事件 B 相互独立,则 A 与 $\overline{B}$,$\overline{A}$ 与 B,$\overline{A}$ 与 $\overline{B}$ 也相互独立.

（2） n 重伯努利（Bernoulli）试验

① 若每次试验 E 只有两个结果,即事件 A 发生或者不发生,设 $P(A) = p(0 < p < 1)$,将 E 独立重复试验 n 次,则称这一系列重复试验为 n 重伯努利试验;

②（**伯努利定理**）设一次试验中事件发生的概率为 $p(0 < p < 1)$,则 n 重伯努利试验中,事件 A 发生 k 次的概率 $P_n(k)$ 为

$$P_n(k) = C_n^k p^k (1-p)^{n-k}, \quad k = 0,1,2,\cdots,n.$$

习题详解

习　题　一

（A）

1. 写出下列试验的样本空间：

（1） 将一枚硬币抛掷三次,观察正面出现的次数；

（2） 一射手对某目标进行射击,直到击中目标为止,观察其射击次数；

（3） 在单位圆内任取一点,记录它的坐标；

（4） 在单位圆内任取两点,观察这两点的距离；

（5） 掷一颗质地均匀的骰子两次,观察前后两次出现的点数之和；

（6） 将一尺之棰折成三段,观察各段的长度；

（7） 观察某医院一天内前来就诊的人数.

解 （1） $S = \{0,1,2,3\}$.

（2） $S = \{1,2,\cdots\}$.

（3） $S = \{(x,y):x^2 + y^2 < 1\}$.

（4） $S = (0,2)$.

（5） $S = \{2,3,\cdots,12\}$.

（6） $S = \{(x,y,z):x + y + z = 1\}$.

（7） $S = \{0,1,2,\cdots\}$.

2. 设 A,B,C 为三事件,用 A,B,C 的运算关系表示下列各事件：

（1） A 发生但 B 与 C 均不发生；

(2) A 发生,且 B 与 C 至少有一个发生;

(3) A,B,C 至少有一个发生;

(4) A,B,C 恰好有一个发生;

(5) A,B,C 至多有两个发生;

(6) A,B,C 不全发生.

解 (1) $A\bar{B}\bar{C}$. (2) $A(B\bigcup C)$. (3) $A\bigcup B\bigcup C$. (4) $A\bar{B}\bar{C}\bigcup\bar{A}B\bar{C}\bigcup\bar{A}\bar{B}C$.

(5) $\overline{ABC}$ 或 $\bar{A}\bigcup\bar{B}\bigcup\bar{C}$ 或 (6) 同(5).

$(\bar{A}\,\bar{B}\,C)\bigcup(\bar{A}B\,\bar{C})\bigcup(\overline{AB}\,C)\bigcup(\bar{A}\,BC)\bigcup(\overline{ABC})\bigcup(A\,BC)\bigcup(AB\,\bar{C})$.

注 复合事件常用"恰有""只有""至多""至少""都发生""都不发生""不都发生"等词来描述,为了准确地用一些简单事件的运算来表示出复合事件,必须弄清楚这些概念的含义.随机事件可以根据定义直接表示出来,也可以用其逆事件的逆事件来表示.

3. 设 $P(A)=x,P(B)=y$ 且 $P(AB)=z$,用 x,y,z 表示下列事件的概率:$P(\bar{A}\bigcup\bar{B})$;$P(\overline{A}B)$;$P(\bar{A}\bigcup B)$;$P(\bar{A}\,\bar{B})$.

解 $P(\bar{A}\bigcup\bar{B})=P(\overline{AB})=1-P(AB)=1-z.$

$P(\overline{A}B)=P(B-AB)=P(B)-P(AB)=y-z.$

$P(\bar{A}\bigcup B)=P(\bar{A})+P(B)-P(\overline{A}B)=1-x+y-(y-z)=1-x+z.$

$P(\bar{A}\,\bar{B})=P(\overline{A\bigcup B})=1-P(A\bigcup B)=1-[P(A)+P(B)-P(AB)]$

$$=1-x-y+z.$$

4. 设随机事件 A,B 及其和事件 $A\bigcup B$ 的概率分别为 $0.4,0.3$ 和 0.6,求 $P(A\bar{B})$.

解 $P(A\bar{B})=P(A-AB)=P(A\bigcup B)-P(B)=0.6-0.3=0.3.$

5. 设 A,B 为随机事件,$P(A)=0.7,P(A-B)=0.3$,求 $P(\overline{AB})$.

解 $P(\overline{AB})=1-P(AB)=1-P[A-(A-B)]$

$$=1-[P(A)-P(A-B)]=1-P(A)+P(A-B)$$

$$=1-0.7+0.3=0.6.$$

6. 已知 $P(A)=P(B)=P(C)=\dfrac{1}{4},P(AB)=0,P(AC)=P(BC)=\dfrac{1}{9}$,求事件 A,B,C 全不发生的概率.

解 因为 $P(AB)=0$,而 $ABC\subset AB$,所以 $P(ABC)=0$.因此事件 A,B,C 全不发生的概率为

$$P(\bar{A}\,\bar{B}\,\bar{C})=P(\overline{A\bigcup B\bigcup C})=1-P(A\bigcup B\bigcup C)$$

$$= 1 - [P(A) + P(B) + P(C) - P(AB) - P(AC) - P(BC) + P(ABC)]$$

$$= 1 - \left(\frac{1}{4} + \frac{1}{4} + \frac{1}{4} - 0 - \frac{1}{9} - \frac{1}{9} + 0 \right) = \frac{17}{36}.$$

7. 设对于事件 A,B,C 有 $P(A) = P(B) = P(C) = \frac{1}{4}$, $P(AB) = P(BC) = 0$, $P(AC) = \frac{1}{8}$,试求 A,B,C 三个事件中至少出现一个的概率.

解 因为 $P(AB) = P(BC) = 0$,而 $ABC \subset AB$,所以 $P(ABC) = 0$. 故 A,B,C 三个事件中至少出现一个的概率为

$$P(A \bigcup B \bigcup C) = P(A) + P(B) + P(C) - P(AB) - P(AC) - P(BC) + P(ABC)$$

$$= \frac{1}{4} + \frac{1}{4} + \frac{1}{4} - 0 - \frac{1}{8} - 0 + 0 = \frac{5}{8}.$$

8. 设 A,B 是两个事件.(1) 已知 $A\overline{B} = \overline{A}B$,验证 $A = B$;(2) 计算 A 与 B 恰好有一个发生的概率.

解 (1) 由 $A\overline{B} = \overline{A}B$,得 $A - AB = B - AB$,解得 $A = B$.

(2) 由于 $A \bigcup B = \overline{A}B \bigcup A\overline{B} \bigcup AB$ 且等式右边三事件互不相容,所以

$$P(\overline{A}B \bigcup A\overline{B}) = P(A \bigcup B) - P(AB) = P(A) + P(B) - 2P(AB).$$

注 这类题目往往有多种解法,属一题多解的常见类型.如题(2)的另一解法为

$$P(\overline{A}B \bigcup A\overline{B}) = P(\overline{A}B) + P(A\overline{B}) = P(B) - P(AB) + P(A) - P(AB)$$

$$= P(A) + P(B) - 2P(AB).$$

此外,正确运用条件也是至关重要的.稍有疏忽,也许有错而不知错在哪儿,这是常有的事.请看如下解法:

$$P(\overline{A}B \bigcup A\overline{B}) = P(\overline{A}B) + P(A\overline{B}) = P(\overline{A})P(B) + P(A)P(\overline{B})$$

$$= [1 - P(A)]P(B) + P(A)[1 - P(B)] = P(A) + P(B) - 2P(A)P(B)$$

$$= P(A) + P(B) - 2P(AB).$$

上述证明似乎无懈可击,但事实上两次运用了题设中根本不存在的独立性条件.

9. 在标有 1 号到 10 号的 10 个纪念章中任选 3 个.(1) 求最小号码为 5 的概率;(2) 最大号码为 5 的概率.

解 (1) 令 $A = \{3$ 个中最小号码为 $5\}$,则 $P(A) = \dfrac{C_5^2}{C_{10}^3} = \dfrac{1}{12}$.

(2) 令 $B = \{3$ 个中最大号码为 $5\}$,则 $P(B) = \dfrac{C_4^2}{C_{10}^3} = \dfrac{1}{20}$.

10. 某大学生演讲协会共有 12 名学生,其中有 5 名一年级的学生,2 名二年

级的学生，3 名三年级的学生，2 名四年级的学生，现在要随机选取几名学生出去参加演讲比赛.（1） 如果参加比赛的学生名额为 4 个，问每个年级的学生各有 1 名的概率；（2） 如果参加比赛的学生名额为 5 个，问每个年级的学生均包含在内的概率.

解 （1） 令 $A = \{$每个年级的学生各有 1 名$\}$，则 $P(A) = \dfrac{C_5^1 C_2^1 C_3^1 C_2^1}{C_{12}^4} = \dfrac{4}{33}$.

（2） 令 $B = \{$每个年级的学生均包含在内$\}$.第一步，先在每个年级中选取一名学生，共有 $C_5^1 C_2^1 C_3^1 C_2^1$ 种取法；第二步，在剩下的 8 位同学中再选取一名，注意到此时选出的学生和第一步中某个年级的学生由于组合的关系，构成重复，故应该有 $\dfrac{C_8^1}{2}$ 种取法，从而

$$P(B) = \frac{C_5^1 C_2^1 C_3^1 C_2^1 \cdot C_8^1}{2 C_{12}^5} = \frac{10}{33}.$$

注 在用排列组合公式计算古典概率时，必须注意在计算样本空间 S 和事件 A 所包含的基本事件数时，基本事件数的多少与问题是排列还是组合有关，不要重复计数，也不要遗漏.

11. 在 1500 个产品中有 400 个次品、1100 个正品.任取 200 个，求：（1） 恰有 90 个次品的概率；（2） 至少有 2 个次品的概率.

解 （1） 令 $A = \{$取到的 200 个产品中恰有 90 个是次品$\}$，则 $P(A) = \dfrac{C_{400}^{90} C_{1100}^{110}}{C_{1500}^{200}}$.

（2） 令 $B = \{$取到的 200 个产品中至少有 2 个是次品$\}$，则

$$P(B) = 1 - P(\overline{B}) = 1 - \frac{C_{1100}^{200} + C_{400}^1 C_{1100}^{199}}{C_{1500}^{200}}.$$

12. 从 5 双鞋子中任取 4 只，问这 4 只鞋子至少有 2 只配成 1 双的概率是多少？

解 从 10 只鞋子中任取 4 只，有 $C_{10}^4 = 210$ 种不同的取法.设 A 表示 4 只鞋子中至少有 2 只鞋子配成 1 双的事件.

解法 1 满足 A 要求的取法有两类，一类是 4 只中恰有 2 只配对，它可以有 $C_5^1 C_4^2 C_2^1 C_2^1$ 种取法（5 双中任取 1 双，再从其余 4 双中任取 2 双，而且每双中各取 1 只）；另一类是 4 只恰好配成 2 双，这样的取法有 C_5^2 种.因此根据加法原理，4 只鞋子中至少有 2 只配对的取法数为

$$C_5^1 C_4^2 C_2^1 C_2^1 + C_5^2 = 120 + 10 = 130,$$

因此所求概率为

$$P(A) = \frac{130}{210} = \frac{13}{21}.$$

解法 2 $\overline{A}$ 为取出的 4 只鞋子均不配对的事件,其包含的取法有 $C_5^4 C_2^1 C_2^1 C_2^1 C_2^1$ 种(其中 C_5^4 表示 5 双鞋子中取出 4 双,C_2^1 表示每双中取 1 只,一共取 4 次),从而

$$P(\overline{A}) = \frac{C_5^4 C_2^1 C_2^1 C_2^1 C_2^1}{210} = \frac{8}{21},$$

因此所求概率为

$$P(A) = 1 - P(\overline{A}) = \frac{13}{21}.$$

解法 3 $\overline{A}$ 为取出的 4 只鞋子均不配对的事件. 从 10 只鞋子中依次无放回地取出 4 只鞋子的取法即为基本事件总数有 P_{10}^4 种. 要使取出的鞋子互不配对,第 1 次随便取出 1 只鞋子,有 C_{10}^1 种取法;第 2 次必须从和第 1 次取出的鞋子不配对的 8 只鞋子中取出,有 C_8^1 种取法;第 3 次从和第 1,2 次取出的鞋子都不配对的 6 只鞋子中取出,有 C_6^1 种取法;第 4 次要从和前 3 次取出的鞋子都不配对的 4 只鞋子中取出,有 C_4^1 种取法,故

$$P(A) = 1 - P(\overline{A}) = 1 - \frac{C_{10}^1 C_8^1 C_6^1 C_4^1}{P_{10}^4} = \frac{13}{21}.$$

注 本题的计算方法是典型的用排列组合计数,即将一个复杂的计数问题分解成若干步,每一步只是一个简单的排列或组合的计数,然后用乘法原理得到总的结果. 如何进行分解需要按具体情况想办法. 所作的分解也不一定就是现实中进行的,可以是理论上设想的,也就是虚构的. 分解的方法也不一定是唯一的. 这些都是用排列组合计数的难点. 但是在本课程中我们不追求解复杂的排列组合计算问题,因为过多地讲究排列组合的技巧反而会冲淡对概率概念的理解与讨论.

13. 把 n 个"0"与 n 个"1"随机地排列,求没有两个"1"连在一起的概率.

解 考虑 n 个"1"的放法:$2n$ 个位置上"1"占有 n 个位置,共有 C_{2n}^n 种放法,这是分母. 而"没有两个"1"连在一起",相当于在 n 个"0"之间及两头($n+1$ 个位置)去放"1",这共有 C_{n+1}^n 种放法,于是所求概率为

$$P_n = \frac{C_{n+1}^n}{C_{2n}^n} = \frac{n+1}{C_{2n}^n}.$$

注 具体可算得 $P_3 = 0.2, P_5 = 0.023, P_7 = 0.00233$,随着 n 的增加,此种事件发生的概率愈来愈小,最后趋于零.

14. 将编号为 1,2,3,4 的 4 个球随意放入具有编号 1,2,3,4 的 4 个盒子中,每个盒子只放一个球,试求:至少有一个盒子的编号与放入球编号相同的概率.

分析　为计算事件"至少有一个盒子的编号与放入球编号相同"发生的概率,先分开考察"第 i 号球投入第 i 号盒子"($i=1,2,3,4$),再将这四个事件合在一起即为所求.

解　记 $A=\{$至少有一个盒子的编号与放入球的编号相同$\}$,为计算 $P(A)$ 需将 A 用简单的事件表示. 由于 A 中含有"至少"两字,因此,若记 $A_i=\{$第 i 号球投入第 i 号盒子$\}$($i=1,2,3,4$),则 $A=\bigcup\limits_{i=1}^{4}A_i$,由加法公式得

$$P(A)=P(\bigcup\limits_{i=1}^{4}A_i)=\sum_{i=1}^{4}P(A_i)-\sum_{1\leqslant i<j\leqslant 4}P(A_iA_j)+\sum_{1\leqslant i<j<k\leqslant 4}P(A_iA_jA_k)$$
$$-P(A_1A_2A_3A_4),$$

其中

$$P(A_i)=\frac{3\,!}{4\,!}=\frac{1}{4},\qquad\qquad P(A_iA_j)=\frac{2\,!}{4\,!}=\frac{1}{12},$$

$$P(A_iA_jA_k)=\frac{1}{4\,!}=\frac{1}{24},\qquad\qquad P(A_1A_2A_3A_4)=\frac{1}{4\,!}=\frac{1}{24},$$

所以

$$P(A)=C_4^1\times\frac{1}{4}-C_4^2\times\frac{1}{12}+C_4^3\times\frac{1}{24}-\frac{1}{24}=\frac{5}{8}.$$

注　(1)　此题明显为古典概率问题,一般的思路是找事件 A 及样本空间 Ω 所含有的基本事件数. 但是直接找事件 A 所含的基本事件数很困难,因此,这一思路不太容易实现. 而这里,我们将事件分解则可解之.

(2)　$\overline{A}=\{$没有一个盒子的编号与放入球的编号相同$\}$,则

$$P(\overline{A})=1-P(A)=1-\frac{5}{8}=\frac{3}{8}.$$

15.　甲、乙两艘轮船驶向一个不能同时停泊两艘船的码头停泊,它们在一昼夜内到达该码头的时刻是等可能的. 如果甲船的停泊时间是 1 小时,乙船的停泊时间是 2 小时,求它们中的任意一条船都不需要等待码头空出的概率.

解　这是一个几何概率问题.

设甲、乙两艘轮船到达码头的时刻分别为 x 与 y,则 x 与 y 均可能取区间 $[0,24]$ 内任一值,即 (x,y) 的可能取值形成边长为 24 的正方形 Ω. 而要求它们中的任意一船都不需要等待码头空出,那么必须甲比乙早到 1 小时以上,也即要求 $y-x\geqslant 1$;或者必须乙比甲早到 2 小时以上,即要求 $x-y\geqslant 2$. 所以所求的事件 A 可表示为

$$A=\{(x,y)\mid x-y\leqslant-1\text{ 或 }x-y\geqslant 2\}.$$

故事件 A 的区域形成了下图中的阴影部分.

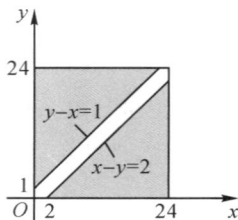

由几何概型知,所求概率为

$$P(A) = \frac{S(A)}{S(\Omega)} = \frac{\frac{1}{2}(24-1)^2 + \frac{1}{2}(24-2)^2}{24^2} = \frac{1013}{1152} \approx 0.879.$$

16. 在一个半径为 1 的圆周上,甲、乙两人各自独立地从圆周上随机各取一点,将两点连成一条弦 l,求圆心到 l 的距离不小于 $\frac{1}{2}$ 这一事件的概率.

解 设甲、乙在 $[0, 2\pi]$ 之间随机选择的角度分别为 x, y,则 (x, y) 在正方形区域
$$A = \{(x, y) \mid 0 \leqslant x, y \leqslant 2\pi\}$$
内均匀分布,要使圆心到这条弦的距离不小于 $\frac{1}{2}$,即满足

$$\mid x - y \mid \leqslant \frac{2\pi}{3} \text{ 或 } \mid x - y \mid \geqslant \frac{4\pi}{3},$$

其对应的区域如图中的阴影部分所示:

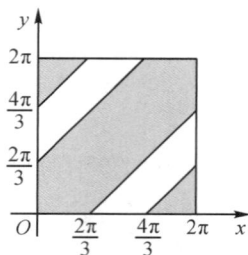

由几何概型知,所求概率为

$$P(A) = \frac{S_{\text{阴影}}}{S_{\text{正方形}}} = \frac{2}{3}.$$

17. (1) 已知 $P(\overline{A}) = 0.3, P(B) = 0.4, P(A\overline{B}) = 0.5$,求 $P(B \mid A \bigcup \overline{B})$;(2) 已知 $P(A) = \frac{1}{4}, P(B \mid A) = \frac{1}{3}, P(A \mid B) = \frac{1}{2}$,试求 $P(A \bigcup B)$.

解 (1) $P(B \mid A \bigcup \overline{B}) = \frac{P(B(A \bigcup \overline{B}))}{P(A \bigcup \overline{B})} = \frac{P(AB \bigcup B\overline{B})}{P(A) + P(\overline{B}) - P(A\overline{B})}$

$$= \frac{P(AB)}{P(A)+P(\bar{B})-P(A\bar{B})} = \frac{P(A)-P(A\bar{B})}{P(A)+P(\bar{B})-P(A\bar{B})}$$

$$= \frac{0.7-0.5}{0.7+0.6-0.5} = 0.25.$$

（2） 因为 $P(AB) = P(B \mid A)P(A) = \dfrac{1}{12}$，所以 $P(B) = \dfrac{P(AB)}{P(A \mid B)} = \dfrac{1}{6}$，从而

$$P(A \bigcup B) = P(A) + P(B) - P(AB) = \frac{1}{3}.$$

18. 设 M 件产品中有 m 件是不合格品，从中任取两件.（1） 在所取的产品中有一件是不合格品的条件下，求另一件也是不合格品的概率；（2） 在所取的产品中有一件是合格品的条件下，求另一件是不合格品的概率.

解 （1） 这里不妨认为是同时取出两件产品，此时取出产品中有一件是不合格品有 $C_m^2 + C_m^1 C_{M-m}^1$ 种取法，而已知两件中有一件是不合格品，另一件也是不合格品有 C_m^2 种取法，故所求概率为

$$\frac{C_m^2}{C_m^2 + C_m^1 C_{M-m}^1} = \frac{m-1}{2M-m-1}.$$

（2） 取出产品中有一件是合格品有 $C_{M-m}^2 + C_m^1 C_{M-m}^1$ 种取法，而已知两件中有一件是合格品，另一件是不合格品有 $C_m^1 C_{M-m}^1$ 种取法，故所求概率为

$$\frac{C_m^1 C_{M-m}^1}{C_{M-m}^2 + C_m^1 C_{M-m}^1} = \frac{2m}{M+m-1}.$$

注 这里采用的是在缩减的样本空间中计算条件概率的方法，且题中"有一件"其意应为"至少有一件"，而不能理解为"只有一件"，这是因为对另一件是否是不合格还不知道.

19. 一批产品共 20 件，其中 5 件是次品，其余为正品. 现从这 20 件产品中不放回地任意抽取三次，每次只取一件，求下列事件的概率：

（1） 在第一、第二次取到正品的条件下，第三次取到次品；

（2） 第三次才取到次品；

（3） 第三次取到次品.

解 （1） 这是条件概率，下面考虑在缩减的样本空间中去求，第一、第二次取到正品有 $15 \times 14 \times 18$ 种取法，在此条件下第三次取到次品有 $15 \times 14 \times 5$ 种取法，故所求概率为

$$\frac{15 \times 14 \times 5}{15 \times 14 \times 18} = \frac{5}{18}.$$

注 上述是将样本空间中的元素看成三次取完后的结果,更简单的解法,也可只考虑以第三次取的结果作为样本空间中的元素,即在第一、第二次取到正品时,第三次取时有18种取法,而在第一次、第二次取到正品时,第三次取次品有5种取法,故所求概率为$\frac{5}{18}$.

(2) 此问是要求事件"第一、第二次取到正品,且第三次取到次品"的概率[与(1)不同的在于这里没有将第一、第二次取到正品作为已知条件,而是同时发生],按题意,三次取产品共有$20\times19\times18$种取法,而第三次才取到次品共有$15\times14\times5$种取法,故所求概率为

$$\frac{15\times14\times5}{20\times19\times18}=\frac{35}{228}.$$

(3) 三次取产品共有$20\times19\times18$种取法,第三次取到次品有$5\times19\times18$种取法,故所求概率为

$$\frac{5\times19\times18}{20\times19\times18}=\frac{1}{4}.$$

注 此问也可用类似于(1)中注的方法去解决,即只考虑以第三次取得的结果作为样本空间的元素,可很快求得答案是$\frac{5}{20}=\frac{1}{4}$.

20. 已知在10件产品中有2件次品,在其中取两次,每次任取一件,做不放回抽样,运用乘法公式计算下列事件的概率:(1) 两件都是正品;(2) 两件都是次品;(3) 一件是次品,一件是正品;(4) 第二次取出的是次品.

解 设$A_i=\{$第i次取得正品$\}$,$i=1,2$.

(1) $P(A_1A_2)=P(A_1)P(A_2\mid A_1)=\frac{8}{10}\cdot\frac{7}{9}=\frac{28}{45}.$

(2) $P(\overline{A_1}\,\overline{A_2})=P(\overline{A_1})P(\overline{A_2}\mid\overline{A_1})=\frac{2}{10}\cdot\frac{1}{9}=\frac{1}{45}.$

(3) $P(A_1\overline{A_2}\bigcup\overline{A_1}A_2)=P(A_1\overline{A_2})+P(\overline{A_1}A_2)=\frac{8}{10}\cdot\frac{2}{9}+\frac{2}{10}\cdot\frac{8}{9}=\frac{16}{45}.$

(4) $P(A_2)=P(A_1A_2\bigcup\overline{A_1}A_2)=P(A_1A_2)+P(\overline{A_1}A_2)=\frac{1}{5}.$

21. 设甲袋中装有n只白球和m只红球;乙袋中装有N只白球和M只红球.今从甲袋中任意取一只球放入乙袋中,再从乙袋中任意取一只球,求取到白球的概率.

解 从甲袋中任意取一只球有$n+m$种取法,而从乙袋中任意取一只球有$N+M$

$+1$ 种取法,故样本点总数为 $(n+m)(N+M+1)$;若甲袋中任意取一只球为红球,则再从乙袋中任意取一只白球的种数为 mN,若甲袋中任意取一只球为白球,则再从乙袋中任意取一只白球的种数为 $n(N+1)$,故所求概率为

$$\frac{mN+n(N+1)}{(n+m)(N+M+1)}=\frac{n+N(n+m)}{(n+m)(N+M+1)}.$$

22. (Polya **罐子模型**) 设罐中有 b 个黑球,r 个红球,每次随机取出一个球,记录颜色后将原球放回,同时再加入 $c(c>0)$ 个同色的球.依同样的方法依次进行第二次,第三次,$\cdots$ 操作.试证:第 k 次取到黑球的概率为 $\frac{b}{b+r}$,$k=1,2,\cdots$.

证 设事件 $A_i(b,r)$ 表示罐中有 b 个黑球,r 个红球时,第 i 次取到时黑球,记 $p_i(b,r)=P(A_i(b,r))$,$i=1,2,\cdots$.用归纳法证明.

显然有 $p_1(b,r)=\dfrac{b}{b+r}$.

设 $p_{k-1}(b,r)=\dfrac{b}{b+r}$,则由全概率公式,得

$$\begin{aligned}
p_k(b,r)&=P(A_k(b,r))\\
&=P(A_1(b,r))\cdot P(A_k(b,r)\mid A_1(b,r))+P(\overline{A_1}(b,r))\cdot P(A_k(b,r)\\
&\quad\mid\overline{A_1}(b,r)).
\end{aligned}$$

我们把 k 次取球分成两段:第 1 次取球与后 $k-1$ 次取球.当第 1 次取到黑球时,罐中增加 c 个黑球,这时从原罐中第 k 次取到黑球等价于从新罐(含 $b+c$ 个黑球,r 个红球)中第 $k-1$ 次取到黑球,故有

$$P(A_k(b,r)\mid A_1(b,r))=P(A_{k-1}(b+c,r))=\frac{b+c}{b+r+c}.$$

类似有

$$P(A_k(b,r)\mid\overline{A_1}(b,r))=P(A_{k-1}(b,r+c))=\frac{b}{b+r+c}.$$

代入全概率公式,得

$$p_k(b,r)=\frac{b}{b+r}\times\frac{b+c}{b+r+c}+\frac{r}{b+r+c}\times\frac{b}{b+r+c}=\frac{b}{b+r},$$

从而由归纳法知结论成立.

23. 两台车床加工同样的零件,第一台出现不合格品的概率是 0.03,第二台出现不合格品的概率是 0.06,加工出来的零件放在一起,并且已知第一台加工的零件数比第二台加工的零件数多一倍.(1) 求任取一个零件是合格品的概率;(2) 如果取出

的零件是不合格品，求它是由第二台车床加工的概率.

解 设 $A_i = \{$取到的零件是第 i 台车床加工的零件$\}$，$i = 1, 2$，$B = \{$取到的零件是不合格品$\}$，则

$$P(A_1) = \frac{2}{3}, P(A_2) = \frac{1}{3}, P(B \mid A_1) = 0.03, P(B \mid A_2) = 0.06.$$

（1） 由全概率公式得

$$P(\overline{B}) = 1 - P(B) = 1 - \left[P(A_1)P(B \mid A_1) + P(A_2)P(B \mid A_2) \right]$$

$$= 1 - \left(\frac{2}{3} \times 0.03 + \frac{1}{3} \times 0.06 \right) = 1 - 0.04 = 0.96.$$

（2） 由贝叶斯公式得

$$P(A_2 \mid B) = \frac{P(A_2)P(B \mid A_2)}{P(B)} = \frac{\frac{1}{3} \times 0.06}{0.04} = 0.5.$$

24. 有朋友自远方来，他乘火车、轮船、汽车、飞机来的概率分别为 0.3，0.2，0.1，0.4，如果他乘火车、轮船、汽车来的话，迟到的概率分别为 $\frac{1}{4}, \frac{1}{3}, \frac{1}{12}$，而乘飞机则不会迟到，求：（1） 他迟到的概率；（2） 他迟到了，他乘火车来的概率为多少.

解 设 $A_1 = \{$朋友乘火车$\}$，$A_2 = \{$朋友乘轮船$\}$，$A_3 = \{$朋友乘汽车$\}$，$A_4 = \{$朋友乘飞机$\}$，$B = \{$朋友迟到$\}$. 于是，由题设可知：

$$P(A_1) = 0.3, \quad P(A_2) = 0.2, \quad P(A_3) = 0.1, \quad P(A_4) = 0.4,$$

$$P(B \mid A_1) = \frac{1}{4}, P(B \mid A_2) = \frac{1}{3}, \quad P(B \mid A_3) = \frac{1}{12}, P(B \mid A_4) = 0.$$

（1） 由全概率公式得他迟到的概率为

$$P(B) = \sum_{i=1}^{4} P(A_i)(B \mid A_i) = 0.3 \times \frac{1}{4} + 0.2 \times \frac{1}{3} + 0.1 \times \frac{1}{12} + 0.4 \times 0 = \frac{3}{20};$$

（2） 由贝叶斯公式得所求概率是

$$P(A_1 \mid B) = \frac{P(A_1)P(B \mid A_1)}{P(B)} = \frac{0.3 \times \frac{1}{4}}{0.15} = \frac{1}{2}.$$

注 全概率公式和贝叶斯公式是概率计算中两个重要的公式. 当某个问题中出现若干个事件，就需要考虑这些事件是否有关联，用这两个公式进行计算时，要求这种关联不是以直接的事件运算形式（比如和、积、差等运算形式）出现，而是以原因（或条件）与结果的关系出现. 在具有因果关系（或条件与结果关系）的若干个事件中，要计算结果发生的概率时，用全概率公式，当已知结果发生，考虑某个原因（或条件）发

生的条件概率时,用贝叶斯公式.需要注意的是,在应用这两个公式时,要求作为原因(或条件)的这些事件构成样本空间的划分(完备事件组).

25. 设工厂 A 和工厂 B 的产品的次品率分别为 1% 和 2%,现从由 A 和 B 的产品分别占 60% 和 40% 的一批产品中随机抽取一件,发现是次品,试求该次品属 A 生产的概率.

解 设 $A_1=\{$抽取的是工厂 A 生产的产品$\}$,$A_2=\{$抽取的是工厂 B 生产的产品$\}$,$B=\{$产品是次品$\}$.于是,由题设可知:

$$P(A_1)=0.6,P(A_2)=0.4,P(B\mid A_1)=0.01,P(B\mid A_2)=0.02.$$

由贝叶斯公式知,所求概率为

$$P(A_1\mid B)=\frac{P(A_1)P(B\mid A_1)}{\sum\limits_{i=1}^{2}P(A_i)(B\mid A_i)}=\frac{0.6\times0.01}{0.6\times0.01+0.4\times0.02}=\frac{3}{7}.$$

26. 有两箱同种类的零件,第一箱装有 50 只,其中 10 只一等品;第二箱装 30 只,其中 18 只一等品.今从两箱中任挑出一箱,然后从该箱中取零件两次,每次任取一只,取后不放回,试求:

(1) 第一次取到的零件是一等品的概率;

(2) 第一次取到的零件是一等品的条件下,第二次取到的也是一等品的概率.

解 令 A 表示挑选出的是第一箱,$B_i(i=1,2)$ 表示第 i 次取到的零件是一等品,则

(1) 由全概率公式有

$$P(B_1)=P(B_1\mid A)P(A)+P(B_1\mid\overline{A})P(\overline{A})=\frac{10}{50}\times\frac{1}{2}+\frac{18}{30}\times\frac{1}{2}=0.4.$$

(2) 由全概率公式有

$$P(B_1B_2)=P(B_1B_2\mid A)P(A)+P(B_1B_2\mid\overline{A})P(\overline{A})$$

$$=\frac{10\times9}{50\times49}\times\frac{1}{2}+\frac{18\times17}{30\times29}\times\frac{1}{2}=0.1942.$$

于是所求条件概率是

$$P(B_2\mid B_1)=\frac{P(B_1B_2)}{P(B_1)}=\frac{0.1942}{0.4}=0.4856.$$

27. 袋中装有编号为 $1,2,\cdots,n$ 的 n 个球$(n\geqslant2)$,先从袋中任取一球,如该球不是 1 号球就放回袋中,是 1 号球就不放回,然后再取一球,求取到 2 号球的概率.

解 用 A 表示第一次取到 1 号球,B 表示第二次取到 2 号球,则由全概率公式有

$$P(B) = P(B \mid A)P(A) + P(B \mid \overline{A})P(\overline{A}) = \frac{1}{n-1} \times \frac{1}{n} + \frac{1}{n} \times \frac{n-1}{n}$$

$$= \frac{(n-1)^2 + n}{n^2(n-1)}.$$

28. 随机选择的一个家庭正好有 k 个孩子的概率为 $p_k, k = 0, 1, 2, \cdots$，又假设各个孩子的性别独立，且生男生女的概率各为 0.5，试求一个家庭中所有孩子均为同一性别的概率(当孩子的个数为 0 时也认为所有孩子为同一性别).

解　以 A_k 表示有 k 个孩子，B 表示所有孩子均为同一性别，则 $A_0, A_1, \cdots$ 构成一个划分，由全概率公式有

$$P(B) = \sum_{k=0}^{\infty} P(B \mid A_k)P(A_k) = p_0 + \sum_{k=1}^{\infty} P(B \mid A_k)P(A_k)$$

$$= p_0 + \sum_{k=1}^{\infty} \left((0.5)^k + (0.5)^k\right) p_k = p_0 + \sum_{k=1}^{\infty} \frac{p_k}{2^{k-1}}.$$

29. 根据以往的临床记录，知道癌症患者对某种试验呈阳性反应的概率为 0.95，非癌症患者对这试验呈阳性反应的概率为 0.01. 已知被试验者患有癌症的概率为 0.005，若某人对试验呈阳性反应，求此人患有癌症的概率.

解　以 A 表示患有癌症，B 表示试验呈阳性，则由贝叶斯公式得

$$P(A \mid B) = \frac{P(A)P(B \mid A)}{P(A)P(B \mid A) + P(\overline{A})P(B \mid \overline{A})} = \frac{0.005 \times 0.95}{0.005 \times 0.95 + 0.995 \times 0.01} =$$

$0.3231.$

30. 美国总统常常从经济顾问委员会寻求各种建议. 假设有三个持有不同经济理论的顾问 A，B，C，总统正在考虑采取一项关于工资和价格控制的新政策，并关注这项政策对失业率的影响，每位顾问就这种影响给总统提供一个个人预测，他们所预测的失业率变化的概率由下表给出：

	下降(D)	维持原状(S)	上升(R)
顾问 A	0.1	0.1	0.8
顾问 B	0.6	0.2	0.2
顾问 C	0.2	0.6	0.2

用字母 A, B, C 分别表示顾问 A，B，C 正确的事件，根据以往与这些顾问一起工作的经验，总统已经形成了关于每位顾问有正确的经济理论的可能性的一个先验估计，分别为：

$$P(A) = \frac{1}{6}, \quad P(B) = \frac{1}{3}, \quad P(C) = \frac{1}{2}.$$

假设总统采纳了该项新政策,一年后,失业率上升了,总统应如何调整他对其顾问的理论正确性的估计.

解 用 R 表示失业率上升,此题要求 $P(A\mid R), P(B\mid R), P(C\mid R)$,根据题意有

$$P(R\mid A) = 0.8, \quad P(R\mid B) = 0.2, \quad P(R\mid C) = 0.2,$$

则由贝叶斯公式得

$$P(A\mid R) = \frac{0.8 \times \dfrac{1}{6}}{0.8 \times \dfrac{1}{6} + 0.2 \times \dfrac{1}{3} + 0.2 \times \dfrac{1}{2}} = \frac{0.8 \times \dfrac{1}{6}}{0.3} = \frac{4}{9}.$$

同理 $\quad P(B\mid R) = \dfrac{0.2 \times \dfrac{1}{3}}{0.3} = \dfrac{2}{9}, \quad P(C\mid R) = \dfrac{0.2 \times \dfrac{1}{2}}{0.3} = \dfrac{1}{3},$

故总统对三个顾问的理论正确性应分别调整为 $\dfrac{4}{9}, \dfrac{2}{9}, \dfrac{1}{3}$.

31. 设两两相互独立的三事件 A, B, C 满足条件:$ABC = \varnothing, P(A) = P(B) = P(C) < \dfrac{1}{2}$,且已知 $P(A \bigcup B \bigcup C) = \dfrac{9}{16}$.试求 $P(A)$.

解 由条件及加法公式有

$$P(A \bigcup B \bigcup C) = P(A) + P(B) + P(C) - P(AB) - P(AC) - P(BC) + P(ABC)$$

$$= 3P(A) - 3[P(A)]^2 = \frac{9}{16},$$

即 $\qquad 16[P(A)]^2 - 16P(A) + 3 = 0,$

解得 $P(A) = \dfrac{1}{4}$ 或 $P(A) = \dfrac{3}{4}$(舍去),故 $P(A) = \dfrac{1}{4}$.

32. 设两个相互独立的随机事件 A 和 B 都不发生的概率为 $\dfrac{1}{9}$,A 发生 B 不发生的概率与 B 发生 A 不发生的概率相等,试求 $P(A)$.

解 由 $P(A\overline{B}) = P(\overline{A}B)$,得

$$P(A - AB) = P(B - AB),$$

即 $\qquad P(A) - P(AB) = P(B) - P(AB),$

得 $\qquad\qquad P(A) = P(B),$

由独立性有 $$P(\overline{A}\ \overline{B}) = P(\overline{A})P(\overline{B}) = \frac{1}{9},$$

从而得 $P(\overline{A}) = \frac{1}{3}$，故 $P(A) = 1 - P(\overline{A}) = \frac{2}{3}$.

33. 射手对同一目标独立地进行四次射击，若至少命中一次的概率为 $\frac{80}{81}$，试求该射手的命中率.

解 设射手的命中率为 p，则由题意得 $1 - (1-p)^4 = \frac{80}{81}$，解之得 $p = \frac{2}{3}$.

34. 甲、乙、丙三人独立地向同一飞机射击，设击中的概率分别为 $0.4, 0.5, 0.7$. 如果只有一人击中，则飞机被击落的概率为 0.2，如果有两人击中，则飞机被击落的概率为 0.6；如果三人都击中，则飞机一定被击落. 求飞机被击落的概率.

解 以 $A_i(i=1,2,3)$ 分别表示甲、乙、丙击中飞机，$B_i(i=0,1,2,3)$ 表示有 i 个人击中飞机，C 表示飞机被击落. 由独立性，有

$$P(B_0) = P(\overline{A_1}\ \overline{A_2}\ \overline{A_3}) = P(\overline{A_1})P(\overline{A_2})P(\overline{A_3}) = 0.6 \times 0.5 \times 0.3 = 0.09,$$

$$P(B_1) = P(A_1\overline{A_2}\ \overline{A_3}) + P(\overline{A_1}A_2\overline{A_3}) + P(\overline{A_1}\ \overline{A_2}A_3)$$
$$= 0.4 \times 0.5 \times 0.3 + 0.6 \times 0.5 \times 0.3 + 0.6 \times 0.5 \times 0.7 = 0.36,$$

$$P(B_2) = P(A_1A_2\overline{A_3}) + P(A_1\overline{A_2}A_3) + P(\overline{A_1}A_2A_3)$$
$$= 0.4 \times 0.5 \times 0.3 + 0.4 \times 0.5 \times 0.7 + 0.6 \times 0.5 \times 0.7 = 0.41,$$

$$P(B_3) = 1 - P(B_0) - P(B_1) - P(B_2) = 1 - 0.09 - 0.36 - 0.41 = 0.14,$$

则由全概率公式有

$$P(C) = \sum_{i=0}^{3} P(C \mid B_i)P(B_i) = 0 \times 0.09 + 0.2 \times 0.36 + 0.6 \times 0.41 + 1 \times 0.14$$
$$= 0.458.$$

注 在这里 A_1, A_2, A_3 不构成样本空间的划分，因为它们不是两两互斥，可同时发生.

35. （1）做一系列独立的试验，每次试验中成功的概率为 p，求在成功 n 次之前已经失败了 $m+1$ 次的概率；

（2）构造适当的概率模型证明等式

$$\begin{bmatrix} m \\ m \end{bmatrix} + \begin{bmatrix} m+1 \\ m \end{bmatrix} + \cdots + \begin{bmatrix} m+n-1 \\ m \end{bmatrix} = \begin{bmatrix} m+n \\ m+1 \end{bmatrix}.$$

解 （1）n 次成功之前已经失败了 $m+1$ 次，表示进行了 $m+1+n$ 次，第 $m+1$

$+n$ 次试验一定成功,而前面的 $m+n$ 次试验中有 $m+1$ 次失败,$n-1$ 次成功,从而所求概率为

$$\begin{bmatrix} m+n \\ m+1 \end{bmatrix} (1-P)^{m+1} p^{n-1} \cdot p = \begin{bmatrix} m+n \\ m+1 \end{bmatrix} p^n (1-p)^{m+1}.$$

(2) 令 A 表示 n 次成功之前已有 $m+1$ 次失败,$A_i(i=1,2,\cdots,n)$ 表示 i 次成功之前已有 $m+1$ 次失败,且第 $m+1$ 次(即最后一次)失败在第 $m+i$ 次试验中发生,则可知有

$$P(A) = \begin{bmatrix} m+n \\ m+1 \end{bmatrix} p^n (1-p)^{m+1},$$

且 $A = \bigcup\limits_{i=1}^{n} A_i$,$A_1,\cdots,A_n$ 两两互斥,对事件 A_i,它表示在 $m+n+1$ 次试验中,从第 $m+i+1$ 次试验至第 $m+n+1$ 次试验都成功,第 $m+i$ 次试验是失败(最后一次失败),而前面的 $m+i-1$ 次试验中有 m 次失败,$i-1$ 次成功,于是

$$p(A_i) = \begin{bmatrix} m+i-1 \\ m \end{bmatrix} p^{i-1} (1-p)^m \cdot (1-p) \cdot p^{n-i+1}$$

$$= \begin{bmatrix} m+i-1 \\ m \end{bmatrix} p^n (1-p)^{m+1}, \quad i=1,2,\cdots,n.$$

由于 $P(A) = P(A_1) + P(A_2) + \cdots + P(A_n)$,即

$$\begin{bmatrix} m+n \\ m+1 \end{bmatrix} p^n(1-p)^{m+1} = \begin{bmatrix} m \\ m \end{bmatrix} p^n(1-p)^{m+1} + \begin{bmatrix} m+1 \\ m \end{bmatrix} p^n(1-p)^{m+1} + \cdots + \begin{bmatrix} m+n-1 \\ m \end{bmatrix} p^n(1-$$

$p)^{m+1}$,消去 $p^n(1-p)^{m+1}$,立得结论成立.

36. 假设一厂家生产的每台仪器,以概率 0.7 可以直接出厂;以概率 0.3 需进一步调试,经调试后以概率 0.8 可以出厂;以概率 0.2 定为不合格不能出厂. 现该厂新生产了 $n(n \geqslant 2)$ 台仪器(假设各台仪器的生产过程相互独立). 求:

(1) 全部能出厂的概率 α;

(2) 其中恰好有两件不能出厂的概率 β;

(3) 其中至少有两件不能出厂的概率 θ.

解 由全概率公式得,每台仪器能出厂的概率为

$$p = 1 \times 0.7 + 0.8 \times 0.3 = 0.94.$$

将每台仪器能否出厂看成一次试验,则 n 台仪器就是 n 次试验,由于每次试验只有两个结果,即出厂或不出厂,且各次试验相互独立,所以这是一个 n 重伯努利试验

问题,于是有

(1) $\alpha = (0.94)^n$.

(2) $\beta = C_n^2 (0.94)^{n-2} (0.06)^2$.

(3) $\theta = 1 - C_n^1 (0.94)^{n-1} (0.06) - C_n^0 (0.94)^n (0.06)^0$

$= 1 - n(0.94)^{n-1} (0.06) - (0.94)^n$.

(B)

一、填空题

1. 设 $P(A) = 0.4, P(A \bigcup B) = 0.7$,若事件 A 与 B 互斥,则 $P(B) =$ _____; 若事件 A 与 B 独立,则 $P(B) =$ _____.

解 若 A 与 B 互斥,则 $P(A \bigcup B) = P(A) + P(B)$,于是

$$P(B) = P(A \bigcup B) - P(A) = 0.7 - 0.4 = 0.3.$$

若 A 与 B 独立,则 $P(AB) = P(A)P(B)$,于是由

$$P(A \bigcup B) = P(A) + P(B) - P(AB) = P(A) + P(B) - P(A)P(B),$$

得

$$P(B) = \frac{P(A+B) - P(A)}{1 - P(A)} = \frac{0.7 - 0.4}{1 - 0.4} = 0.5.$$

2. 已知 A, B 两个事件满足条件 $P(AB) = P(\overline{A}\,\overline{B})$,且 $P(A) = p$,则 $P(B) =$ _____.

解 由于

$$P(\overline{A}\,\overline{B}) = P(\overline{A \bigcup B}) = 1 - P(A \bigcup B),$$

$$= 1 - [P(A) + P(B) - P(AB)]$$

$$= 1 - p - P(B) + P(AB),$$

由题设有 $P(\overline{A}\,\overline{B}) = P(AB)$,故 $P(B) = 1 - p$.

3. 已知 $P(A) = P(B) = P(C) = \frac{1}{4}, P(AB) = 0, P(AC) = P(BC) = \frac{1}{8}$,则事件 A, B, C 至少发生一个的概率为 _____.

解 由 $P(AB) = 0$,得 $P(ABC) = 0$,故

$$P(A \bigcup B \bigcup C) = P(A) + P(B) + P(C) - P(AB) - P(BC) - P(AC) + P(ABC)$$

$$= \frac{1}{4} + \frac{1}{4} + \frac{1}{4} - 0 - \frac{1}{8} - \frac{1}{8} + 0 = \frac{1}{2}.$$

4. 设事件 A 发生是事件 B 发生概率的 3 倍,A 与 B 都不发生的概率是 A 与 B 同

时发生概率的 2 倍，若 $P(B) = \dfrac{2}{9}$，则 $P(A-B) = $ _____.

解 由题设有 $P(A) = 3P(B) = \dfrac{2}{3}$，则

$$P(\overline{A}\,\overline{B}) = 1 - P(A \bigcup B) = 1 - [P(A) + P(B) - P(AB)] = 2P(AB),$$

得

$$P(AB) = 1 - P(A) - P(B) = 1 - \frac{2}{3} - \frac{2}{9} = \frac{1}{9},$$

所以

$$P(A-B) = P(A) - P(AB) = \frac{2}{3} - \frac{1}{9} = \frac{5}{9}.$$

5. 将 7 个字母 C，C，E，E，I，N，S 随机地排成一行，那么恰好排成英文单词 SCIENCE 的概率为 _____.

解 这是一个古典概率问题，将 7 个字母 C，C，E，E，I，N，S 任一种可能排列作为基本事件，则全部基本事件数为 7!，而有利的基本事件数为 $1 \times 2 \times 1 \times 2 \times 1 \times 1 \times 1 = 4$. 故所求的概率为

$$\frac{4}{7!} = \frac{1}{1260}.$$

6. 一条公交线路，中途设有 9 个车站，最后到达终点站. 已知在起点站上有 20 位乘客上车，则在第一站恰有 4 位乘客下车的概率 $\alpha = $ _____.

解 每位乘客在各站下车是等可能的，有 10 种下车法，20 位乘客总的下车可能数为 10^{20}. 这里，有 4 位乘客第一站下车，而剩余 16 人在余下的 9 个站下车的可能数为 $C_{20}^4 9^{16}$，故所求概率为

$$\frac{C_{20}^4 9^{16}}{10^{20}} \approx 0.0898.$$

7. 若区间 $(0,1)$ 内任取两个球，则事件"两数之和小于 $\dfrac{6}{5}$"的概率为 _____.

解 这是一个几何概率问题，以 x,y 表示 $(0,1)$ 中随机地取得的两个数，则点 (x,y) 的全体是如图所示的正方形，而事件"两数之和小于 $\dfrac{6}{5}$"发生的充分必要条件为 $x+y < \dfrac{6}{5}$，即点 $\langle x,y \rangle$ 落在图中阴影部分.

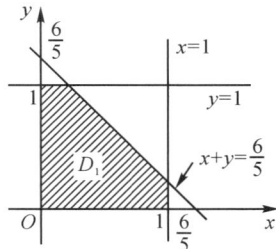

根据几何概率的定义,所求概率即为图中阴影部分面积与边长为 1 的正方形面积之比,即

$$P\left\{x+y<\frac{6}{5}\right\}=1-\frac{1}{2}\times\left(\frac{4}{5}\right)^{2}=\frac{17}{25}.$$

8. 设 10 件产品中有 4 件不合格品,从中任取 2 件,已知所取 2 件中有 1 件是不合格品,则另外 1 件也是不合格品的概率为_____.

解 以 A 表示事件"从 10 件产品中任取 2 件,2 件都是不合格品",以 B 表示事件"从 10 件产品中任取 2 件,至少有 1 件是不合格品",则所求的概率为 $P(A\mid B)$. 而

$$P(A)=\frac{C_{4}^{2}}{C_{10}^{2}}=\frac{2}{15},P(B)=1-\frac{C_{6}^{2}}{C_{10}^{2}}=\frac{2}{3},$$

显然 $A\subset B$,故 $P(AB)=P(A)=\frac{2}{15}$,由条件概率的计算公式知

$$P(A\mid B)=\frac{P(AB)}{P(B)}=\frac{\dfrac{2}{15}}{\dfrac{2}{3}}=\frac{1}{5}.$$

9. 一批产品共有 10 个正品和 2 个次品,从中随机抽取 2 次,每次抽取 1 个,抽出后不再放回,则第二次抽取的是次品的概率为_____.

解 12 件产品按不放回方式抽两次时有 12×11 种抽取法,且每一种抽取法的概率相等,这是一个古典概率问题,而第二次抽出次品的抽取法有 11×2 种,故所求事件概率为 $\dfrac{11\times2}{12\times11}=\dfrac{1}{6}$.

注 本题属抽签情况,每次抽到次品的概率相等,均为 $\dfrac{1}{6}$,另外,用全概率公式也可求解.

10. 某种商品每周能销售 10 件的概率为 0.8,能销售 12 件的概率为 0.56,已知该商品已销售了 10 件,则能销售 12 件的概率是_____.

解 令 $A=\{每周能销售 10 件\},B=\{每周能销售 12 件\}$,由题意知:
$$P(A)=0.8,\ P(B)=0.56,$$
则所求概率为

$$P(B\mid A)=\frac{P(AB)}{P(A)}=\frac{P(B)}{P(A)}=\frac{0.56}{0.8}=0.7.$$

11. 若事件 A,B 相互独立,且 $P(A)=p,P(B)=q$,则 $P(\overline{A}\cup B)$ _____.

解 由 A 与 B 相互独立知,$\overline{A}$ 与 B 也相互独立,由加法公式,得

$$P(\overline{A} \bigcup B) = P(\overline{A}) + P(B) - P(\overline{A}B) = P(\overline{A}) + P(B) - P(\overline{A})P(B)$$
$$= (1-p) + q - (1-p)q = 1 - p + pq.$$

12. 甲,乙两人独立地对同一目标射击一次,其命中率分别为 0.6 和 0.5.现已知目标被命中,则它是甲命中的概率为_____.

解 用 A 代表事件"甲命中目标",B 代表事件"乙命中目标",则 $A \bigcup B$ 代表事件"目标被命中",且
$$P(A \bigcup B) = P(A) + P(B) - P(AB) = P(A) + P(B) - P(A)P(B)$$
$$= 0.5 + 0.6 - 0.5 \times 0.6 = 0.8.$$
故所求概率为
$$P(A \mid A \bigcup B) = \frac{P(A)}{P(A \bigcup B)} = \frac{0.6}{0.8} = 0.75.$$

13. 设 A,B 是两个随机事件,已知 $P(A \mid B) = 0.3, P(B \mid A) = 0.4, P(\overline{A} \mid \overline{B}) = 0.7$,则 $P(A \bigcup B) =$ _____.

解 从条件概率的性质可知
$$P(A \mid \overline{B}) + P(\overline{A} \mid \overline{B}) = 1 \Rightarrow P(A \mid \overline{B}) = 1 - P(\overline{A} \mid \overline{B}) = 0.3,$$
因此 $P(A \mid B) = P(A \mid \overline{B})$,即 A 与 B 相互独立,故
$$P(A) = P(A \mid B) = 0.3, P(B) = P(B \mid A) = 0.4,$$
$$P(A \bigcup B) = P(A) + P(B) - P(A)P(B) = 0.58.$$

14. 设在一次试验中,事件 A 发生的概率为 p.现进行 n 次独立试验,则 A 至少发生 1 次的概率为_____,而事件 A 最多发生 1 次的概率为_____.

解 设 B_i 代表"在 n 次独立试验中,事件 A 发生 i 次",$i = 0, 1, \cdots, n$,则有
$$P(B_0) = (1-p)^n, P(B_1) = np(1-p)^{n-1},$$
因此,A 至少发生一次的概率为
$$1 - (1-p)^n;$$
而事件 A 至多发生一次的概率为
$$(1-p)^n + np(1-p)^{n-1}.$$

15. 已知随机事件相互独立,$P(A) = a, P(B) = b$,如果事件 C 发生必然导致事件 A 和 B 同时发生,则事件 A, B, C 都不发生的概率为_____.

解 由于 $C \subset AB$,则 $\overline{AB} \subset \overline{C}$,而 $\overline{A}\,\overline{B} \subset \overline{A} \bigcup \overline{B} = \overline{AB} \subset \overline{C}$,故
$$P(\overline{A}\,\overline{B}\,\overline{C}) = P(\overline{A}\,\overline{B}) = P(\overline{A})P(\overline{B}) = (1-a)(1-b).$$

16. 如果每次试验的成功率都是 p,并且已知在三次独立重复试验中至少成功一

次的概率为 $\frac{19}{27}$,则 $p =$ _____.

解 由于 $1 - (1-p)^3 = \frac{19}{27}$,从而 $p = \frac{1}{3}$.

二、单项选择题

1. 设 A, B, C 是任意三个事件,事件 D 表示 A, B, C 至少有两个事件发生,则下列事件中与 D 不相等的是(   ).

A. $AB\overline{C} \cup A\overline{B}C \cup \overline{A}BC$ B. $\Omega - (\overline{A}\,\overline{B} \cup \overline{A}\,\overline{C} \cup \overline{B}\,\overline{C})$

C. $AB \cup AC \cup BC$ D. $AB\overline{C} \cup A\overline{B}C \cup \overline{A}BC \cup ABC$

解 依题意,A, B, C 至少有两个事件发生即 AB, AC, BC 至少发生一个;或从互不相容事件考虑,可以更细致地分为 $AB\overline{C}, A\overline{B}C, \overline{A}BC, ABC$ 至少发生一个,故选项 C,D 中表示的事件均与事件 D 相等.注意到 D 事件的对立事件为 A, B, C 中至少有两个事件不能同时发生,故选项 B 中表示的事件也与事件 D 相等.故本题应选 A.

注 事实上,选项 B,C,D 中表示的三个事件均可以通过事件的运算性质推导出彼此等价.

2. 以 A 表示事件"甲种产品畅销,乙种产品滞销",则其对立事件 $\overline{A}$ 为(   ).

A. "甲种产品滞销,乙种产品畅销"   B. "甲,乙两种产品均滞销"

C. "甲种产品滞销"   D. "甲种产品滞销或乙种产品畅销"

解 设 A_1, A_2 分别表示"甲种产品畅销","乙种产品畅销",则 $A = A_1\overline{A_2}$,由德·摩根律知

$$\overline{A} = \overline{A_1\overline{A_2}} = \overline{A_1} \cup A_2,$$

故本题应选 D.

3. 设 A, B 为两个随机事件,若 $P(AB) = 0$,则下列命题中正确的是(   ).

A. A 与 B 互不相容   B. A 与 B 独立

C. AB 未必是不可能事件   D. $P(A) = 0$ 或 $P(B) = 0$

解 概率为零,不一定是不可能事件,故排除 A 而应选 C.而若 A, B 为互不相容事件,且 $P(A) > 0, P(B) > 0$,则满足 $P(AB) = 0$,但 $P(AB) \neq P(A)P(B)$,故 A 与 B 不独立,从而选项 B,D 均不对.

注 这里要明确一个命题:不可能事件的概率为零,但反之不然,即零概率事件不一定是不可能事件.譬如,向区间 $[0,1]$ 上随机投点,则落点在区间 $[0.1, 0.5]$ 和 $[0.1, 0.5)$ 内的概率皆为 0.4,这说明事件"落点在 0.5"的概率为零,但它是可能发生的事件.

4. 设事件 A 与事件 B 互不相容,则( ).

A. $P(\overline{AB}) = 0$ B. $P(AB) = P(A)P(B)$

C. $P(A) = 1 - P(B)$ D. $P(\overline{A} \bigcup \overline{B}) = 1$

解　因为 A 与 B 互不相容,所以 $P(AB) = 0$.

对于选项 A,由于 $P(\overline{AB}) = P(\overline{A \bigcup B}) = 1 - P(A \bigcup B)$,而 $P(A \bigcup B)$ 并不一定等于 1,故排除 A.

对于选项 B,当 $P(A), P(B)$ 不为 $0, 0 = P(AB) \neq P(A)P(B)$,故排除 B.

对于选项 C,只有当 A 与 B 互为对立事件时才有 $P(A) = 1 - P(B)$,故排除 C.

对于选项 D,$P(\overline{A} \bigcup \overline{B}) = P(\overline{AB}) = 1 - P(AB) = 1$,故选项 D 正确.

5. 设 A, B 为两个随机事件,且 $P(A) = P(B) = \dfrac{1}{3}, P(AB) = \dfrac{1}{6}$,则 A, B 中恰有一个事件发生的概率为( ).

A. $\dfrac{2}{3}$ B. $\dfrac{1}{2}$ C. $\dfrac{1}{3}$ D. $\dfrac{1}{4}$

解　所求的概率为

$$P(A\overline{B} \bigcup \overline{A}B) = P(A\overline{B}) + P(\overline{A}B) = P(A - AB) + P(B - AB)$$

$$= P(A) - P(AB) + P(B) - P(AB) = \frac{1}{3} - \frac{1}{6} + \frac{1}{3} - \frac{1}{6} = \frac{1}{3}.$$

故应选 C.

6. 设 A, B 为随机事件,已知 $P(A) = \dfrac{1}{4}, P(B \mid A) = \dfrac{1}{2}, P(A \mid B) = \dfrac{1}{3}$,则 $P(A \bigcup B) = ($).

A. $\dfrac{1}{8}$ B. $\dfrac{1}{4}$ C. $\dfrac{3}{8}$ D. $\dfrac{1}{2}$

解　由于

$$P(AB) = P(A)P(B \mid A) = \frac{1}{4} \times \frac{1}{2} = \frac{1}{8}, P(B) = \frac{P(AB)}{P(A \mid B)} = \frac{1/8}{1/3} = \frac{3}{8},$$

则

$$P(A \bigcup B) = P(A) + P(B) - P(AB) = \frac{1}{4} + \frac{3}{8} - \frac{1}{8} = \frac{1}{2}.$$

故应选 D.

7. 已知甲、乙、丙三人的 3 分球投篮命中率分别是 $\dfrac{1}{3}, \dfrac{1}{4}, \dfrac{1}{5}$. 若甲、乙、丙每人各投 1 次 3 分球,则有人投中的概率为( ).

A. 0.4   B. 0.5   C. 0.6   D. 0.7

解 设 $A = \{$甲命中三分球$\}$; $B = \{$乙命中三分球$\}$; $C = \{$丙命中三分球$\}$, 则依实际意义知 A, B, C 相互独立, 所求概率为

$$p = P(A \bigcup B \bigcup C) = 1 - P(\overline{A \bigcup B \bigcup C}) = 1 - P(\overline{A} \bigcap \overline{B} \bigcap \overline{C})$$

$$= 1 - P(\overline{A}) P(\overline{B}) P(\overline{C}) = 1 - \left(1 - \frac{1}{3}\right)\left(1 - \frac{1}{4}\right)\left(1 - \frac{1}{5}\right) = \frac{3}{5} = 0.6.$$

故应选 C.

8. 若 $P(B \mid A) = 1$, 那么下列命题中正确的是( ).

A. $A \subset B$ B. $B \subset A$

C. $A - B = \varnothing$ D. $P(A - B) = 0$

解 因为 $P(AB) = P(A)P(B \mid A) = P(A)$, 所以 $P(A - B) = P(A) - P(AB) = 0$, 故本题应选 D.

9. 设 A 和 B 为随机变量, $0 < P(A) < 1$, $P(B) > 0$, 且 $P(B \mid A) + P(\overline{B} \mid \overline{A}) = 1$, 则一定有( ).

A. $P(A \mid B) = P(\overline{A} \mid B)$ B. $P(A \mid B) \neq P(\overline{A} \mid B)$

C. $P(AB) = P(A)P(B)$ D. $P(AB) \neq P(A)P(B)$

解 $P(B \mid A) + P(\overline{B} \mid \overline{A}) = \dfrac{P(AB)}{P(A)} + \dfrac{P(\overline{A}\,\overline{B})}{P(\overline{A})}$

$$= \frac{P(AB)}{P(A)} + \frac{1 - P(A) - P(B) + P(AB)}{1 - P(A)} = 1,$$

经化简, 得

$$P(AB) = P(A)P(B),$$

故应选 C.

10. 某射手的命中率为 $p(0 < p < 1)$, 该射手第 k 次命中目标时恰好射击了 n 次的概率为( ).

A. $p^k (1 - p)^{n-k}$ B. $\begin{pmatrix} n-1 \\ k-1 \end{pmatrix} p^k (1 - p)^{n-k}$

C. $\begin{pmatrix} n-1 \\ k \end{pmatrix} p^k (1 - p)^{n-k}$ D. $\begin{pmatrix} n \\ k \end{pmatrix} p^k (1 - p)^{n-k}$

解 射手第 k 次命中目标时恰好射击了 n 次, 表示前面的 $n-1$ 次试验中有 $n-k$ 次失败, $k-1$ 次成功, 从而所求概率为 $\begin{pmatrix} n-1 \\ k-1 \end{pmatrix} p^{k-1} (1 - p)^{n-k} \cdot p$, 故应选 B.

第 ② 章 随机变量及其分布

内容提要

2.1 随机变量的概念

1. 随机变量

设随机试验的样本空间是 S,如果 $X = X(\omega)$ 是定义在样本空间 S 上的实值函数,即对于每一个 $\omega \in S$,总有一个确定的实数 $X(\omega)$ 与其对应,则称 $X = X(\omega)$ 为随机变量.一般用大写英文字母 X, Y, Z 或希腊字母 ξ, η, ζ 等表示随机变量,其可能的取值用小写字母 x, y, z 等表示.

随机事件 A 可以用随机变量 X 的取值表示出来,即 $A = \{X \in S\}$,其中 $S \subset \mathbf{R}$(实数集).

随机变量按取值情况可分为离散型和非离散型两个类型,其中非离散型随机变量中最重要的,也是应用最广的是连续型随机变量.

2. 随机变量的分布函数

设 X 为随机变量,对任意实数 x,则称函数 $F(x) = P\{X \leqslant x\}$ 为随机变量 X 的分布函数.分布函数具有以下性质:

(1) **有界性**　$0 \leqslant F(x) \leqslant 1$;

(2) **单调非降性**　对任意 $x_1 < x_2$,有 $F(x_1) \leqslant F(x_2)$;

(3) $F(-\infty) = \lim\limits_{x \to -\infty} F(x) = 0, F(+\infty) = \lim\limits_{x \to +\infty} F(x) = 1$;

(4) **右连续性**　对任意实数 x_0,都有 $F(x_0) = \lim\limits_{x \to x_0 + 0} F(x)$;

(5) $P\{a < X \leqslant b\} = P\{X \leqslant b\} - P\{X \leqslant a\} = F(b) - F(a)$.

实际上,满足条件(1),(2),(3),(4)的实值函数 $F(x)$ 一定可以作为某个随机变量的分布函数.分布函数是随机变量的一般特征,无论是离散型随机变量还是连续型随机变量,都有分布函数.

2.2 随机变量的概率分布

随机变量的概率分布就是随机变量取值的概率规律,简称分布.

1. 离散型随机变量及其分布律

如果随机变量 X 的所有可能的取值为有限个或可列个,则称 X 为离散型随机变量. 设 X 的所有可能取值为 $x_1, x_2, \cdots, x_n, \cdots$,且 X 取以上各值的概率分别为 $p_1, p_2, \cdots, p_n, \cdots$,即

$$P\{X = x_i\} = p_i \quad (i = 1, 2, 3, \cdots),$$

这一系列的式子称为离散型随机变量 X 的分布律,通常也写成表格的形式:

X	x_1	x_2	$\cdots$	x_n	$\cdots$
P	p_1	p_2	$\cdots$	p_n	$\cdots$

离散型随机变量的概率分布具有以下性质:

(1) $p_k \geqslant 0(k = 1, 2, \cdots, n, \cdots)$;

(2) $\sum\limits_{k=1}^{\infty} p_k = 1$;

(3) $P(a < \xi \leqslant b) = \sum\limits_{a < x_k \leqslant b} p_k$.

实际上,满足上述(1)(2)两个条件的数列 $p_1, p_2, \cdots, p_n, \cdots$ 一定可以作为某个离散型随机变量的概率分布.

离散型随机变量的分布函数为

$$F(x) = P\{X \leqslant x\} = \sum\limits_{x_i \leqslant x} p_i.$$

可以看出,离散型随机变量的分布函数 $F(x)$ 在 X 可能的取值 x_k 处发生跳跃,其跳跃的高度为 X 取该值的概率,它是单调、非降的阶梯函数.

2. 连续型随机变量及其概率密度

对于随机变量 X 的分布函数 $F(x)$,如果存在非负函数 $f(x)$,使得对于任意的实数 x,有

$$F(x) = P\{X \leqslant x\} = \int_{-\infty}^{x} f(t)\mathrm{d}t \quad (-\infty < x < +\infty),$$

则称 X 为连续型随机变量,$f(x)$ 称为 X 的概率密度函数,简称概率密度或密度函数,简记 $X \sim f(x)$.

概率密度 $f(x)$ 具有以下性质:

（1）　$f(x) \geqslant 0 (-\infty < x < +\infty)$；

（2）　$\int_{-\infty}^{+\infty} f(x) \mathrm{d}x = 1$.

对于连续型随机变量 X，它还有下面重要性质.

（1）　$P(a < X \leqslant b) = \int_a^b f(x) \mathrm{d}x$；

（2）　连续型随机变量取任意给定数值的概率都是零，即 $P\{X = a\} = 0$，其中 a 为任意实数. 因而也有

$$P\{a < X \leqslant b\} = P\{a \leqslant X < b\} = P\{a < X < b\} = P\{a \leqslant X \leqslant b\}.$$

必须注意，上式对于离散型随机变量一般不成立.

（3）　若密度函数 $f(x)$ 在点 x 处连续，则 $F'(x) = f(x)$.

2.3　几种常见分布

1. 常见离散型随机变量的分布

（1）　（0—1）分布

当随机试验只有两种可能结果时，我们常常把这两个值取为 0 和 1，这时称随机变量 X 服从参数为 p 的 0—1 分布，其概率分布为

X	0	1
P	$1 - p$	p

（2）　二项分布

若随机变量 X 的分布律为

$$P\{X = k\} = \mathrm{C}_n^k p^k (1-p)^{n-k} \quad (k = 0, 1, 2, \cdots, n),$$

其中 $0 < p < 1$，则称 X 服从参数为 n, p 的二项分布，记作 $X \sim B(n, p)$.

一般地，在 n 重伯努利试验中，如果每次试验中事件 A 发生的概率为 p，用 X 表示 A 发生的次数，则 X 服从参数为 n, p 的二项分布.

（3）　泊松分布

若随机变量 X 的分布律为

$$P\{X = k\} = \frac{\lambda^k}{k!} \mathrm{e}^{-\lambda} \quad (k = 0, 1, 2, \cdots),$$

其中 $\lambda > 0$，则称 X 服从参数为 λ 的泊松分布，记作 $X \sim P(\lambda)$.

二项分布与泊松分布的关系：

（泊松定理）　假设在 n 重伯努利试验中，随着试验次数 n 无限增大，而事件出现

的概率 p_n 无限缩小，且当 $n \to +\infty$ 时有 $np_n \to \lambda$，则

$$\lim_{n \to +\infty} C_n^k p_n^k (1-p_n)^{n-k} = \frac{\lambda^k}{k!} e^{-\lambda}.$$

（4）几何分布

若离散型随机变量 X 的分布律为

$$P\{X = k\} = p(1-p)^{k-1} \quad (k = 1, 2, \cdots),$$

则称 X 服从参数为 p 的几何分布，记为 $X \sim g(p)$.

一般地，在伯努利试验中，设每次试验中事件 A 发生的概率为 p，记 X 为首次发生事件 A 的试验次数，则 X 服从参数为 p 的几何分布.

（5）超几何分布

若离散型随机变量 X 的分布律为

$$P\{X = m\} = \frac{C_M^m C_{N-M}^{n-m}}{C_N^n} \quad (m = 0, 1, \cdots, n),$$

则称 X 服从超几何分布.

一般地，超几何分布的典型例子是：假设有 N 个产品，其中 M 个是正品，$N-M$ 个是次品，从中无放回地取出 n 个产品，则其中含有的正品数 X 服从超几何分布.

（6）幂律分布

若离散型随机变量 X 的分布律为

$$P\{X = k\} = \frac{C}{k^\gamma} \quad (k = 1, 2, \cdots),$$

其中幂次 $\gamma > 1$，C 为归一化常数，则称 X 服从参数为 γ 的幂律分布.

注 幂律分布的类型有好几种，上面提到的只是其中的一种. 幂律分布被称为复杂系统的"指纹". 关于幂律分布的普适性研究目前仍然为科学前沿的热点之一，本书特别给予介绍，只是为了表明其重要性.

2. 常见连续型随机变量的分布

（1）均匀分布

若连续型随机变量 X 的密度函数为

$$f(x) = \begin{cases} \dfrac{1}{b-a}, & a \leqslant x \leqslant b, \\ 0, & \text{其他}, \end{cases}$$

则称 X 在区间 $[a, b]$ 上服从均匀分布，记作 $X \sim U[a, b]$，其分布函数为

$$F(x) = \begin{cases} 0, & x < a, \\ \dfrac{x-a}{b-a}, & a \leqslant x < b, \\ 1, & x \geqslant b. \end{cases}$$

（2）指数分布

若连续型随机变量 X 的密度函数为

$$f(x) = \begin{cases} \lambda \mathrm{e}^{-\lambda x}, & x \geqslant 0, \\ 0, & x < 0, \end{cases}$$

则称 X 服从参数为 λ 的指数分布，记作 $X \sim E(\lambda)$，其分布函数为

$$F(x) = \begin{cases} 1 - \mathrm{e}^{-\lambda x}, & x \geqslant 0, \\ 0, & x < 0. \end{cases}$$

（3）柯西分布

若连续型随机变量 X 的密度函数为

$$f(x) = \frac{1}{\pi(1+x^2)} \quad (-\infty < x < +\infty),$$

则称 X 服从柯西分布，其分布函数为

$$F(x) = \frac{1}{\pi}\arctan x + \frac{1}{2}.$$

（4）正态分布

若连续型随机变量 X 的密度函数为

$$f(x) = \frac{1}{\sqrt{2\pi}\,\sigma} \mathrm{e}^{-\frac{(x-\mu)^2}{2\sigma^2}} \quad (-\infty < x < +\infty),$$

则称 X 服从参数为 μ, σ^2 的正态分布，记作 $X \sim N(\mu, \sigma^2)$.

特别地，称 $\mu = 0, \sigma = 1$ 时的正态分布为标准正态分布，其密度函数、分布函数分别用 $\varphi(x)$ 和 $\Phi(x)$ 表示，即

$$\varphi(x) = \frac{1}{\sqrt{2\pi}} \mathrm{e}^{-\frac{x^2}{2}}, \quad \Phi(x) = \frac{1}{\sqrt{2\pi}} \int_{-\infty}^{x} \mathrm{e}^{-\frac{x^2}{2}} \mathrm{d}x.$$

一般概率统计教材后附有 $\Phi(x)$ 的数值表，供查用.

正态分布的重要性质：

① 若 $X \sim N(\mu, \sigma^2)$，则 $aX + b \sim N(a\mu + b, a^2\sigma^2)(a \neq 0)$. 特别地，$X$ 的标准化随机变量 $\dfrac{X-\mu}{\sigma} \sim N(0,1)$.

② "3σ 规则":设随机变量 $X \sim N(\mu, \sigma^2)$,则

$$P(\mid X - \mu \mid \leqslant \sigma) \approx 0.683,$$
$$P(\mid X - \mu \mid \leqslant 2\sigma) \approx 0.954,$$
$$P(\mid X - \mu \mid \leqslant 3\sigma) \approx 0.997.$$

③ 记 $F(x)$ 与 $\Phi(x)$ 分别为一般正态分布 $N(\mu, \sigma^2)$ 与标准正态分布的分布函数,则对任意的实数 x,都有 $F(x) = \Phi\left(\dfrac{x - \mu}{\sigma}\right)$,且

$$P\{a \leqslant X \leqslant b\} = F(b) - F(a) = \Phi\left(\frac{b - \mu}{\sigma}\right) - \Phi\left(\frac{a - \mu}{\sigma}\right).$$

④ 对于任意的实数 x,均有 $\Phi(-x) = 1 - \Phi(x)$.

若 $x > 0$,可直接查表得到 $\Phi(x)$ 的值;若 $x < 0$,则利用上述公式,再查表,即可得到 $\Phi(x)$ 的值.

2.4　随机变量函数的分布

1.　离散型随机变量函数的分布

随机变量 X 的分布律为

X	x_1	x_2	$\cdots$	x_n	$\cdots$
P	p_1	p_2	$\cdots$	p_n	$\cdots$

若 $y = h(x)$ 是连续函数,则 $Y = h(X)$ 也是一个随机变量,Y 的分布律可由下表求得.

Y	$y_1 = h(x_1)$	$y_2 = h(x_2)$	$\cdots$	$y_n = h(x_n)$	$\cdots$
$P\{Y = y_k\}$	p_1	p_2	$\cdots$	p_n	$\cdots$

若 $h(x_k)(k = 1, 2, \cdots)$ 的值互不相同,则上表就是 Y 的分布律;若 $h(x_k)(k = 1, 2, \cdots)$ 的值中有相等的,则应把那些相等的取值合并,同时把对应的概率相加,从而得到 Y 的分布律.

2.　连续型随机变量函数的分布

设连续型随机变量 X 的分布函数为 $F_X(x)$,概率密度为 $f_X(x)$,$y = h(x)$ 是连续函数,求 $Y = h(X)$ 的分布函数 $F_Y(y)$ 或概率密度 $f_Y(y)$ 的方法主要有两种.

（1）定义法

定义法也称分布函数法,关键是设法找出 Y 的分布函数 $F_Y(y)$ 与 X 的分布函数 $F_X(x)$ 之间的关系.

首先按定义写出 Y 的分布函数 $F_Y(y) = P\{Y \leqslant y\}$;然后利用关系式 $Y = h(X)$,

把事件 $\{Y \leqslant y\}$ 转化为等价事件 $\{X \in S\}$,其中 $S \subset \mathbf{R}$,并将其概率用 X 的分布函数表示出来,记作 $F_X[u(y)]$,即得 $F_Y(y) = F_X[u(y)]$;最后两边关于 y 求导,即可得 Y 的密度函数 $f_Y(y)$.

（2） 公式法

如果 $y = h(x)$ 为单调函数,最小值为 α,最大值为 β,$h(x)$ 处处可导,且导数不为零,那么随机变量 $Y = h(X)$ 的密度函数

$$f_Y(y) = \begin{cases} f_X(h^{-1}(y)) \mid [h^{-1}(y)]' \mid, & \alpha < y < \beta, \\ 0, & \text{其他}, \end{cases}$$

其中 $x = h^{-1}(y)$ 为 $y = h(x)$ 的反函数,$f_X(x)$ 为 X 的密度函数.

习题详解

习 题 二

（A）

1. 掷一颗均匀骰子两次,以 X 表示前后两次出现的点数之和,Y 表示两次中所得的最小点数,求:（1） X 的分布律;（2） Y 的分布律.

分析 求离散型随机变量分布律的步骤为:① 找出随机变量 X 的所有可能的取值;② 求出 X 取各可能值的事件的概率.

解 记 X_1, X_2 分别为掷一颗均匀骰子两次出现的点数,则

$$P\{X_1 = k\} = \frac{1}{6}, \; P\{X_2 = k\} = \frac{1}{6}(k = 1, 2, \cdots, 6).$$

由于事件 $\{X_1 = i\}$ 与事件 $\{X_2 = j\}$ 相互独立,因此

$$P\{X_1 = i, X_2 = j\} = P\{X_1 = i\} \cdot P\{X_2 = j\} = \frac{1}{6}\left(\frac{1}{6} = \frac{1}{36}, \; i, j = 1, \cdots, 6\right).$$

（1） 随机变量 $X = X_1 + X_2$ 的可能值为 $2, 3, \cdots, 12$,

$$P\{X = 2\} = P\{X_1 = 1, X_2 = 1\} = \frac{1}{36},$$

$$P\{X = 3\} = P\{X_1 = 1, X_2 = 2\} + P\{X_1 = 2, X_2 = 1\} = \frac{1}{36} + \frac{1}{36} = \frac{1}{18},$$

$$P\{X = 4\} = P\{X_1 = 1, X_2 = 3\} + P\{X_1 = 2, X_2 = 2\} + P\{X_1 = 3, X_2 = 1\} = \frac{1}{12},$$

同理,依次可得 X 的分布律为

X	2	3	4	5	6	7	8	9	10	11	12
P	$\frac{1}{36}$	$\frac{1}{18}$	$\frac{1}{12}$	$\frac{1}{9}$	$\frac{5}{36}$	$\frac{1}{6}$	$\frac{5}{36}$	$\frac{1}{9}$	$\frac{1}{12}$	$\frac{1}{18}$	$\frac{1}{36}$

(2) 随机变量 $Y = \min(X_1, X_2)$ 的可能值为 $1,2,3,4,5,6$,当且仅当以下三种情况之一发生时,事件 $\{Y=k\}(k=1,2,3,4,5,6)$ 发生.

① $X_1 = k$ 且 $X_2 = k+1, k+2, \cdots, 6$(共有 $6-k$ 个点);

② $X_2 = k$ 且 $X_1 = k+1, k+2, \cdots, 6$(共有 $6-k$ 个点);

③ $X_1 = k$ 且 $X_2 = k$(仅有 1 个点).

因此事件 $\{Y=k\}$ 共包含 $(6-k)+(6-k)+1 = 13-2k$ 个样本点,于是 Y 的分布律为

$$P\{Y=k\} = \frac{13-2k}{36}(k=1,2,3,4,5,6).$$

因此 Y 的分布律为

Y	1	2	3	4	5	6
P	$\frac{11}{36}$	$\frac{1}{4}$	$\frac{7}{36}$	$\frac{5}{36}$	$\frac{1}{12}$	$\frac{1}{36}$

2. 口袋中有 7 只白球、3 只黑球,每次从中任取一个,如果取出黑球则不放回,而另外放入一只白球,求首次取出白球时的取球次数 X 的分布律.

解 X 的可能取值为 $1,2,3,4$,且"$X=1$"表示第一次就取到白球,其概率为 $\frac{7}{10} = 0.7$,"$X=2$"表示第一次取到黑球,第二次取到白球,其概率为 $\frac{3}{10} \cdot \frac{8}{10} = 0.24$,类似可得

$$P\{X=3\} = \frac{3}{10} \cdot \frac{2}{10} \cdot \frac{9}{10} = 0.054, P\{X=4\} = \frac{3}{10} \cdot \frac{2}{10} \cdot \frac{1}{10} \cdot \frac{10}{10} = 0.006.$$

因此 X 的分布律为

X	1	2	3	4
P	0.7	0.24	0.054	0.006

3. 一台设备由三个部件构成,在设备运转中各部件需要调整的概率相应为 $0.10, 0.20$ 和 0.30,假设各部件的状态相互独立,以 X 表示同时需要调整的部件数,试求 X 的分布律.

解　设事件 $A_i=$"第 i 个部件需要调整", $i=1,2,3$. 依题意 A_1,A_2,A_3 相互独立, 且

$$P(A_1)=0.10,\ P(A_2)=0.20,\ P(A_3)=0.30.$$

显然 X 的可能取值为 $0,1,2,3$.

$$P\{X=0\}=P(\overline{A_1}\,\overline{A_2}\,\overline{A_3})=P(\overline{A_1})P(\overline{A_2})P(\overline{A_3})=0.9\times0.8\times0.7=0.504,$$

$$P\{X=1\}=P(A_1\,\overline{A_2}\,\overline{A_3})+P(\overline{A_1}A_2\,\overline{A_3})+P(\overline{A_1}\,\overline{A_2}A_3)$$

$$=0.1\times0.8\times0.7+0.9\times0.2\times0.7+0.9\times0.8\times0.3=0.398,$$

$$P\{X=3\}=P(A_1A_2A_3)=0.1\times0.2\times0.3=0.006,$$

$$P\{X=2\}=1-P\{X=0\}-P\{X=1\}-P\{X=3\}$$

$$=1-0.504-0.398-0.006=0.092.$$

即 X 的分布律为

X	0	1	2	3
P	0.504	0.398	0.092	0.006

4. 一批产品共有 100 件, 其中 10 件是次品, 从中任取 5 件产品进行检验, 如果 5 件都是正品, 则这批产品被接收, 否则不接收这批产品, 求: (1) 5 件产品中次品数的分布律; (2) 不接收这批产品的概率.

解　(1) X 的所有可能取值为 $0,1,2,3,4,5$, 其分布律为

$$P\{X=k\}=\frac{\mathrm{C}_{10}^{k}\mathrm{C}_{90}^{5-k}}{\mathrm{C}_{100}^{5}}(k=0,1,2,3,4,5).$$

(2) 不接收这批产品的概率为 $1-\dfrac{\mathrm{C}_{90}^{5}}{\mathrm{C}_{100}^{5}}$.

5. 设离散型随机变量 X 的分布律为

$$P\{X=k\}=\frac{C}{15}(k=1,2,3,4,5).$$

(1) 试确定常数 C; (2) 求 $P\{1\leqslant X\leqslant3\}$; (3) 求 $P\{0.5<X<2.5\}$.

解　(1) 由分布律的性质, 有

$$1=\sum_{k=1}^{5}P\{X=k\}=\sum_{k=1}^{5}\frac{C}{15},$$

由此得, $C=3$.

(2) $P\{1\leqslant X\leqslant3\}=P\{X=1\}+P\{X=2\}+P\{X=3\}=\dfrac{9}{15}=0.6.$

（3） $P\{0.5 < X < 2.5\} = P\{X = 1\} + P\{X = 2\} = \dfrac{6}{15} = 0.4.$

6. 设一个试验只有两种结果，即成功或失败，且每次试验成功的概率为 $p(0 < p < 1)$，现反复试验，直到获得 k 次成功为止．以 X 表示试验停止时一共进行的试验次数，求 X 的分布律．

分析 考虑是独立重复试验序列，"直至事件 A 发生 k 次为止"表示至少需要进行 k 次试验，如果需要进行 $k + r$ 次试验，则表明前 $k + r - 1$ 次试验中事件 A 恰好发生了 $k - 1$ 次，而第 $k + r$ 次试验中事件 A 发生．

解 设事件 A 发生 k 次时所需要进行的试验次数为 X，则 X 的取值范围为 k，$k + 1, k + 2, \cdots$．事件 $\{X = n\}$ 表示前 $n - 1$ 次试验中事件 A 恰好发生 $k - 1$ 次，并且第 n 次试验中事件 A 发生，所以

$$P\{X = n\} = C_{n-1}^{k-1} p^{k-1} (1-p)^{n-k} \cdot p = C_{n-1}^{k-1} p^{k} (1-p)^{n-k} (n = k, k+1, \cdots).$$

注 此分布称为帕斯卡分布或负二项分布，当 $k = 1$ 时，即为几何分布．因此可以说几何分布是负二项分布的特殊情形．

7. 设某射手每次射击命中目标的概率为 0.8，现射击了 20 次，求射中目标次数的分布律．

分析 在很多实际问题中，随机变量的分布往往是一些常见的分布(如二项分布、几何分布、泊松分布、指数分布、正态分布等)，因此我们应该熟悉这些常见分布所描述的一些典型的概率模型．本题中，射手每次射击可以看成一次试验，命中与否是其两个结果，射击 20 次相当于 20 次重复试验，且各次试验相互独立，因此是 n 重伯努利试验．

解 用 A 表示事件"射手射击命中目标"，则命中目标的次数 X，就是 n 重伯努利试验中事件 A 出现的次数，因此 X 服从二项分布，其参数 $n = 20, p = P(A) = 0.8$，故 $X \sim B(20, 0.8)$，即 X 的分布律为

$$P\{X = k\} = C_{20}^{k} (0.8)^{k} (0.2)^{20-k} (k = 0, 1, \cdots, 20).$$

8. 一个工人同时看管 5 部机器，在一小时内每部机器需要照看的概率是 $\dfrac{1}{3}$，求：
（1） 在一小时内没有 1 部机器需要照看的概率；（2） 在一小时内至少有 4 部机器需要照看的概率．

解 设在一小时内需要照看的机器数为 X，则 $X \sim B\left(5, \dfrac{1}{3}\right)$．

（1） 在一小时内没有 1 部机器需要照看的概率为

$$P\{X=0\}=\mathrm{C}_5^0\left(\frac{1}{3}\right)^0\left(\frac{2}{3}\right)^5=\frac{32}{243}.$$

（2） 在一小时内至少有 4 部机器需要照看的概率为

$$P\{X\geqslant4\}=P\{X=4\}+\{X=5\}=\mathrm{C}_5^4\left(\frac{1}{3}\right)^4\left(\frac{2}{3}\right)^1+\mathrm{C}_5^5\left(\frac{1}{3}\right)^5\left(\frac{2}{3}\right)^0=\frac{11}{243}.$$

9. 甲、乙两人投篮，投中的概率分布为 0.6, 0.7. 两人各投 3 次，求：(1) 两人投中次数相等的概率；(2) 甲比乙投中次数多的概率.

解 以 X, Y 分别表示甲、乙投中的次数，则 $X\sim B(3,0.6)$, $Y\sim B(3,0.7)$.

（1） 按题意需求事件 $\{X=Y\}$ 的概率，而事件 $\{X=Y\}$ 是下列 4 个两两互不相容的事件之和，即

$$\{X=0\}\bigcap\{Y=0\}, \{X=1\}\bigcap\{Y=1\}, \{X=2\}\bigcap\{Y=2\}, \{X=3\}\bigcap\{Y=3\}.$$

自然，甲、乙投中与否被认为是相互独立的，从而

$$\begin{aligned}
P\{X=Y\}&=\sum_{i=0}^{3}P[\{X=i\}\bigcap\{Y=i\}]=\sum_{i=0}^{3}P\{X=i\}P\{Y=i\}\\
&=(1-0.6)^3(1-0.7)^3+\mathrm{C}_3^1 0.6(1-0.6)^2\mathrm{C}_3^1 0.7(1-0.7)^2\\
&\quad+\mathrm{C}_3^2 0.6^2(1-0.6)\mathrm{C}_3^2 0.7^2(1-0.7)+0.6^3\times0.7^3\\
&=0.3208.
\end{aligned}$$

（2） 按题意需求事件 $\{X>Y\}$ 的概率，而事件 $\{X>Y\}$ 可表示为下列 3 个两两互不相容的事件之和，即

$$\{X=1\}\bigcap\{Y=0\}, \{X=2\}\bigcap\{Y\leqslant1\}, \{X=3\}\bigcap\{Y\leqslant2\}.$$

由于甲、乙投中与否相互独立，所以

$$\begin{aligned}
P\{X>Y\}&=P[\{X=1\}\bigcap\{Y=0\}]+P[\{X=2\}\bigcap\{Y\leqslant1\}]+P[\{X=3\}\bigcap\{Y\leqslant2\}]\\
&=P\{X=1\}P\{Y=0\}+P\{X=2\}\cdot[P\{Y=0\}+P\{Y=1\}]+\\
&\quad P\{X=3\}\cdot[1-P\{Y=3\}]\\
&=\mathrm{C}_3^1 0.6(1-0.6)^2(1-0.7)^3+\mathrm{C}_3^2 0.6^2(1-0.6)\times[(1-0.7)^3+\\
&\quad\mathrm{C}_3^1 0.7(1-0.7)^2]+0.6^3(1-0.7^3)\\
&=0.2430.
\end{aligned}$$

10. 某产品的不合格率为 0.1，每次随机抽取 10 件进行检验，若发现有不合格品，就去调整设备. 若检验员每天检验 4 次，试求每天调整次数的分布律.

分析 把每抽取一件产品看作一次试验，每一次试验的结果只有 2 个：抽取合格品或不合格品. 现在所给的试验（序列）模型是：若抽取了一个不合格品，则去调整设备；若调整设备后抽取了一个是合格品，则继续抽取下去，直至抽取了一个不合格品，

又得去调整设备. 因此,在 10 件产品中至少有一个不合格品就需调整设备.

解 记 A 表示事件"抽取的一个产品是不合格品",由题意

$$P(A) = 0.1, \quad P(\overline{A}) = 1 - P(A) = 0.9.$$

设抽取的不合格品数为 X,则 $X \sim B(10, 0.1)$. 设备需要调整的概率为

$$P\{X \geqslant 1\} = 1 - P\{X = 0\} = 1 - C_{10}^0 \cdot 0.1^0 \times 0.9^{10} = 0.6513.$$

由于检验员每天检验 4 次,因此每天调整次数 Y 的分布律为 $Y \sim B(4, 0.6513)$,即

Y	0	1	2	3	4
P	0.0148	0.1105	0.3095	0.3854	0.1799

注 二项分布是一种广泛应用的概率模型,它描述了 n 重伯努利试验模型,对于 $B(n, p)$ 中 n 与 p 的意义要准确理解,并能运用于不同的背景中.

11. 保险公司在一天内承保了 5000 份相同年龄为期一年的寿险保单,每人一份. 在合同的有效期内若投保人死亡,则公司需赔付 3 万元. 设在一年内,该年龄段的死亡率为 0.0015,且各投保人是否死亡相互独立. 求该公司对于这批投保人的赔付总额不超过 30 万元的概率(利用泊松定理计算).

分析 这是二项分布的概率计算问题,由于 n 较大,p 很小,所以可用泊松定理作近似计算.

解 用 X 表示 5000 个投保人最终死亡的人数,则 $X \sim B(5000, 0.0015)$,$n = 5000$,$p = 0.0015$,$np = 7.5$. 由泊松定理知,X 近似服从参数为 7.5 的泊松分布.

$$P\{3X \leqslant 30\} = P\{X \leqslant 10\} = \sum_{k=0}^{10} C_{5000}^k \cdot 0.0015^k \cdot 0.9985^{5000-k}$$

$$\approx \sum_{k=0}^{10} \frac{7.5^k}{k!} e^{-7.5} \approx 0.8622.$$

注 二项分布的泊松近似(即泊松定理),常常应用于如下问题:在一次试验中事件 A 发生的概率很小,但独立重复试验的次数 n 很大,求事件 A 恰好或至少发生一次或几次的概率. 如求某段高速公路上至少发生一起交通事故的概率,或求保险业务中恰有、多于或少于几起理赔发生的概率等.

12. 设随机变量 X 服从泊松分布,且已知 $P\{X=1\} = P\{X=2\}$,求 $P\{X=4\}$.

解 X 的分布律为

$$P\{X = k\} = \frac{\lambda^k}{k!} e^{-\lambda} (k = 0, 1, 2, \cdots),$$

由 $P\{X=1\}=P\{X=2\}$,即

$$\frac{\lambda^1}{1}\mathrm{e}^{-\lambda}=\frac{\lambda^2}{2!}\mathrm{e}^{-\lambda},$$

解得 $\lambda=2,\lambda=0$(舍去). 从而得

$$P\{X=4\}=\frac{2^4}{4!}\mathrm{e}^{-2}=\frac{2}{3}\mathrm{e}^{-2}.$$

13. 假设某电话总机每分钟接到的呼唤次数服从参数为 5 的泊松分布,求:
(1) 某分钟内恰好接到 6 次呼唤的概率;(2) 某分钟内接到的呼唤次数多于 4 次的概率.

解 设 X 是电话总机每分钟接到的呼唤次数,则 $X\sim P(5)$,从而
(1) 某分钟内恰好接到 6 次呼唤的概率为

$$P\{X=6\}=\frac{5^6}{6!}\mathrm{e}^{-5}\approx0.1462.$$

(2) 某分钟内接到的呼唤次数多于 4 次的概率为

$$P\{X>4\}=1-P\{X\leqslant4\}=1-\sum_{k=0}^{4}\frac{5^k}{k!}\mathrm{e}^{-5}\approx0.5595.$$

注 泊松分布不仅仅是二项分布的一种近似分布,在实际生活有大量的随机变量都服从泊松分布. 例如:在一定时间内传呼台收到的呼叫次数;一定时间内,在超市排队等候付款的顾客人数;一匹布上的瑕点个数;一定区域内在显微镜下观察到的细菌个数;一定页数的书上出现印刷错误的页数;等等.

14. 某 110 接警台在长度为 t(单位:h)的时间间隔内收到的报警电话次数服从参数为 $2t$ 的泊松分布,而且与时间间隔的起点无关,求:(1) 某天 8 点到 11 点没有接到报警电话的概率;(2) 某天 8 点到 12 点至少接到 1 个报警电话的概率.

解 已知报警电话次数 $X\sim P(2t)$.
(1) $t=3$,所求概率为

$$P\{X=0\}=\frac{6^0}{0!}\mathrm{e}^{-6}=\mathrm{e}^{-6}.$$

(2) $t=4$,所求概率为

$$P\{X\geqslant1\}=1-P\{X=0\}=1-\frac{8^0}{0!}\mathrm{e}^{-8}=1-\mathrm{e}^{-8}.$$

15. 设随机变量 X 的分布函数为

$$F(x)=\begin{cases}0, & x<-1,\\ 0.4, & -1\leqslant x<1,\\ 0.8, & 1\leqslant x<3,\\ 1, & x\geqslant3,\end{cases}$$

试求 X 的分布律.

分析 这是已知离散型随机变量 X 的分布函数求其分布律的问题,只需对 $F(x)$ 的所有分段点 x_0(也就是 X 的所有可能取值点)应用公式 $P\{X = x_0\} = F(x_0) - F(x_0 - 0)$ 即可.

解 X 的所有可能取值为 $-1, 1, 3$,

$$P\{X = -1\} = F(-1) - F(-1-0) = 0.4 - 0 = 0.4,$$

$$P\{X = 1\} = F(1) - F(1-0) = 0.8 - 0.4 = 0.4,$$

$$P\{X = 3\} = F(3) - F(3-0) = 1 - 0.8 = 0.2,$$

从而 X 的分布律为

X	-1	1	3
P	0.4	0.4	0.2

16. 设随机变量 X 的分布函数为

$$F(x) = \begin{cases} 0, & x < 0, \\ x^2, & 0 \leqslant x < 1, \\ 1, & x \geqslant 1, \end{cases}$$

试求 $P\{X \leqslant 0.5\}, P\{-1 < X \leqslant 0.25\}$.

解 由连续型随机变量分布函数的定义和性质,有

$$P\{X \leqslant 0.5\} = F(0.5) = 0.5^2 = \frac{1}{4},$$

$$P\{-1 < X \leqslant 0.25\} = F(0.25) - F(-1) = 0.25^2 - 0 = \frac{1}{16}.$$

17. 设连续型随机变量 X 的分布函数为

$$F(x) = \begin{cases} a + be^{-\frac{x^2}{2}}, & x \geqslant 0, \\ 0, & x < 0, \end{cases}$$

求:(1) 常数 a 和 b;(2) 随机变量 X 的密度函数.

分析 求分布函数中的待定常数,一般做法是:根据分布函数的性质(主要是 $\lim\limits_{x \to +\infty} F(x) = 1, \lim\limits_{x \to -\infty} F(x) = 0$,连续性等),列出含有待定常数的方程(组),解之即可.

解 (1) 因为连续型随机变量的分布函数为连续函数,则

$$\lim_{x \to +\infty} F(x) = \lim_{x \to +\infty} (a + be^{-\frac{x^2}{2}}) = a = 1,$$

$$\lim_{x \to 0^+} F(x) = \lim_{x \to 0^+} (1 + be^{-\frac{x^2}{2}}) = 1 + b = 0 = F(0),$$

所以 $b = -1$.

（2）随机变量 X 的密度函数

$$f(x) = F'(x) = \begin{cases} x\mathrm{e}^{-\frac{x^2}{2}}, & x > 0, \\ 0, & x \leqslant 0. \end{cases}$$

18. 设随机变量 X 的密度函数为

$$f(x) = \begin{cases} k - |x|, & -1 < x < 1, \\ 0, & \text{其他}, \end{cases}$$

求：(1) 常数 k；(2) $P\{-0.5 < X \leqslant 0.5\}$；(3) 分布函数 $F(x)$.

分析 (1) 连续型随机变量 X 的密度函数 $f(x)$ 中的一个待定常数，可由密度函数的规范性确定.(2) 求连续型随机变量 X 落在某一区间 $[a, b]$ 上的概率，有两种方法：一种是计算分布函数在区间 $[a, b]$ 上的增量，即 $F(b) - F(a)$；另一种是计算密度函数在区间 $[a, b]$ 上的积分，即 $\int_a^b f(x)\mathrm{d}x$.(3) 由于密度函数 $f(x)$ 是分段表示的，所以求分布函数 $F(x) = \int_{-\infty}^x f(t)\mathrm{d}t$ 时，必须对 x 分区间进行讨论.

解 (1) $\int_{-\infty}^{+\infty} f(x)\mathrm{d}x = \int_{-1}^1 (k - |x|)\mathrm{d}x = 2\int_0^1 (k - x)\mathrm{d}x = 2k - 1 = 1$，从而解得 $k = 1$.

（2）$P\{-0.5 < X \leqslant 0.5\} = \int_{-0.5}^{0.5} (1 - |x|)\mathrm{d}x = 2\int_0^{0.5} (1 - x)\mathrm{d}x$

$$= 1 - x^2 \Big|_0^{0.5} = 0.75.$$

（3）$F(x) = P\{X \leqslant x\} = \int_{-\infty}^x f(t)\mathrm{d}t.$

当 $x < -1$ 时，

$$F(x) = \int_{-\infty}^x f(t)\mathrm{d}t = 0;$$

当 $-1 \leqslant x < 0$ 时，

$$F(x) = \int_{-\infty}^x f(t)\mathrm{d}t = \int_{-1}^x f(t)\mathrm{d}t = \int_{-1}^x (1 + t)\mathrm{d}t = 0.5x^2 + x + 0.5;$$

当 $0 \leqslant x < 1$ 时，

$$F(x) = \int_{-1}^0 (1 + t)\mathrm{d}t + \int_0^x (1 - t)\mathrm{d}t = -0.5x^2 + x + 0.5;$$

当 $x \geqslant 1$ 时，

$$F(x) = \int_{-1}^{0} (1+t)\mathrm{d}t + \int_{0}^{1} (1-t)\mathrm{d}t = 1.$$

因此,分布函数为

$$F(x) = \begin{cases} 0, & x < -1, \\ 0.5x^2 + x + 0.5, & -1 \leqslant x < 0, \\ -0.5x^2 + x + 0.5, & 0 \leqslant x < 1, \\ 1, & x \geqslant 1. \end{cases}$$

19. 设随机变量 X 的密度函数为

$$f(x) = \begin{cases} A(9-x^2), & -3 \leqslant x \leqslant 3, \\ 0, & \text{其他}. \end{cases}$$

求:(1) 常数 A;(2) $P\{X < 0\}, P\{X > 2\}, P\{-1 < X < 1\}$;(3) 分布函数 $F(x)$.

解 (1) $\int_{-\infty}^{+\infty} f(x)\mathrm{d}x = \int_{-3}^{3} A(9-x^2)\mathrm{d}x = 2A\int_{0}^{3}(9-x^2)\mathrm{d}x = 36A = 1$,

从而解得 $A = \dfrac{1}{36}$.

(2) $P\{X < 0\} = \int_{-3}^{0} \dfrac{1}{36}(9-x^2)\mathrm{d}x = \dfrac{1}{2}$,

$P\{X > 2\} = \int_{2}^{3} \dfrac{1}{36}(9-x^2)\mathrm{d}x = \dfrac{2}{27}$,

$P\{-1 < X < 1\} = 2\int_{0}^{1} \dfrac{1}{36}(9-x^2)\mathrm{d}x = \dfrac{13}{27}$.

(3) 当 $x < -3$ 时,$F(x) = 0$;

当 $-3 \leqslant x < 3$ 时,

$$F(x) = \int_{-3}^{x} f(t)\mathrm{d}t = \int_{-3}^{x} \frac{1}{36}(9-t^2)\mathrm{d}t = \frac{1}{2} + \frac{1}{4}x - \frac{1}{108}x^3;$$

当 $x \geqslant 3$ 时,$F(x) = \int_{-3}^{3} \dfrac{1}{36}(9-t^2)\mathrm{d}t = 1$.

因此,分布函数为

$$F(x) = \begin{cases} 0, & x < -3, \\ \dfrac{1}{2} + \dfrac{1}{4}x - \dfrac{1}{108}x^3, & -3 \leqslant x < 3, \\ 1, & x \geqslant 3. \end{cases}$$

20. 已知随机变量 X 的密度函数为 $f(x) = A\mathrm{e}^{-|x|}$,试求:(1) 常数 A;(2) X 的分布函数.

解　(1) 因为 $\int_{-\infty}^{+\infty} A\mathrm{e}^{-|x|}\,\mathrm{d}x = 2A\int_0^{+\infty}\mathrm{e}^{-x}\,\mathrm{d}x = -2A\,\mathrm{e}^{-x}\Big|_0^{+\infty} = 2A = 1$,从而 $A = 0.5$.

(2)　当 $x < 0$ 时,$F(x) = P\{X \leqslant x\} = \int_{-\infty}^x 0.5\mathrm{e}^t\,\mathrm{d}t = 0.5\mathrm{e}^x$;

当 $x \geqslant 0$ 时,$F(x) = \int_{-\infty}^0 0.5\mathrm{e}^t\,\mathrm{d}t + \int_0^x 0.5\mathrm{e}^{-t}\,\mathrm{d}t = 1 - 0.5\mathrm{e}^{-x}$.

因此分布函数为

$$F(x) = \begin{cases} 0.5\mathrm{e}^x, & x < 0, \\ 1 - 0.5\mathrm{e}^{-x}, & x \geqslant 0. \end{cases}$$

21. 某城市每天用电量不超过 100 万 kW·h,以 X 表示每天的耗电率(即用电量除以百万 kW·h),它具有密度函数:

$$f(x) = \begin{cases} 12x(1-x)^2, & 0 \leqslant x \leqslant 1, \\ 0, & \text{其他}. \end{cases}$$

若该城市每天供电量仅 80 万 kW·h,求供电量不够需要的概率. 若每天的供电量上升到 90 万 kW·h,每天供电量不足的概率是多少?

解　若该城市每天供电量仅 80 万 kW·h,则供电量不够需要的概率为

$$P\left\{X > \frac{80}{100}\right\} = \int_{0.8}^1 12x(1-x)^2\,\mathrm{d}x = 12\int_{0.8}^1 (x - 2x^2 + x^3)\,\mathrm{d}x = 0.0272,$$

若每天的供电量上升到 90 万 kW·h 时,则每天供电量不足的概率为

$$P\left\{X > \frac{90}{100}\right\} = \int_{0.9}^1 12x(1-x)^2\,\mathrm{d}x = 0.0037.$$

22. 假设某种设备的使用寿命 X(年)服从参数为 0.25 的指数分布. 制造这种设备的厂家规定,若设备在一年内损坏,则可以调换. 如果厂家每售出一台设备可赢利 100 元,而调换一台设备厂家要花费 300 元,求每台设备所获利润的分布律.

解　因为该设备的使用寿命 $X \sim E(0.25)$,故 X 的密度函数为

$$f(x) = \begin{cases} 0.25\mathrm{e}^{-0.25x}, & x > 0, \\ 0, & x \leqslant 0. \end{cases}$$

设事件 A 表示设备需调换,则

$$P(A) = P\{X < 1\} = \int_0^1 0.25\mathrm{e}^{-0.25t}\,\mathrm{d}t = -\mathrm{e}^{-0.25t}\Big|_0^1 = 1 - \mathrm{e}^{-0.25}.$$

令随机变量 Y 表示每台设备所获利润,则 Y 的分布律为

Y	100	-200
P	$e^{-0.25}$	$1-e^{-0.25}$

23. 设随机变量 X 的密度函数为

$$f(x) = \begin{cases} A\sin x, & 0 \leqslant x \leqslant \pi, \\ 0, & 其他, \end{cases}$$

对 X 独立观察 4 次,随机变量 Y 表示观察值大于 $\dfrac{\pi}{3}$ 的次数,求:(1) 常数 A;(2) Y 的分布律.

解 (1) 由

$$\int_{-\infty}^{+\infty} f(x)\mathrm{d}x = \int_0^\pi A\sin x\mathrm{d}x = -A\cos x\Big|_0^\pi = 2A = 1,$$

解得 $A = \dfrac{1}{2}$.

(2) 设事件 A 表示观察值大于 $\dfrac{\pi}{3}$,则

$$P(A) = P\left\{X > \frac{\pi}{3}\right\} = \frac{1}{2}\int_{\frac{\pi}{3}}^\pi \sin x\mathrm{d}x = -\frac{1}{2}\cos x\Big|_{\frac{\pi}{3}}^\pi = \frac{3}{4},$$

依题意,Y 服从二项分布 $B\left(4, \dfrac{3}{4}\right)$.

24. 某仪器装有 3 个独立工作的同型号电子元件,其寿命 X(单位:h)的密度函数为

$$f(x) = \begin{cases} \dfrac{100}{x^2}, & x > 100, \\ 0, & x \leqslant 100, \end{cases}$$

试求:(1) X 的分布函数;(2) 在最初的 150 h 内没有一个电子元件损坏的概率.

解 (1) 当 $x \leqslant 100$ 时,$F(x) = 0$;

当 $x > 100$ 时,

$$F(x) = \int_{-\infty}^x f(t)\mathrm{d}t = \int_{100}^x \frac{100}{t^2}\mathrm{d}t = 1 - \frac{100}{x}.$$

因此分布函数为

$$F(x) = \begin{cases} 1 - \dfrac{100}{x}, & x > 100, \\ 0, & x \leqslant 100. \end{cases}$$

(2) 没有一个电子元件损坏的充要条件是每个元件都能正常工作,而这里三个元件的工作是相互独立的,因此,若用 A 表示"在最初的 150 h 内没有一个电子元件损坏",则

$$P(A) = [P\{X > 150\}]^3 = \left(\int_{150}^{+\infty} \frac{100}{x^2} dx\right)^3 = \left(\frac{2}{3}\right)^3 = \frac{8}{27}.$$

25. 公共汽车站每隔 10 分钟有一辆汽车通过,乘客到达汽车站是等可能的,求乘客候车时间不超过 3 分钟的概率.

解 设乘客的候车时间为 X,则 $X \sim U[0,10]$,其密度函数为

$$f(x) = \begin{cases} \dfrac{1}{10}, & 0 \leqslant x \leqslant 10, \\ 0, & \text{其他}, \end{cases}$$

因此乘客候车时间不超过 3 分钟的概率为

$$P\{X \leqslant 3\} = \int_0^3 f(x) dx = \int_0^3 \frac{1}{10} dx = 0.3.$$

26. 设 $X \sim N(1,4)$. (1) 求 $P\{0 < X < 5\}$;(2) 求 $P\{|X| > 2\}$;(3) 设 c 满足 $P\{X > c\} \geqslant 0.95$,问 c 至多为多少?

分析 服从正态分布的随机变量 X 落在某区间内的概率的计算,通常是先将 X 标准化,然后查标准正态分布表.

解 因为 $X \sim N(\mu, \sigma^2)$,所以 $\dfrac{X - \mu}{\sigma} \sim N(0,1)$,这里 $\mu = 1, \sigma = 2$.

(1) $P\{0 < X < 5\} = P\left\{\dfrac{0-1}{2} < \dfrac{X-1}{2} < \dfrac{5-1}{2}\right\} = \Phi(2) - \Phi(-0.5)$

$\qquad = \Phi(2) + \Phi(0.5) - 1 \xrightarrow{\text{查表得}} 0.9772 + 0.6915 - 1 = 0.6687.$

(2) $P\{|X| > 2\} = 1 - P\{|X| \leqslant 2\} = 1 - P\{-2 \leqslant X \leqslant 2\}$

$\qquad = 1 - [\Phi(0.5) - \Phi(-1.5)] = 2 - \Phi(0.5) - \Phi(1.5) = 0.3753.$

(3) 因为 $P\{X > c\} = 1 - P\{X \leqslant c\} = 1 - \Phi\left(\dfrac{c-1}{2}\right) \geqslant 0.95$,

即 $\Phi\left(\dfrac{1-c}{2}\right) \geqslant 0.95$,而 $\Phi(1.64) = 0.95$,则 $\dfrac{1-c}{2} \geqslant 1.64$,因此 $c \leqslant -2.2897$.

27. 从南郊某地乘车前往北区火车站乘火车有两条线路可走,第一条路线穿过市区,路程较短,但交通拥挤,所需时间(单位:分钟)服从正态分布 $N(50,100)$,第二条路线沿环城公路走,路程较长,但意外阻塞少,所需时间服从正态分布 $N(60,16)$.

(1)假 如有70分钟可用,应走哪一条路线?(2)若只有65分钟可用,应走哪一条路线?

解 记行走时间为 t ,则 $t \sim N(50,100)$, $t \sim N(60,16)$.

(1) 走第一条路线能及时赶到的概率为

$$P\{t \leqslant 70\} = \Phi\left(\frac{70-50}{10}\right) = \Phi(2) = 0.9772,$$

走第二条路线能及时赶到的概率为

$$P\{t \leqslant 70\} = \Phi\left(\frac{70-60}{4}\right) = \Phi(2.5) = 0.9938,$$

因此,若有70分钟可用,应选第二条路线.

(2) 第一条: $P\{t \leqslant 65\} = \Phi\left(\frac{65-50}{10}\right) = \Phi(1.5) = 0.9332.$

第二条: $P\{t \leqslant 65\} = \Phi\left(\frac{65-60}{4}\right) = \Phi(1.25) = 0.8944.$

因此,若只有65分钟可用,应选第一条路线.

28. 某地抽样调查结果表明,考生的外语成绩(百分制)服从正态分布 $N(72, \sigma^2)$,已知96分以上的占考生总数的2.3%,试求考生的外语成绩在60分至84分之间的概率.

解 设考生的英语成绩为 X ,则 $X \sim N(\mu, \sigma^2)$,其中 $\mu = 72$,由题意得

$$P\{X \geqslant 96\} = 1 - P\{X < 96\} = 1 - P\left\{\frac{X-72}{\sigma} < \frac{96-72}{\sigma}\right\} = 1 - \Phi\left(\frac{24}{\sigma}\right) =$$

0.023 ,查表得 $\frac{24}{\sigma} = 2$,从而 $\sigma = 12$,故 $X \sim N(72, 12^2)$,则

$$P\{60 \leqslant X \leqslant 84\} = P\left\{\frac{60-72}{12} \leqslant \frac{X-72}{12} \leqslant \frac{84-72}{12}\right\} = 2\Phi(1) - 1 = 0.6826.$$

29. 设某地区成人的身高(单位:cm)服从正态分布 $N(172,64)$,问公共汽车的车门的高度为多少时才能以95%的概率保证该地区的成人在乘车时不会碰到车门?

解 设该地区成人的身高为 X ,车门高度为 h ,本题为已知 $P\{X < h\} \geqslant 0.95$,求 h .因为 $X \sim N(172, 8^2)$,由题设有

$$P\{X < h\} = P\left\{\frac{X-172}{8} < \frac{h-172}{8}\right\} = \Phi\left(\frac{h-172}{8}\right) \geqslant 0.95,$$

查表可知,

$$\Phi(1.65) = 0.9505 > 0.95,$$

于是, $\frac{h-172}{8} = 1.65$,解得 $h = 185.1588$.故取 $h = 186$,即车门高度应定为186 cm,

成人与车门碰头的机会不超过 0.05.

30.　在电源电压(单位:V)不超过 200、在 200—240 和超过 240 三种情形下,某种电子元件损坏的概率分别为 0.1,0.001 和 0.2. 假设电源电压 X 服从正态分布 $N(220,25^2)$,试求:(1) 该电子元件损坏的概率;(2) 该电子元件损坏时,电源电压在 200—240 之间的概率.

解　设事件 $A_1 = \{$电压不超过 200$\}$,$A_2 = \{$电压在 200—240 之间$\}$,$A_3 = \{$电压超过 240$\}$;$B = \{$电子元件损坏$\}$.

由条件知 $X \sim N(220,25^2)$,因此

$$P(A_1) = P\{X \leqslant 200\} = P\left\{\frac{X-220}{25} \leqslant \frac{200-220}{25}\right\} = 1 - \Phi(0.8) = 0.2119,$$

$$P(A_2) = P\{200 \leqslant X \leqslant 240\} = P\left\{-0.8 \leqslant \frac{X-220}{25} \leqslant 0.8\right\} = 2\Phi(0.8) - 1 = 0.5762,$$

$$P(A_3) = P\{X > 240\} = 1 - P\{X \leqslant 240\} = 1 - \Phi(0.8) = 0.2119.$$

(1)　由题设条件知

$$P(B \mid A_1) = 0.1, \quad P(B \mid A_2) = 0.001, \quad P(B \mid A_3) = 0.2.$$

于是由全概率公式得

$$P(B) = \sum_{i=1}^{3} P(A_i)P(B \mid A_i) = 0.0641.$$

(2)　由贝叶斯公式得

$$P(A_2 \mid B) = \frac{P(A_2)P(B \mid A_2)}{P(B)} \approx 0.0090.$$

31.　设随机变量 X 的分布律为

X	-1	0	1	4
P	0.1	0.4	0.3	0.2

试求 $Y = X^2$ 的分布律.

分析　求离散型随机变量函数 $Y = g(X)$ 的分布律的步骤:第一步,求 Y 的所有可能值 $y_i = g(x_i)(i = 1,2,3,\cdots)$;第二步,求 Y 取每一个可能值 y_i 的概率 $P\{Y = y_i\} = P\{X = x_i\}(i = 1,2,3,\cdots)$.注意应将相同的 y_i 的值所对应的概率相加.

解　Y 的所有可能取值 0,1,16,由

$$P\{Y = 0\} = P\{X^2 = 0\} = P\{X = 0\} = 0.4,$$

$$P\{Y = 1\} = P\{X = 1\} + P\{X = -1\} = 0.4,$$

$$P\{Y = 16\} = P\{X = 4\} = 0.2,$$

得 Y 的分布律为

Y	0	1	16
P	0.4	0.4	0.2

32. 设随机变量 X 服从 $U(-1,2)$,定义

$$Y = \begin{cases} 1, & X \geqslant 0, \\ -1, & X < 0, \end{cases}$$

试求随机变量 Y 的分布律.

解 因为 $X \sim U(-1,2)$,其密度函数为

$$f(x) = \begin{cases} \dfrac{1}{3}, & -1 \leqslant x \leqslant 2, \\ 0, & \text{其他}, \end{cases}$$

因此

$$P\{Y=1\} = P\{X \geqslant 0\} = \int_0^2 f(x)\mathrm{d}x = \int_0^2 \frac{1}{3}\mathrm{d}x = \frac{2}{3},$$

$$P\{Y=-1\} = P\{X < 0\} = \int_{-1}^0 f(x)\mathrm{d}x = \int_{-1}^0 \frac{1}{3}\mathrm{d}x = \frac{1}{3},$$

所以,Y 的分布律为

Y	-1	1
P	$\dfrac{1}{3}$	$\dfrac{2}{3}$

33. 设随机变量 X 服从 $U(0,2)$,试求随机变量 $Y = X^2$ 的密度函数.

分析 求连续型随机变量函数 $Y = X^2$ 的密度函数,由于 $y = x^2$ 不是单调函数,因此用分布函数法(一般步骤见内容提要).

解 设 X,Y 的分布函数分别为 $F_X(x),F_Y(y)$,由 $Y = X^2$ 可知,
当 $y < 0$ 时,

$$F_Y(y) = P\{Y \leqslant y\} = P\{X^2 \leqslant y\} = 0,$$

于是,Y 的密度函数 $f_Y(y) = F_Y'(y) = 0$.

当 $y \geqslant 0$ 时,

$$F_Y(y) = P\{Y \leqslant y\} = P\{X^2 \leqslant y\}$$

$$= P\{-\sqrt{y} \leqslant X \leqslant \sqrt{y}\} = F_X(\sqrt{y}) - F_X(-\sqrt{y}),$$

上式两边关于 y 求导,注意用到复合函数求导法则,有

$$f_Y(y) = F_Y'(y) = F_X'(\sqrt{y}) \cdot (\sqrt{y})' - F_X'(-\sqrt{y}) \cdot (-\sqrt{y})'$$
$$= \frac{1}{2\sqrt{y}} f_X(\sqrt{y}) + \frac{1}{2\sqrt{y}} f_X(-\sqrt{y}).$$

因此,Y 的密度函数为

$$f_Y(y) = \begin{cases} \dfrac{1}{2\sqrt{y}}\big[f_X(\sqrt{y}) + f_X(-\sqrt{y})\big], & y \geqslant 0, \\ 0, & y < 0. \end{cases}$$

由于 $X \sim U(0,2)$,其密度函数为

$$f(x) = \begin{cases} \dfrac{1}{2}, & 0 \leqslant x \leqslant 2, \\ 0, & 其他, \end{cases}$$

从而

$$f_Y(y) = \begin{cases} \dfrac{1}{4\sqrt{y}}, & 0 < y < 4, \\ 0, & 其他. \end{cases}$$

34. 设随机变量 X 的密度函数为

$$f(x) = \begin{cases} 2x, & 0 < x < 1, \\ 0, & 其他, \end{cases}$$

求随机变量 $Y = \ln X$ 的密度函数.

分析　求连续型随机变量函数 $Y = \ln X$ 的密度函数,由于 $y = \ln x$ 为单调函数,因此可用连续型随机变量的单调函数的概率密度的公式(一般步骤见内容提要),使用时必须注意条件.

解　因为 $y = \ln x$ 为严格单调增函数,其反函数为 $x = h(y) = \mathrm{e}^y$,又 $y = \ln x$ 在区间 $(0,1)$ 上的值域为 $(-\infty, 0)$,由连续型随机变量函数的密度函数的公式得,当 $y < 0$ 时,

$$f_Y(y) = f_X(h(y)) \cdot | h'(y) | = f_X(\mathrm{e}^y) \cdot \mathrm{e}^y = 2\mathrm{e}^y \cdot \mathrm{e}^y = 2\mathrm{e}^{2y},$$

因而 Y 的密度函数为

$$f_Y(y) = \begin{cases} 2\mathrm{e}^{2y}, & y < 0, \\ 0, & y \geqslant 0. \end{cases}$$

35. 假设随机变量 $X \sim N(0,1)$,求下列随机变量 Y 的密度函数:

(1) $Y = \mathrm{e}^X$;　(2) $Y = 2X^2 + 1$;　(3) $Y = | X |$.

解　设 $F_Y(y), f_Y(y)$ 分别为随机变量 Y 的分布函数和概率密度函数.

(1) 当 $y < 0$ 时,$F_Y(y) = P\{Y \leqslant y\} = P\{e^X \leqslant y\} = 0$;

当 $y \geqslant 0$ 时,

$$F_Y(y) = P\{Y \leqslant y\} = P\{e^X \leqslant y\} = P\{X \leqslant \ln y\}$$

$$= F_X(\ln y) = \varPhi(\ln y) = \frac{1}{\sqrt{2\pi}}\int_{-\infty}^{\ln y} e^{-\frac{x^2}{2}} dx.$$

再由 $f_Y(y) = F'_Y(y)$,利用变限积分求导,得

$$f_Y(y) = F'_Y(y) = \begin{cases} \dfrac{1}{y}\varphi(\ln y), & y > 0, \\ 0, & y \leqslant 0 \end{cases} = \begin{cases} \dfrac{1}{y\,\sqrt{2\pi}} e^{-\frac{(\ln y)^2}{2}}, & y > 0, \\ 0, & y \leqslant 0. \end{cases}$$

注 通常称上式中的 Y 服从对数正态分布,它也是一种常用寿命分布.

(2) 当 $y < 1$ 时,$F_Y(y) = P\{Y \leqslant y\} = P\{2X^2 + 1 \leqslant y\} = 0$;

当 $y \geqslant 1$ 时,

$$F_Y(y) = P\{Y \leqslant y\} = P\{2X^2 + 1 \leqslant y\}$$

$$= P\left\{-\sqrt{\frac{y-1}{2}} \leqslant X \leqslant \sqrt{\frac{y-1}{2}}\right\} = 2\varPhi\left(\sqrt{\frac{y-1}{2}}\right) - 1.$$

从而 $Y = 2X^2 + 1$ 的密度函数为

$$f_Y(y) = F'_Y(y) = \begin{cases} \dfrac{1}{\sqrt{2(y-1)}}\varphi\left(\sqrt{\dfrac{y-1}{2}}\right), & y > 1, \\ 0, & y \leqslant 1 \end{cases} = \begin{cases} \dfrac{1}{2\sqrt{\pi(y-1)}} e^{-\frac{y-1}{4}}, & y > 1, \\ 0, & y \leqslant 1. \end{cases}$$

(3) 当 $y < 0$ 时,$F_Y(y) = P\{Y \leqslant y\} = P\{|X| \leqslant y\} = 0$;

当 $y \geqslant 0$ 时,

$$F_Y(y) = P\{Y \leqslant y\} = P\{|X| \leqslant y\} = P\{-y \leqslant X \leqslant y\} = 2\varPhi(y) - 1.$$

从而 $Y = |X|$ 的密度函数为

$$f_Y(y) = F'_Y(y) = \begin{cases} \dfrac{2}{\sqrt{2\pi}} e^{-\frac{y^2}{2}}, & y > 0, \\ 0, & y \leqslant 0. \end{cases}$$

36. 设随机变量 X 的概率密度为 $f(x) = \begin{cases} |x|, & -1 < x < 1, \\ 0, & 其他, \end{cases}$ 令 $Y = X^2 + 1$,

求:

(1) Y 的概率密度 $f_Y(y)$;

(2) $P\left\{-1 < Y < \dfrac{3}{2}\right\}$.

解 （1）设 Y 的分布函数为 $F_Y(y)$，则
$$F_Y(y) = P\{Y \leqslant y\} = P\{X^2 + 1 \leqslant y\} = P\{X^2 \leqslant y - 1\}.$$

若 $y \leqslant 1$，则 $F_Y(y) = P\{\varnothing\} = 0$；

若 $1 < y < 2$，则
$$F_Y(y) = P\{-\sqrt{y-1} < X < \sqrt{y-1}\} = \int_{-\sqrt{y-1}}^{\sqrt{y-1}} |x| \, \mathrm{d}x = 2\int_0^{\sqrt{y-1}} x \mathrm{d}x = y - 1;$$

若 $y \geqslant 2$，则
$$F_Y(y) = P\{-\sqrt{y-1} < X < \sqrt{y-1}\} = \int_{-1}^{1} |x| \, \mathrm{d}x = 1.$$

故 Y 的分布函数
$$F_Y(y) = \begin{cases} 0, & y \leqslant 1, \\ y - 1, & 1 < y < 2, \\ 1, & y \geqslant 2, \end{cases}$$

从而
$$f_Y(y) = F'_Y(y) = \begin{cases} 1, & 1 < y < 2, \\ 0, & \text{其他}. \end{cases}$$

（2）$P\left\{-1 < Y < \dfrac{3}{2}\right\} = P\left\{Y < \dfrac{3}{2}\right\} - P\{Y \leqslant -1\}$
$$= F\left(\frac{3}{2} - 0\right) - F(-1) = \frac{3}{2} - 1 - 0 = \frac{1}{2}.$$

37. 设随机变量 X 服从参数为 2 的指数分布，证明 $Y = \mathrm{e}^{-2X}$ 服从 $U(0,1)$.

证法 1 因为 $X \sim E(2)$，所以 X 的密度函数为
$$f_X(x) = \begin{cases} 2\mathrm{e}^{-2x}, & x \geqslant 0, \\ 0 & x < 0. \end{cases}$$

当 $y < 0$ 时，$F_Y(y) = 0$；

当 $0 \leqslant y < 1$ 时，
$$F_Y(y) = P\{\mathrm{e}^{-2X} \leqslant y\} = P\left\{X \geqslant -\frac{1}{2}\ln y\right\}$$
$$= 1 - P\left\{X < -\frac{1}{2}\ln y\right\} = 1 - \int_0^{-\frac{1}{2}\ln y} 2\mathrm{e}^{-2x} \, \mathrm{d}x,$$

利用变限积分求导，得
$$F'_Y(y) = 2\mathrm{e}^{\ln y} \cdot \frac{1}{2} \cdot \frac{1}{y} = 1;$$

当 $y \geqslant 1$ 时,

$$F_Y(y) = P\{e^{-2X} \leqslant y\} = 1,$$

故 $F'_Y(y) = 0$.

于是

$$f_Y(y) = F'_Y(y) = \begin{cases} 1, & 0 < y < 1, \\ 0, & \text{其他}, \end{cases}$$

即 Y 服从 $(0,1)$ 上的均匀分布.

证法 2 因为 $Y = e^{-2X}$ 为严格单调减函数,其反函数为 $x = h(y) = -\dfrac{1}{2}\ln y$,又 $y = e^{-2x}$ 的值域为 $(0,1)$,由连续型随机变量函数的密度函数的公式得,

当 $0 < y < 1$ 时,

$$f_Y(y) = f_X(h(y)) \cdot |h'(y)|$$
$$= f_X\left(-\frac{1}{2}\ln y\right) \cdot \left|\left(-\frac{1}{2}\right) \cdot \frac{1}{y}\right| = 2e^{\ln y} \cdot \frac{1}{2} \cdot \frac{1}{y} = 1,$$

因而

$$f_Y(y) = \begin{cases} 1, & 0 < y < 1, \\ 0, & \text{其他}, \end{cases}$$

即 Y 服从 $(0,1)$ 上的均匀分布.

(B)

一、填空题

1. 当常数 $b = $ _____ 时,$p_k = \dfrac{b}{k(k+1)}$ $(k = 1, 2, \cdots)$ 为离散型随机变量的概率分布.

解 依分布律的规范性,有

$$\sum_{k=1}^{\infty} \frac{b}{k(k+1)} = b \lim_{n \to \infty} \sum_{k=1}^{n} \frac{1}{k(k+1)} = b \lim_{n \to \infty} \sum_{k=1}^{n} \left(\frac{1}{k} - \frac{1}{k+1}\right)$$
$$= b \lim_{n \to \infty} \left(1 - \frac{1}{n+1}\right) = b = 1.$$

2. 已知某自动生产线加工出的产品次品率为 0.01,检验人员每天检验 8 次,每次从已生产出的产品中随意取 10 件进行检验,如果发现其中有次品就去调整设备,那么一天至少要调整设备一次的概率为_____.

解 发现的次品数 $X \sim B(80, 0.01)$,若设备不需调整,即加工出的产品全是正

品. 那么一天至少要调整设备一次的概率为

$$p = 1 - P\{X = 0\} = 1 - C_{80}^0 \times 0.01^0 \times 0.99^{80} \approx 1 - \frac{0.8^0}{0!} e^{-0.8} \approx 0.55.$$

注 这里,利用了泊松分布对二项分布的概率进行近似计算,其中 $\lambda = np = 0.8$.

3. 设在独立重复试验中,每次试验成功的概率为 0.5. 为使至少成功一次的概率不小于 0.9,则至少需要进行 _____ 次试验.

解 设至少需要进行 n 次试验,其中成功的次数为 X,则 $X \sim B(n, 0.5)$. 至少成功一次的概率

$$P\{X \geqslant 1\} = 1 - P\{X = 0\} = 1 - 0.5^n \geqslant 0.9,$$

解得 $n \geqslant 4$.

4. 袋中有 8 个球,其中 3 个白球,5 个黑球. 现从中随意取出 4 个球,如果 4 个球中有 2 个白球 2 个黑球,试验停止,否则将 4 个球放回袋中重新抽取 4 个球,直至取到 2 个白球 2 个黑球为止. 用 X 表示抽取次数,则 $P\{X = k\} =$ _____.

解 取出的 4 个球中有 2 个白球 2 个黑球的概率为 $\frac{C_3^2 C_5^2}{C_8^4} = \frac{3}{7}$,此时 X 服从几何分布,分布律为: $P\{X = k\} = \frac{3}{7} \left(\frac{4}{7}\right)^{k-1}, k = 1, 2, \cdots$.

5. 设随机变量 X 的分布函数为 $F(x) = A + B \arctan x$,则 $A = $ _____ , $B = $ _____ .

解 由分布函数的性质 $F(-\infty) = 0, F(+\infty) = 1$,得

$$\lim_{x \to -\infty} (A + B \arctan x) = A - \frac{\pi}{2} B = 0,$$

$$\lim_{x \to +\infty} (A + B \arctan x) = A + \frac{\pi}{2} B = 1,$$

解上述两式,得 $A = \frac{1}{2}, B = \frac{1}{\pi}$.

6. 设随机变量 X 的分布函数是 $F(x) = \begin{cases} 1 - e^{-2x}, & x > 0, \\ 0, & x \leqslant 0, \end{cases}$ 则 $P\{X \geqslant 2\} = $ _____.

解 由分布函数的定义,有

$$P\{X \geqslant 2\} = 1 - P\{X < 2\} = 1 - F(2) = 1 - (1 - e^{-4}) = e^{-4}.$$

7. 设连续型随机变量 X 的概率密度为 $f(x)$,若 $\lim_{x \to \infty} f(x)$ 存在,则 $\lim_{x \to \infty} f(x) = $ _____.

解 因为概率密度 $f(x)$ 要同时满足：$f(x) \geqslant 0, \int_{-\infty}^{+\infty} f(x)\mathrm{d}x = 1$. 若 $\lim\limits_{x \to \infty} f(x)$ 存在且不等于零，则 $\int_{-\infty}^{+\infty} f(x)\mathrm{d}x \neq 1$，故 $\lim\limits_{x \to \infty} f(x) = 0$.

8. 已知随机变量 X 的密度函数为 $f(x) = \begin{cases} ax + b, & 0 < x < 1, \\ 0, & \text{其他}, \end{cases}$ 且 $P\left\{X > \dfrac{1}{2}\right\}$ $= \dfrac{5}{8}$，则 $a = $ _____，$b = $ _____.

解 依题意，有

$$\int_{-\infty}^{+\infty} f(x)\mathrm{d}x = \int_0^1 (ax+b)\mathrm{d}x = \frac{a}{2} + b = 1,$$

$$P\left\{X > \frac{1}{2}\right\} = \int_{\frac{1}{2}}^1 (ax+b)\mathrm{d}x = \frac{3a}{8} + \frac{b}{2} = \frac{5}{8},$$

解得 $a = 1, b = \dfrac{1}{2}$.

9. 设随机变量 X 服从参数为 λ 的指数分布，则当 $c = $ _____ 时，有 $P\{X > c\}$ $= 0.5$.

解 由题意可知 $c > 0$，故有

$$P\{X > c\} = \int_c^{+\infty} \lambda \mathrm{e}^{-\lambda x}\mathrm{d}x = -\mathrm{e}^{-\lambda x}\Big|_c^{+\infty} = \mathrm{e}^{-\lambda c} = 0.5,$$

从而可知 $c = \dfrac{\ln 2}{\lambda}$.

10. 设随机变量 X 在 $(1,6)$ 上服从均匀分布，则方程 $y^2 + Xy + 1 = 0$ 有实根的概率为 _____.

解 由 $\Delta = X^2 - 4 \geqslant 0$，可得当 $X \geqslant 2$ 或 $X \leqslant -2$ 时方程有实根. 因此，由均匀分布的性质可知 $P\{X \geqslant 2\} = \dfrac{6-2}{6-1} = 0.8$.

11. 设随机变量 $X \sim N(2, \sigma^2)$，且 $P\{2 < X < 4\} = 0.3$，则 $P\{X < 0\}$ $= $ _____.

解 由于

$$P\{2 < X < 4\} = P\left\{\frac{2-2}{\sigma} < \frac{X-2}{\sigma} < \frac{4-2}{\sigma}\right\}$$

$$= \Phi\left(\frac{2}{\sigma}\right) - \Phi(0) = \Phi\left(\frac{2}{\sigma}\right) - 0.5 = 0.3,$$

即 $\Phi\left(\dfrac{2}{\sigma}\right) = 0.8$，因此

$$P\{X < 0\} = P\left\{\frac{X-2}{\sigma} < \frac{-2}{\sigma}\right\} = \Phi\left(-\frac{2}{\sigma}\right) = 1 - \Phi\left(\frac{2}{\sigma}\right) = 1 - 0.8 = 0.2.$$

12. 设随机变量 X 的概率分布为 $P\{X = k\} = \theta(1-\theta)^{k-1}, k = 1, 2, \cdots$，其中 $0 < \theta < 1$，若 $P\{X \leqslant 2\} = \dfrac{5}{9}$，则 $P\{X = 3\} = \underline{\qquad}$.

解　由

$$P\{X \leqslant 2\} = P\{X = 1\} + P\{X = 2\} = \theta(1-\theta)^{1-1} + \theta(1-\theta)^{2-1} = 2\theta - \theta^2 = \frac{5}{9},$$

解得 $\theta_1 = \dfrac{1}{3}, \theta_2 = \dfrac{5}{3}$（舍去）. 所以，

$$P\{X = 3\} = \theta(1-\theta)^{3-1} = \frac{1}{3}\left(1 - \frac{1}{3}\right)^{3-1} = \frac{4}{27}.$$

13. 从数 $1, 2, 3, 4$ 中任取一个数，记为 X，再从 $1, 2, \cdots, X$ 中任取一个数，记为 Y，则 $P\{Y = 2\} = \underline{\qquad}$.

解　由全概率公式，得

$$\begin{aligned}
P\{Y = 2\} &= P\{X = 1\}P\{Y = 2 \mid X = 1\} + P\{X = 2\}P\{Y = 2 \mid X = 2\} \\
&= P\{X = 3\}P\{Y = 2 \mid X = 3\} + P\{X = 4\}P\{Y = 2 \mid X = 4\} \\
&= \frac{1}{4} \times \left(0 + \frac{1}{2} + \frac{1}{3} + \frac{1}{4}\right) = \frac{13}{48}.
\end{aligned}$$

14. 设随机变量 X 的概率密度为 $f(x) = \begin{cases} 2x, & 0 < x < 1, \\ 0, & \text{其他}, \end{cases}$ Y 表示对 X 的 3 次独立重复观测中事件 $\left\{X \leqslant \dfrac{1}{2}\right\}$ 发生的次数，则 $P\{Y \leqslant 2\} = \underline{\qquad}$.

解　依题意，

$$P\left\{x \leqslant \frac{1}{2}\right\} = \int_0^{\frac{1}{2}} 2x\,\mathrm{d}x = x^2 \Big|_0^{\frac{1}{2}} = \frac{1}{4},$$

故 $Y \sim B\left(3, \dfrac{1}{4}\right)$，从而

$$P\{Y \leqslant 2\} = 1 - P\{Y = 3\} = 1 - \left(\frac{1}{4}\right)^3 = \frac{63}{64}.$$

15. 设随机变量 X 的概率密度 $f_X(x)$ 是偶函数，则 $Y = |X|$ 的概率密度 $f_Y(y) = \underline{\qquad}$.

解　设 $F_X(x)$，$F_Y(y)$ 分别为随机变量 X 与 Y 的分布函数.

当 $y < 0$ 时，$F_Y(y) = P\{Y \leqslant y\} = P\{|X| \leqslant y\} = 0$；

当 $y \geqslant 0$ 时，$F_Y(y) = P\{Y \leqslant y\} = P\{|X| \leqslant y\}$

$$= P\{-y \leqslant X \leqslant y\} = F_X(y) - F_X(-y).$$

从而 $Y = |X|$ 的密度函数为

$$f_Y(y) = F'_Y(y) = \begin{cases} f_X(y) + f_X(-y), & y > 0, \\ 0, & y \leqslant 0. \end{cases}$$

由于概率密度 $f_X(x)$ 是偶函数，故

$$f_Y(y) = \begin{cases} 2f_X(y), & y > 0, \\ 0, & y \leqslant 0. \end{cases}$$

二、单项选择题

1. 设随机变量 X 服从参数为 λ 的泊松分布，已知 $2P\{X = 1\} = P\{X = 2\}$，则参数 λ 等于（　　）.

A. 1　　　　　　　B. 2　　　　　　　C. 3　　　　　　　D. 4

解　因为 $2P\{X = 1\} = P\{X = 2\}$，即 $2\dfrac{\lambda^1}{1!}e^{-\lambda} = \dfrac{\lambda^2}{2!}e^{-\lambda}$，得 $\lambda = 4$，故本题应选 D.

2. 设 X 与 Y 是任意两个随机变量，它们的分布函数分别为 $F_1(x)$ 和 $F_2(x)$，则（　　）.

A. $F_1(x) + F_2(x)$ 必为某一随机变量的分布函数

B. $F_1(x) - F_2(x)$ 必为某一随机变量的分布函数

C. $\dfrac{1}{2}[F_1(x) + 2F_2(x)]$ 必为某一随机变量的分布函数

D. $F_1(x)F_2(x)$ 必为某一随机变量的分布函数

分析　要判断 $F(x)$ 是否为分布函数，需要验证 $F(x)$ 是否同时满足：$0 \leqslant F(x) \leqslant 1$，单调非降，右连续，及 $F(-\infty) = \lim\limits_{x \to -\infty} F(x) = 0$，$F(+\infty) = \lim\limits_{x \to +\infty} F(x) = 1$.

解　首先否定 A, B, C. 这是因为

$$F_1(+\infty) + F_2(+\infty) = 1 + 1 = 2, F_1(+\infty) - F_2(+\infty) = 0,$$

$$\frac{1}{2}[F_1(+\infty) + 2F_2(+\infty)] = \frac{3}{2}.$$

因此，它们均不是随机变量的分布函数. 而在 D 中易知 $F(x)$ 同时满足分布函数的几条性质，故本题应选 D.

3. 设 X 的概率密度为 $f(x) = \begin{cases} \dfrac{Ax}{(1+x)^4}, & x > 0, \\ 0, & x \leqslant 0, \end{cases}$ 则 $A = （\quad）$.

A. 3   B. 6   C. $\dfrac{5}{2}$ D. 4

解 由密度函数的规范性,有

$$1 = A\int_0^{+\infty} \frac{x}{(1+x)^4}\mathrm{d}x = A\int_0^{+\infty} \frac{x+1}{(1+x)^4}\mathrm{d}x - A\int_0^{+\infty} \frac{1}{(1+x)^4}\mathrm{d}x$$

$$= A\int_0^{+\infty} \frac{1}{(1+x)^3}\mathrm{d}(x+1) - A\int_0^{+\infty} \frac{1}{(1+x)^4}\mathrm{d}(x+1)$$

$$= -\frac{A}{2}\frac{1}{(1+x)^2}\Big|_0^{+\infty} + \frac{A}{3}\frac{1}{(1+x)^3}\Big|_0^{+\infty} = \frac{A}{2} - \frac{A}{3} = \frac{A}{6}.$$

故 $A = 6$,应选 B.

4. 假设随机变量 X 的概率密度 $f(x)$ 是偶函数,分布函数为 $F(x)$,则( ).

A. $F(x)$ 是偶函数   B. $F(x)$ 是奇函数

C. $F(x) + F(-x) = 1$ D. $2F(x) - F(-x) = 1$

解 由于 $F(-\infty) = \lim\limits_{x \to -\infty} F(x) = 0, F(+\infty) = \lim\limits_{x \to +\infty} F(x) = 1$,因而否定 A 与 B.
因为概率密度 $f(x)$ 是偶函数,所以 $P\{X \leqslant -x\} = P\{X \geqslant x\}$,从而有

$$F(x) + F(-x) = P\{X \leqslant x\} + P\{X \leqslant -x\} = P\{X \leqslant x\} + P\{X \geqslant x\} = 1,$$

$$2F(x) - F(-x) = 2P\{X \leqslant x\} - P\{X \leqslant -x\} = 2P\{X \leqslant x\} - P\{X \geqslant x\} \neq 1,$$

故应选 C.

5. 设随机变量 X 的概率密度 $f(x)$ 满足 $f(1+x) = f(1-x)$,且 $\int_0^2 f(x)\mathrm{d}x = 0.6$,则 $P\{X < 0\} = ($).

A. 0.15   B. 0.2   C. 0.25   D. 0.3

解 由题设知 $f(x)$ 关于 $x = 1$ 对称,从而

$$\int_0^1 f(x)\mathrm{d}x = \int_1^2 f(x)\mathrm{d}x = \frac{0.6}{2} = 0.3.$$

于是

$$P\{X < 0\} = \int_{-\infty}^0 f(x)\mathrm{d}x = \int_{-\infty}^1 f(x)\mathrm{d}x - \int_0^1 f(x)\mathrm{d}x = 0.5 - 0.3 = 0.2.$$

从而应选 B.

6. 设随机变量 X 的密度函数为

$$f(x) = \begin{cases} 2\mathrm{e}^{-2x}, & x \geqslant 0, \\ 0, & x < 0. \end{cases}$$

记 $a = P\{X > 11 \mid X > 1\}, b = P\{X > 20 \mid X > 10\}, c = P\{X > 100 \mid X > 90\}$,

则( ).

　　A. $a > b > c$　　　B. $a = c > b$　　　C. $c > a = b$　　　D. $a = b = c$

　　解　由条件概率的计算公式,有

$$a = P\{X > 11 \mid X > 1\} = \frac{P\{X > 11, X > 1\}}{P\{X > 1\}} = \frac{P\{X > 11\}}{P\{X > 1\}}$$

$$= \frac{\int_{11}^{+\infty} 2e^{-2x}\,dx}{\int_{1}^{+\infty} 2e^{-2x}\,dx} = \frac{-e^{-2x}\Big|_{11}^{+\infty}}{-e^{-2x}\Big|_{1}^{+\infty}} = \frac{e^{-22}}{e^{-2}} = e^{-20},$$

同理,

$$b = P\{X > 20 \mid X > 10\} = \frac{P\{X > 20\}}{P\{X > 10\}} = \frac{\int_{20}^{+\infty} 2e^{-2x}\,dx}{\int_{10}^{+\infty} 2e^{-2x}\,dx} = \frac{-e^{-2x}\Big|_{20}^{+\infty}}{-e^{-2x}\Big|_{10}^{+\infty}} = \frac{e^{-40}}{e^{-20}} = e^{-20},$$

$$c = P\{X > 100 \mid X > 90\} = \frac{P\{X > 100\}}{P\{X > 90\}} = \frac{\int_{100}^{+\infty} 2e^{-2x}\,dx}{\int_{90}^{+\infty} 2e^{-2x}\,dx} = \frac{-e^{-2x}\Big|_{100}^{+\infty}}{-e^{-2x}\Big|_{90}^{+\infty}} = \frac{e^{-200}}{e^{-180}} = e^{-20},$$

即知 $a = b = c$,从而选项 D 正确.

　　注　事实上,随机变量 X 服从参数为 2 的指数分布,而指数分布具有无记忆性的特点,即

$$P\{X > s + t \mid X > s\} = \frac{P\{X > s + t\}}{P\{X > s\}} = \frac{\int_{s+t}^{+\infty} \lambda e^{-\lambda x}\,dx}{\int_{s}^{+\infty} \lambda e^{-\lambda x}\,dx} = \frac{e^{-\lambda(s+t)}}{e^{-\lambda s}} = e^{-\lambda t}.$$

直接应用该结果,马上可知选项 D 正确.

　　7. 设随机变量 X 服从参数为 $\lambda = 3$ 的指数分布,则随机变量函数 $Y = 1 - e^{3X}$ 服从( ).

　　A. 在 $(0,1)$ 上的均匀分布　　　　　　B. 指数分布

　　C. 参数为 $\lambda = 3$ 的泊松分布　　　　D. 正态分布

　　解　易见,随机变量 Y 的值域为 $(0,1)$.因此,当 $y \leqslant 0$ 时,$F_Y(y) = 0$;当 $y \geqslant 1$ 时,$F_Y(y) = 1$.

　　当 $0 < y < 1$ 时,根据分布函数的定义,有

$$F_Y(y) = P\{Y \leqslant y\} = P\{1 - e^{3X} \leqslant y\} = P\left\{X \leqslant -\frac{1}{3}\ln(1 - y)\right\}$$

$$= F_X\left[-\frac{1}{3}\ln(1-y)\right] = 1 - \mathrm{e}^{(-3)\cdot\left[-\frac{1}{3}\ln(1-y)\right]} = y.$$

由此可见,Y 的分布函数为

$$F_Y(y) = \begin{cases} 0, & y \leqslant 0, \\ y, & 0 < y < 1, \\ 1, & y \geqslant 1, \end{cases}$$

这是区间$(0,1)$上的均匀分布的分布函数,故 A 是正确选项.

8. 设 X 的密度函数为 $\varphi(x)$,而 $\varphi(x) = \dfrac{1}{\pi(1+x^2)}$,则 $Y = 2X$ 的概率密度是(   ).

A. $\dfrac{1}{\pi(1+4y^2)}$ B. $\dfrac{2}{\pi(4+y^2)}$ C. $\dfrac{1}{\pi(1+y^2)}$ D. $\dfrac{1}{\pi}\arctan y$

解 $F_Y(y) = P\{Y \leqslant y\} = P\{2X \leqslant y\} = P\left\{X \leqslant \dfrac{y}{2}\right\} = F_X\left(\dfrac{y}{2}\right),$

$$\varphi_Y(y) = [F_Y(y)]' = \left[F_X\left(\frac{y}{2}\right)\right]' = \varphi_X\left(\frac{y}{2}\right)\cdot\frac{1}{2}$$

$$= \frac{1}{2}\cdot\frac{1}{\pi\left(1+\left(\frac{y}{2}\right)^2\right)} = \frac{2}{\pi(4+y^2)}.$$

本题应选 B.

9. 设随机变量 $X \sim N(\mu,\sigma^2)$,则随着 σ 的增大,概率 $P\{|X-\mu| < \sigma\}$ 将(   ).

A. 单调增大   B. 单调减小   C. 保持不变   D. 增减不定

解   因为

$$P\{|X-\mu| < \sigma\} = P\left\{-1 < \frac{X-\mu}{\sigma} < 1\right\} = \Phi(1) - \Phi(-1) = 2\Phi(1) - 1,$$

所以本题应选 C.

10. 设随机变量 X 服从正态分布 $N(0,1)$,对给定的 $\alpha(0 < \alpha < 1)$,数 u_α 满足 $P\{X > u_\alpha\} = \alpha$. 若 $P\{|X| < x\} = \alpha$,则 x 等于(   ).

A. $u_{\frac{\alpha}{2}}$ B. $u_{1-\frac{\alpha}{2}}$ C. $u_{\frac{1-\alpha}{2}}$ D. $u_{1-\alpha}$

解   由于 $X \sim N(0,1)$,故对任何正数 $\lambda > 0$,有

$$P\{X > \lambda\} = P\{X < -\lambda\} = \frac{1}{2}P\{|X| > \lambda\},$$

若 $P\{|X| < x\} = \alpha$,则因 $0 < \alpha < 1$,必有 $x > 1$,且

$$P\{X > x\} = \frac{1}{2}P\{|X| > x\} = \frac{1}{2}P\{|X| \geqslant x\} = \frac{1}{2}(1 - P\{|X| < x\}) = \frac{1-\alpha}{2}.$$

由此可见 $x = u_{\frac{1-a}{2}}$,本题应选 C.

11. 某校男生的身高近似服从正态分布 $N(172,5^2)$(单位:cm),$\Phi(x)$ 表示标准正态分布函数. 从该校任选 3 位男生,其中至少有 1 位男生的身高超过 167 cm 的概率是(   ).

A. $1-\Phi(1)$ 　　　　　　　　　　　B. $2\Phi(1)-1$

C. $[1-\Phi(1)]^3$ 　　　　　　　　　D. $1-[1-\Phi(1)]^3$

解　设任选 3 位男生的身高分别为 X_1,X_2,X_3,则至少有 1 位男生的身高超过 167 cm 的概率为

$$P\{\max(X_1,X_2,X_3) > 167\}$$
$$= 1 - P\{\max(X_1,X_2,X_3) \leqslant 167\}$$
$$= 1 - P\{X_1 \leqslant 167, X_2 \leqslant 167, X_3 \leqslant 167\}$$
$$= 1 - P\{X_1 \leqslant 167\}P\{X_2 \leqslant 167\}P\{X_3 \leqslant 167\}$$
$$= 1 - P\left\{\frac{X_1-172}{5} \leqslant -1\right\}P\left\{\frac{X_2-172}{5} \leqslant -1\right\}P\left\{\frac{X_3-172}{5} \leqslant -1\right\}$$
$$= 1 - [1-\Phi(1)]^3.$$

故应选 D.

第 **3** 章　　多维随机变量及其分布

内容提要

3.1　二维随机变量

1. 二维随机变量

设 X,Y 是定义在同一样本空间 S 上的随机变量,称向量 (X,Y) 是二维随机变量.

2. 联合分布函数

设 (X,Y) 是二维随机变量,对任意实数 x,y,称二元函数

$$F(x,y) = P\{\{X \leqslant x\} \bigcap \{Y \leqslant y\}\} = P\{X \leqslant x, Y \leqslant y\},$$

为二维随机变量 (X,Y) 的联合分布函数.

3. 边缘分布函数

二维随机变量 (X,Y) 的每一个分量的分布函数 $F_X(x) = P\{X \leqslant x\}$ 和 $F_Y(x) = P\{Y \leqslant y\}$,称为 (X,Y) 关于 X 和 Y 的边缘分布函数. 其计算公式为

$$F_X(x) = \lim_{y \to +\infty} F(x,y) \text{ 和 } F_Y(y) = \lim_{x \to +\infty} F(x,y).$$

4. 联合分布函数的性质

(1)　$F(x,y)$ 是变量 x 或 y 的单调不减函数,即:对任意固定的 y,当 $x_2 > x_1$ 时,有 $F(x_2,y) \geqslant F(x_1,y)$;对任意固定的 x,当 $y_2 > y_1$ 时,有 $F(x,y_2) \geqslant F(x,y_1)$.

(2)　$0 \leqslant F(x,y) \leqslant 1$,且

$$\lim_{x \to -\infty} F(x,y) = 0, \lim_{y \to -\infty} F(x,y) = 0,$$
$$\lim_{\substack{x \to -\infty \\ y \to -\infty}} F(x,y) = 0, \lim_{\substack{x \to +\infty \\ y \to +\infty}} F(x,y) = 1.$$

(3)　$F(x,y)$ 关于变量 x 或 y 都是右连续的.

(4)　对于任意 $x_1 < x_2, y_1 < y_2$,有

$$P\{x_1 < X \leqslant x_2, y_1 < Y \leqslant y_2\} = F(x_2,y_2) - F(x_2,y_1) - F(x_1,y_2) + F(x_1,y_1) \geqslant 0$$

成立.

5. 联合分布函数与边缘分布函数的关系

由联合分布函数可以唯一确定边缘分布函数,但是一般来说,由边缘分布函数不能唯一确定联合分布函数.

3.2 二维离散型随机变量

1. 二维离散型随机变量

若 X,Y 都是离散型随机变量,则称 (X,Y) 为二维离散型随机变量.

2. 联合分布律

设二维随机变量 (X,Y) 的所有可能取值为 $\{(x_i,y_j),i,j=1,2,\cdots\}$,则概率

$$P\{X=x_i,Y=y_j\}=p_{ij}(i,j=1,2,\cdots)$$

的全体称为二维随机变量 (X,Y) 的联合分布律.

3. 边缘分布律

称随机变量 X 的分布律 $P\{X=x_i\}=p_i(i=1,2,\cdots)$ 为二维离散型随机变量 (X,Y) 关于随机变量 X 的边缘分布律;称随机变量 Y 的分布律 $P\{Y=y_j\}=p_j(j=1,2,\cdots)$ 为二维离散型随机变量 (X,Y) 关于随机变量 Y 的边缘分布律.其计算公式为

$$P\{X=x_i\}=\sum_j P(X=x_i,Y=y_j),$$

$$P\{Y=y_j\}=\sum_i P(X=x_i,Y=y_j).$$

4. 联合分布律的性质

(1) $0\leqslant p_{ij}\leqslant 1(i,j=1,2,\cdots)$;

(2) $\sum_i\sum_j p_{ij}=1.$

5. 联合分布律与边缘分布律的关系

由联合分布律可以唯一确定边缘分布律,但是一般来说,由边缘分布律不能唯一确定联合分布律.

3.3 二维连续型随机变量

1. 二维连续型随机变量和联合密度函数

设 $F(x,y)$ 是二维随机变量 (X,Y) 的联合分布函数,如果存在一个非负可积函数 $f(x,y)$,使得对任意的实数 x,y 有

$$F(x,y) = \int_{-\infty}^{x} \int_{-\infty}^{y} f(u,v)\,\mathrm{d}u\mathrm{d}v,$$

则称 (X,Y) 是二维连续型随机变量,称 $f(x,y)$ 为二维连续型随机变量 (X,Y) 的联合密度函数或联合概率密度.

2. 边缘密度函数

称随机变量 X,Y 的密度函数 $f_X(x)$ 和 $f_Y(y)$ 分别为二维连续型随机变量 (X,Y) 关于随机变量 X 和 Y 的边缘密度函数. 其计算公式为

$$f_X(x) = \int_{-\infty}^{+\infty} f(x,y)\mathrm{d}y \text{ 和 } f_Y(y) = \int_{-\infty}^{+\infty} f(x,y)\mathrm{d}x.$$

3. 联合密度函数的性质

(1) $f(x,y) \geqslant 0$;

(2) $\int_{-\infty}^{+\infty} \int_{-\infty}^{+\infty} f(x,y)\mathrm{d}x\mathrm{d}y = 1$;

(3) $P\{(X,Y) \in D\} = \iint\limits_{D} f(x,y)\mathrm{d}x\mathrm{d}y$;

(4) 若 $f(x,y)$ 在 (x,y) 处连续,则 $\dfrac{\partial^2 F(x,y)}{\partial x \partial y} = f(x,y)$.

4. 联合密度函数与边缘密度函数的关系

由联合密度函数可以唯一确定边缘密度函数,但是一般来说,由边缘密度函数不能唯一确定联合密度函数.

3.4 条件分布

1. 离散型随机变量的条件分布律

设 $P\{X = x_i, Y = y_j\} = p_{ij}(i,j = 1,2,\cdots)$ 为二维离散型随机变量 (X,Y) 的联合分布律. 在给定 $Y = y_j$ 条件下随机变量 X 的条件分布律为

$$P\{X = x_i \mid Y = y_j\} = \frac{P\{X = x_i, Y = y_j\}}{P\{Y = y_j\}} = \frac{p_{ij}}{p_{\cdot j}} \quad (i = 1,2,\cdots);$$

在给定 $X = x_i$ 条件下随机变量 Y 的条件分布律为

$$P\{Y = y_j \mid X = x_i\} = \frac{P\{X = x_i, Y = y_j\}}{P\{X = x_i\}} = \frac{p_{ij}}{p_{i\cdot}} \quad (j = 1,2,\cdots).$$

2. 连续型随机变量的条件密度函数

设 $f(x,y)$ 为二维连续型随机变量 (X,Y) 的联合密度函数,$f_X(x)$ 和 $f_Y(y)$ 为边缘密度函数. 在给定 $Y = y$ 下随机变量 X 的条件密度函数为

$$f_{X|Y}(x \mid y) = \frac{f(x,y)}{f_Y(y)};$$

在给定 $X = x$ 下随机变量 Y 的条件密度函数为

$$f_{Y|X}(y \mid x) = \frac{f(x,y)}{f_X(x)}.$$

3.5 随机变量的独立性

1. 随机变量的独立性

设 $F(x,y)$ 是二维随机变量 (X,Y) 的联合分布函数,$F_X(x)$ 和 $F_Y(y)$ 是边缘分布函数,如果对任意的实数 x 和 y 有 $F(x,y) = F_X(x) \cdot F_Y(y)$,则称随机变量 X 和 Y 相互独立.

2. 离散型随机变量独立性的判别方法

设 (X,Y) 是二维离散型随机变量,随机变量 X 和 Y 相互独立的充要条件是对任何 $i,j = 1,2,\cdots$,均有 $P\{X = x_i, Y = y_j\} = P\{X = x_i\} \cdot P\{Y = y_j\}$ 成立.

3. 连续型随机变量独立性的判别方法

设 $f(x,y)$ 为二维连续型随机变量 (X,Y) 的联合密度函数,$f_X(x)$ 和 $f_Y(y)$ 是边缘密度函数,随机变量 X 和 Y 相互独立的充要条件是对任何 x 和 y,均有 $f(x,y) = f_X(x) \cdot f_Y(y)$ 成立.

3.6 随机变量函数的分布

1. 离散型随机变量函数的分布

设 $P\{X = x_i, Y = y_j\} = p_{ij}(i,j = 1,2,\cdots)$ 为二维离散型随机变量 (X,Y) 的联合分布律,则随机变量 $Z = h(X,Y)$ 的分布律为

$$P\{Z = z_k\} = \sum_{h(x_i,y_j)=z_k} P\{X = x_i, Y = y_j\}.$$

2. 连续型随机变量函数的分布

设 $f(x,y)$ 为二维连续型随机变量 (X,Y) 的联合密度函数,为求 $Z = h(X,Y)$ 的密度函数,可以先求出 Z 的分布函数,再利用分布函数与密度函数之间的关系得到 Z 的密度函数,具体步骤为:

(1) $F_Z(z) = P\{Z \leqslant z\} = P\{h(X,Y) \leqslant z\} = \iint\limits_{h(x,y) \leqslant z} f(x,y)\mathrm{d}x\mathrm{d}y;$

(2) $f_Z(z) = \dfrac{\mathrm{d}F_Z(z)}{\mathrm{d}z}.$

3. **二维连续型随机变量之和的分布**

设 $f(x,y)$ 为二维连续型随机变量 (X,Y) 的联合概率密度, $Z = X+Y$ 的概率密度为

$$f_Z(z) = \int_{-\infty}^{+\infty} f(x,z-x)\,\mathrm{d}x = \int_{-\infty}^{+\infty} f(z-y,y)\,\mathrm{d}y.$$

特别地, 当 X 与 Y 相互独立时, $f(x,y) = f_X(x)f_Y(y)$, 则上式还可表示为

$$f_Z(z) = \int_{-\infty}^{+\infty} f_X(x)f_Y(z-x)\,\mathrm{d}x = \int_{-\infty}^{+\infty} f_X(z-y)f_Y(y)\,\mathrm{d}y.$$

称为"卷积公式".

3.7　常见的多维分布

1. **二维正态分布**

若 (X,Y) 的联合密度函数为

$$f(x,y) = \frac{1}{2\pi\sigma_1\sigma_2\sqrt{1-\rho^2}}\exp\left\{-\frac{1}{2(1-\rho^2)}\left[\left(\frac{x-\mu_1}{\sigma_1}\right)^2 - 2\rho\frac{x-\mu_1}{\sigma_1}\cdot\frac{y-\mu_2}{\sigma_2} + \left(\frac{y-\mu_2}{\sigma_2}\right)^2\right]\right\},$$

其中 $-\infty < \mu_1, \mu_2 < +\infty$, $\sigma_1, \sigma_2 > 0$, $|\rho| < 1$, 则称 (X,Y) 服从参数为 $\mu_1, \mu_2, \sigma_1^2, \sigma_2^2$, ρ 的二维正态分布, 记为 $(X,Y) \sim N(\mu_1, \mu_2, \sigma_1^2, \sigma_2^2, \rho)$.

2. **二维均匀分布**

设 D 为平面上的有界区域, $S(D)$ 为区域 D 的面积, 若 (X,Y) 的联合密度函数为

$$f(x,y) = \begin{cases} \dfrac{1}{S(D)}, & (x,y) \in D, \\ 0, & \text{其他}, \end{cases}$$

则称 (X,Y) 服从区域 D 上的均匀分布.

习题详解

习　题　三

（A）

1. 10 件产品中有 7 件是一等品, 3 件是二等品. 从中抽取 4 件, 用 X 表示取到的一等品的件数, 用 Y 表示取到二等品的件数, 分别在有放回和无放回抽取两种情况下求 X 和 Y 的联合分布律和边缘分布律.

解 （1） 有放回抽取情况下，X 和 Y 的联合分布律为
$$P\{X=i,Y=j\}=C_4^i\,(0.7)^i\,(0.3)^j(i+j=4).$$

X 和 Y 的边缘分布律分别为
$$P\{X=i\}=C_4^i\,(0.7)^i\,(0.3)^{4-i}(i=0,1,\cdots,4),$$
$$P\{Y=j\}=C_4^j\,(0.7)^{4-j}\,(0.3)^j(j=0,1,\cdots,4).$$

（2） 无放回抽取情况下，X 和 Y 的联合分布律为
$$P\{X=i,Y=j\}=\frac{C_7^i C_3^j}{C_{10}^4}(i+j=4).$$

X 和 Y 的边缘分布律分别为
$$P\{X=i\}=\frac{C_7^i C_3^{4-i}}{C_{10}^4}(i=0,1,\cdots,4),$$
$$P\{Y=j\}=\frac{C_7^{4-j} C_3^j}{C_{10}^4}(j=0,1,\cdots,3).$$

2. 箱子中装有 3 只黑球、2 只白球和 2 只红球，从中无放回抽取 4 只，以 X 表示取到的黑球的只数，用 Y 表示取到的白球的只数，求：(1) X 和 Y 的联合分布律和边缘分布律；(2) $P\{X=Y\}$.

解 （1） X 和 Y 的联合分布律为
$$P\{X=i,Y=j\}=\frac{C_3^i C_2^j C_2^{4-i-j}}{C_7^4}(2\leqslant i+j\leqslant 4).$$

X 和 Y 的边缘分布律分别为
$$P\{X=i\}=\frac{C_3^i C_4^{4-i}}{C_7^4}(0\leqslant i\leqslant 3),\quad P\{Y=j\}=\frac{C_2^j C_5^{4-j}}{C_7^4}(0\leqslant j\leqslant 2).$$

（2） $P\{X=Y\}=P\{X=1,Y=1\}+P\{X=2,Y=2\}=\dfrac{6}{35}+\dfrac{3}{35}=\dfrac{9}{35}.$

3. 甲乙两人独立地各进行二次射击，假设甲的命中率为 0.2，乙的命中率为 0.4，X,Y 分别表示甲乙的命中次数，求：(1) X 和 Y 的联合分布律和边缘分布律；(2) $P\{X\leqslant Y\}$.

解 由题设知，X 和 Y 各自可能的取值为 $0,1,2$. 由事件的独立性得
$$P\{X=0,Y=0\}=P\{X=0\}P\{Y=0\}$$
$$=[C_2^0 \cdot (0.2)^0 \cdot (0.8)^2][C_2^0 \cdot (0.4)^0 \cdot (0.6)^2]=0.2304,$$
同理，依次算得 (X,Y) 取其他可能值的概率，从而 (X,Y) 的联合分布律和边缘分布律列表如下：

Y\X	0	1	2	$P\{X=x_i\}=p_i$
0	0.2304	0.3072	0.1024	0.64
1	0.1152	0.1536	0.0512	0.32
2	0.0144	0.0192	0.0064	0.04
$P\{Y=y_j\}=p_j$	0.36	0.48	0.16	

(2)　$P\{X \leqslant Y\} = 1 - P\{X > Y\}$

$\qquad = 1 - P\{X=1,Y=0\} - P\{X=2,Y=0\} - P\{X=2,Y=1\}$

$\qquad = 0.8512.$

4. 两封信随机投入编号为 1,2 的两个信箱中,用 X 表示第一封信投入信箱的号码,用 Y 表示第二封信投入信箱的号码,求 X 和 Y 的联合分布律和边缘分布律.

解　由题设知,X 和 Y 各自可能的取值为 1,2.再由古典概型计算得

$P\{X=1,Y=1\} = 0.25, \quad P\{X=1,Y=2\} = 0.25,$

$P\{X=2,Y=1\} = 0.25, \quad P\{X=2,Y=2\} = 0.25,$

从而 X 和 Y 的联合分布律和边缘分布律列表如下:

Y\X	1	2	$P\{X=x_i\}=p_i$
1	0.25	0.25	0.5
2	0.25	0.25	0.5
$P\{Y=y_j\}=p_j$	0.5	0.5	

5. 假设随机变量 $Y \sim U(-2,2)$,随机变量

$$X_1 = \begin{cases} -1, & Y \leqslant -1, \\ 1, & Y > -1, \end{cases} \qquad X_2 = \begin{cases} -1, & Y \leqslant 1, \\ 1, & Y > 1, \end{cases}$$

求 X_1 和 X_2 的联合分布律和边缘分布律.

解　(X,Y) 的所有可能取值为 $(-1,-1),(1,-1),(-1,1),(1,1)$,相应的概率依次为:

$P\{X_1=-1,X_2=-1\} = P\{Y \leqslant -1, Y \leqslant 1\} = P\{Y \leqslant -1\} = 0.25,$

$P\{X_1=1,X_2=-1\} = P\{Y > -1, Y \leqslant 1\} = P\{-1 < Y \leqslant 1\} = 0.5,$

$P\{X_1=-1,X_2=1\} = P\{Y \leqslant -1, Y > 1\} = 0,$

$P\{X_1=1,X_2=1\} = P\{Y > -1, Y > 1\} = P\{Y > 1\} = 0.25.$

所以 X_1 和 X_2 的联合分布律为

X_1 \ X_2	-1	1
-1	0.25	0
1	0.5	0.25

X_1 和 X_2 的边缘分布律分别为

X_1	-1	1
P	0.25	0.75

X_2	-1	1
P	0.75	0.25

6. 掷骰子两次,X 表示得偶数点的次数,Y 表示得 3 或 6 点的次数,求:X 和 Y 的联合分布律和边缘分布律.

解　X 和 Y 各自可能的取值为 $0,1,2$. 由古典概型知,事件 $\{X=0,Y=0\}$ 表示两次投掷中,点数都为奇数点且点数均无 3 或 6 点,其概率为

$$P\{X=0,Y=0\} = \frac{1}{2} \cdot \frac{1}{2} \cdot \frac{2}{3} \cdot \frac{2}{3} = \frac{1}{9},$$

事件 $\{X=0,Y=1\}$ 表示两次投掷中均为奇数点,且两次中有一次点数是 3 或 6,其概率为

$$P\{X=0,Y=1\} = \frac{1}{2} \cdot \frac{1}{2} \cdot C_2^1 \frac{1}{3} \cdot \frac{2}{3} = \frac{1}{9},$$

同理,依次算得其他可能取值的概率,从而 X 和 Y 的联合分布律及边缘分布律列表如下:

X \ Y	0	1	2	$P\{X=x_i\}=p_i$
0	$\frac{1}{9}$	$\frac{1}{9}$	$\frac{1}{36}$	$\frac{1}{4}$
1	$\frac{2}{9}$	$\frac{2}{9}$	$\frac{1}{18}$	$\frac{1}{2}$
2	$\frac{1}{9}$	$\frac{1}{9}$	$\frac{1}{36}$	$\frac{1}{4}$
$P\{Y=y_j\}=p_j$	$\frac{4}{9}$	$\frac{4}{9}$	$\frac{1}{9}$	

7. 假设某地区 15% 的家庭没有儿童,20% 的家庭有一个儿童,35% 的家庭有两

个儿童,30% 的家庭有三个儿童. 现从这地区随机抽取一户家庭,随机变量 X 表示这户家庭的男孩数,Y 表示这户家庭的女孩数,求 X 和 Y 的联合分布律和边缘分布律.

解 (X,Y) 的所有可能取值为 $(0,0),(0,1),(0,2),(0,3),(1,0),(1,1),(1,2),$ $(2,0),(2,1),(3,0)$,相应的概率为:

$$P\{X=0,Y=0\}=0.15,$$

$$P\{X=0,Y=1\}=P\{X=1,Y=0\}=0.2\times0.5=0.1,$$

$$P\{X=0,Y=2\}=P\{X=2,Y=0\}=0.35\times(0.5\times0.5)=0.0875,$$

$$P\{X=0,Y=3\}=P\{X=3,Y=0\}=0.3\times(0.5\times0.5\times0.5)=0.0375,$$

$$P\{X=1,Y=1\}=0.35\times(0.5\times0.5\times2)=0.175,$$

$$P\{X=1,Y=2\}=P\{X=2,Y=1\}=0.3\times(0.5\times0.5\times0.5\times3)=0.1125.$$

所以 X 和 Y 的联合分布律与边缘分布律为

X \ Y	0	1	2	3	$P\{X=x_i\}=p_i$
0	0.15	0.1	0.0875	0.0375	0.375
1	0.1	0.175	0.1125	0	0.3875
2	0.0875	0.1125	0	0	0.2
3	0.0375	0	0	0	0.0375
$P\{Y=y_j\}=p_j$	0.375	0.3875	0.2	0.0375	

8. 已知随机变量 (X,Y) 的联合密度函数为

$$f(x,y)=\begin{cases}k\mathrm{e}^{-x-2y}, & x>0,y>0,\\ 0, & \text{其他},\end{cases}$$

求:(1) 常数 k;(2) X 和 Y 的边缘密度函数;(3) $P\{X+Y<1\}$;(4) $P\{X>1,Y<1\}$;(5) X 和 Y 的联合分布函数 $F(x,y)$.

解 (1) 由 $\iint\limits_{R^2}f(x,y)\mathrm{d}x\mathrm{d}y=k\int_0^{+\infty}\mathrm{e}^{-x}\mathrm{d}x\int_0^{+\infty}\mathrm{e}^{-2y}\mathrm{d}y=\dfrac{1}{2}k=1$,解得 $k=2$.

(2) X 和 Y 的边缘密度函数分别为

$$f_X(x)=\int_{-\infty}^{+\infty}f(x,y)\mathrm{d}y=\begin{cases}2\mathrm{e}^{-x}\int_0^{+\infty}\mathrm{e}^{-2y}\mathrm{d}y=\mathrm{e}^{-x}, & x>0,\\ 0, & x\leqslant0,\end{cases}$$

$$f_Y(y)=\int_{-\infty}^{+\infty}f(x,y)\mathrm{d}x=\begin{cases}2\mathrm{e}^{-2y}\int_0^{+\infty}\mathrm{e}^{-x}\mathrm{d}x=2\mathrm{e}^{-2y}, & y>0,\\ 0, & y\leqslant0.\end{cases}$$

（3） $P\{X+Y<1\} = 2\int_0^1 e^{-x}dx\int_0^{1-x} e^{-2y}dy = \int_0^1 e^{-x}(1-e^{2x-1})dx = 1-2e^{-1}+e^{-2}$.

（4） $P\{X>1, Y<1\} = 2\int_1^{+\infty} e^{-x}dx\int_0^1 e^{-2y}dy = e^{-1}-e^{-3}$.

（5） $F(x,y) = \begin{cases} 2\int_0^x e^{-u}du\int_0^y e^{-2v}dv, x>0, & y>0, \\ 0, & \text{其他} \end{cases} = \begin{cases} (1-e^{-x})(1-e^{-2y}), & x>0, y>0, \\ 0, & \text{其他} \end{cases}$

9. 设随机变量 (X,Y) 的联合密度函数为

$$f(x,y) = \begin{cases} k, & x^2 < y < x, \\ 0, & \text{其他}, \end{cases}$$

求：（1） 常数 k；（2） X 和 Y 的边缘密度函数；（3） $P\{X>0.5\}$；（4） $P\{X>0.5 \mid Y<0.5\}$.

解 （1） 由 $\iint\limits_{R^2} f(x,y)dxdy = k\int_0^1 dx\int_{x^2}^x dy = \frac{1}{6}k = 1$，解得 $k=6$.

（2） X 和 Y 的边缘密度函数分别为

$$f_X(x) = \int_{-\infty}^{+\infty} f(x,y)dy = \begin{cases} 6\int_{x^2}^x dy = 6(x-x^2), & 0<x<1, \\ 0, & \text{其他}, \end{cases}$$

$$f_Y(y) = \int_{-\infty}^{+\infty} f(x,y)dx = \begin{cases} 6\int_y^{\sqrt{y}} dx = 6(\sqrt{y}-y), & 0<y<1, \\ 0, & y\leqslant 0. \end{cases}$$

（3） $P\{X>0.5\} = 6\int_{0.5}^1 dx\int_{x^2}^x dy = 0.5$.

（4） $P\{X>0.5 \mid Y<0.5\} = \dfrac{P\{X>0.5, Y<0.5\}}{P\{Y<0.5\}} = \dfrac{6\int_{0.5}^{\sqrt{0.5}} dx\int_{x^2}^{0.5} dy}{6\int_0^{0.5} dy\int_y^{\sqrt{y}} dy} = \dfrac{4\sqrt{2}-5}{4\sqrt{2}-3}$.

10. 设随机变量 (X,Y) 的联合密度函数为

$$f(x,y) = \begin{cases} ke^{-y}, & 0<x<y, \\ 0, & \text{其他}, \end{cases}$$

求：（1） 常数 k；（2） X 和 Y 的边缘密度函数；（3） $P\{X+Y\leqslant 1\}$.

解 （1） 由 $\iint\limits_{R^2} f(x,y)dxdy = \int_0^{+\infty} dx\int_x^{+\infty} e^{-y}dy = 1$，解得 $k=1$.

（2） X 和 Y 的边缘密度函数分别为

$$f_X(x) = \int_{-\infty}^{+\infty} f(x,y)\mathrm{d}y = \begin{cases} \int_x^{+\infty} \mathrm{e}^{-y}\mathrm{d}y = \mathrm{e}^{-x}, & x > 0, \\ 0, & x \leqslant 0, \end{cases}$$

$$f_Y(y) = \int_{-\infty}^{+\infty} f(x,y)\mathrm{d}x = \begin{cases} \int_0^y \mathrm{e}^{-y}\mathrm{d}x = y\mathrm{e}^{-y}, & y > 0, \\ 0, & y \leqslant 0. \end{cases}$$

(3)　$P\{X+Y \leqslant 1\} = \iint\limits_{x+y \leqslant 1} f(x,y)\mathrm{d}x\mathrm{d}y = \int_0^{\frac{1}{2}} \mathrm{d}x \int_x^{1-x} \mathrm{e}^{-y}\mathrm{d}y = 1 + \mathrm{e}^{-1} - 2\mathrm{e}^{-\frac{1}{2}}.$

11.　设随机变量 (X,Y) 的联合密度函数为

$$f(x,y) = \begin{cases} 4.8y(2-x), & 0 < y < x < 1, \\ 0, & \text{其他}, \end{cases}$$

求：(1)　X 和 Y 的边缘概率密度；(2)　X 和 Y 至少有一个小于 $\frac{1}{2}$ 的概率.

解　(1)　X 和 Y 的边缘密度函数分别为

$$f_X(x) = \begin{cases} 4.8(2-x)\int_0^x y\mathrm{d}y, & 0 < x < 1, \\ 0, & \text{其他}, \end{cases} = \begin{cases} 2.4(2-x)x^2, & 0 < x < 1, \\ 0, & \text{其他}, \end{cases}$$

$$f_Y(y) = \begin{cases} 4.8y\int_y^1 (2-x)\mathrm{d}x, & 0 < y < 1, \\ 0, & \text{其他}. \end{cases} = \begin{cases} 2.4y(y^2 - 4y + 3), & 0 < y < 1, \\ 0, & \text{其他}. \end{cases}$$

(2)　$P\left\{\left\{X < \frac{1}{2}\right\} \cup \left\{Y < \frac{1}{2}\right\}\right\}$

$$= 1 - P\left\{X \geqslant \frac{1}{2}, Y \geqslant \frac{1}{2}\right\} = 1 - 4.8\int_{\frac{1}{2}}^1 (2-x)\mathrm{d}x \int_{\frac{1}{2}}^x y\mathrm{d}y = 1 - \frac{37}{80} = \frac{43}{80}.$$

12.　设随机变量 (X,Y) 服从区域 $D = \{(x,y) \mid 0 \leqslant x \leqslant 2, 0 \leqslant y \leqslant 1\}$ 上的均匀分布. 令

$$U = \begin{cases} 0, & X \leqslant Y, \\ 1, & X > Y, \end{cases} \quad V = \begin{cases} 0, & X \leqslant 2Y, \\ 1, & X > 2Y. \end{cases}$$

(1)　求 (U,V) 的联合分布律；(2)　U 和 V 是否独立？

解　(1)　因为

$P\{U=0, V=0\} = P\{X \leqslant Y, X \leqslant 2Y\} = P\{X \leqslant Y\} = 0.25,$

$P\{U=0, V=1\} = P\{X \leqslant Y, X > 2Y\} = 0,$

$P\{U=1, V=0\} = P\{X > Y, X \leqslant 2Y\} = P\{Y < X \leqslant 2Y\} = 0.25,$

$P\{U=1, V=1\} = P\{X > Y, X > 2Y\} = P\{X > 2Y\} = 0.5,$

所以(U,V)的联合分布律为

U \ V	0	1
0	0.25	0
1	0.25	0.5

(2) 因为$P\{U=0,V=1\}=0\neq P\{U=0\}P\{V=1\}=0.125$,所以$U$和$V$不独立.

13. 试判断题 1 中 X,Y 是否相互独立.

解 由题 1 的联合分布律及边缘分布律可以看出,对于有放回和无放回两种情况,均不满足 $P\{X=i,Y=j\}=P\{X=i\}P\{Y=j\}$,故 X,Y 均不相互独立.

14. 设随机变量 X 与 Y 相互独立,下表给出了随机变量(X,Y)联合分布律和边缘分布律中的部分数值,试将其余数值填入表中的空白处.

X \ Y	y_1	y_2	y_3	$P\{X=x_i\}=p_i$
x_1		$\dfrac{1}{8}$		
x_2	$\dfrac{1}{8}$			
$P\{Y=y_j\}=p_j$	$\dfrac{1}{6}$			

解 $P\{X=x_1,Y=y_1\}=\dfrac{1}{6}-P\{X=x_2,Y=y_1\}=\dfrac{1}{24}$,

$P\{X=x_1\}=\dfrac{P\{X=x_1,Y=y_1\}}{P\{Y=y_1\}}=\dfrac{1}{4}$, $P\{X=x_2\}=1-P\{X=x_1\}=\dfrac{3}{4}$,

$P\{Y=y_2\}=\dfrac{P\{X=x_1,Y=y_2\}}{P\{X=x_1\}}=\dfrac{1}{2}$,

$P\{X=x_2,Y=y_2\}=\dfrac{1}{2}-P\{X=x_1,Y=y_2\}=\dfrac{3}{8}$,

$P\{Y=y_3\}=1-P\{Y=y_1\}-P\{Y=y_2\}=\dfrac{1}{3}$,

$P\{X=x_1,Y=y_3\}=\dfrac{1}{3}\times\dfrac{1}{4}=\dfrac{1}{12}$, $P\{X=x_2,Y=y_3\}=\dfrac{1}{3}\times\dfrac{3}{4}=\dfrac{1}{4}$.

15. 设随机变量 X,Y 独立同分布,且 X 的分布律为 $P\{X=i\}=\dfrac{1}{3}$, $i=1,2,3$.

令 $U = \max(X,Y), V = \min(X,Y)$. 求:随机变量 (U,V) 的分布律.

解 (U,V) 的可能取值为 $(1,1),(2,1),(2,2),(3,1),(3,2),(3,3)$, 相应的概率为

$$P\{U = 1, V = 1\} = P\{X = 1, Y = 1\} = P\{X = 1\}P\{Y = 1\} = \frac{1}{9},$$

$$P\{U = 2, V = 1\} = P\{X = 2, Y = 1\} + P\{X = 1, Y = 2\} = \frac{2}{9},$$

$$P\{U = 2, V = 2\} = P\{X = 2, Y = 2\} = \frac{1}{9},$$

$$P\{U = 3, V = 1\} = P\{X = 3, Y = 1\} + P\{X = 1, Y = 3\} = \frac{2}{9},$$

$$P\{U = 3, V = 2\} = P\{X = 3, Y = 2\} + P\{X = 2, Y = 3\} = \frac{2}{9},$$

$$P\{U = 3, V = 3\} = P\{X = 3, Y = 3\} = \frac{1}{9}.$$

16. 设 A,B 是二个随机事件,定义

$$X = \begin{cases} 1, & A \text{ 发生}, \\ 0, & \overline{A} \text{ 发生}, \end{cases} \qquad Y = \begin{cases} 1, & B \text{ 发生}, \\ 0, & \overline{B} \text{ 发生}, \end{cases}$$

证明:随机变量 X,Y 相互独立的充要条件是事件 A,B 相互独立.

证 随机变量 X,Y 的联合分布律为

$P\{X = 1, Y = 1\} = P(AB)$,

$P\{X = 1, Y = 0\} = P(A\overline{B}) = P(A) - P(AB)$,

$P\{X = 0, Y = 1\} = P(\overline{A}B) = P(B) - P(AB)$,

$P\{X = 0, Y = 0\} = P(\overline{A}\ \overline{B}) = 1 - P(A) - P(B) + P(AB)$.

随机变量 X,Y 的边缘分布律分别为

$P\{X = 1\} = P(A), P\{X = 0\} = 1 - P(A)$,

$P\{Y = 1\} = P(B), P\{Y = 0\} = 1 - P(B)$.

(1) 当 X,Y 相互独立时,则有

$$P\{X = 1, Y = 1\} = P\{X = 1\}P\{Y = 1\},$$

从而 $P(AB) = P(A)P(B)$, 即事件 A,B 相互独立.

(2) 当事件 A,B 相互独立时,则有

$$P\{X = 1, Y = 1\} = P(AB) = P(A)P(B) = P\{X = 1\}P\{Y = 1\}.$$

类似可以验证独立性要求的余下三个式子也成立,从而 X,Y 相互独立.

17. 设随机变量 X 与 Y 相互独立且均服从参数为 $p(0 < p < 1)$ 的 0—1 分布,定义

$$Z = \begin{cases} 1, & X+Y \text{ 为偶数}, \\ 0, & X+Y \text{ 为奇数}, \end{cases}$$

问 p 取什么值时,X 与 Z 独立?

解 X 与 Z 的联合分布律为

$$P\{X=1, Z=1\} = P\{X=1, Y=1\} = P\{X=1\}P\{Y=1\} = p^2,$$

$$P\{X=1, Z=0\} = P\{X=1, Y=0\} = P\{X=1\}P\{Y=0\} = p(1-p),$$

$$P\{X=0, Z=1\} = P\{X=0, Y=0\} = P\{X=0\}P\{Y=0\} = (1-p)^2,$$

$$P\{X=0, Z=0\} = P\{X=0, Y=1\} = P\{X=0\}P\{Y=1\} = p(1-p),$$

且 $X \sim B(1, p), Z \sim B(1, 2p^2 - 2p + 1)$.

又因为 X 与 Z 相互独立,所以

$$P\{X=1, Z=1\} = P\{X=1\}P\{Z=1\}, \quad \text{即} \quad p^2 = p(2p^2 - 2p + 1),$$

由此解得 $p = \dfrac{1}{2}(p=1$ 舍去$)$,容易验证,当 $p = \dfrac{1}{2}$ 时,独立性要求的其余三个式子

也成立,所以 $p = \dfrac{1}{2}$ 即为所求.

18. 设随机变量 (X, Y) 的联合密度函数为

$$f(x,y) = \begin{cases} 3x, & 0 < y < x < 1, \\ 0, & \text{其他}, \end{cases}$$

问 X 和 Y 是否独立?

解 X 和 Y 的边缘分布律分别为

$$f_X(x) = \int_{-\infty}^{+\infty} f(x,y)\mathrm{d}y = \begin{cases} \int_0^x 3x\mathrm{d}y = 3x^2, & 0 < x < 1, \\ 0, & \text{其他}, \end{cases}$$

$$f_Y(y) = \int_{-\infty}^{+\infty} f(x,y)\mathrm{d}x = \begin{cases} \int_y^1 3x\mathrm{d}x = \dfrac{3}{2}(1-y^2), & 0 < y < 1, \\ 0, & \text{其他}, \end{cases}$$

因为 $f(x,y) \neq f_X(x) \cdot f_Y(y)$,所以 X 和 Y 不独立.

19. 设随机变量 (X, Y) 的联合密度函数为

$$f(x,y) = \begin{cases} 6x^2 y, & 0 \leqslant x \leqslant 1, 0 \leqslant y \leqslant 1, \\ 0, & \text{其他}, \end{cases}$$

问 X 和 Y 是否独立?

解 X 和 Y 的边缘分布律分别为

$$f_X(x) = \int_{-\infty}^{+\infty} f(x,y)\mathrm{d}y = \begin{cases} \int_0^1 6x^2 y \mathrm{d}y = 3x^2, & 0 < x < 1, \\ 0, & \text{其他}, \end{cases}$$

$$f_Y(y) = \int_{-\infty}^{+\infty} f(x,y)\mathrm{d}x = \begin{cases} \int_0^1 6x^2 y \mathrm{d}x = 2y, & 0 < y < 1, \\ 0, & \text{其他}, \end{cases}$$

因为 $f(x,y) = f_X(x) \cdot f_Y(y)$,所以 X 和 Y 独立.

20. 设随机变量 X 与 Y 相互独立,且 $X \sim U(0,1)$,$Y \sim N(0,1)$,求:(1) X 和 Y 的联合密度函数;(2) $P\{X+Y \leqslant 1\}$.

解 (1) 由题设知,X,Y 的密度函数分别为

$$f_X(x) = \begin{cases} 1, & 0 < x < 1, \\ 0, & \text{其他}, \end{cases} \quad f_Y(y) = \frac{1}{\sqrt{2\pi}} \mathrm{e}^{-\frac{y^2}{2}}, -\infty < y < +\infty,$$

再由 X 与 Y 的独立性知,

$$f(x,y) = f_X(x) \cdot f_Y(y) = \begin{cases} \frac{1}{\sqrt{2\pi}} \mathrm{e}^{-\frac{y^2}{2}}, & 0 < x < 1, -\infty < y < +\infty, \\ 0, & \text{其他}. \end{cases}$$

(2) $P\{X+Y \leqslant 1\} = \frac{1}{\sqrt{2\pi}} \int_{-\infty}^{1} \mathrm{d}y \int_0^{1-y} \mathrm{e}^{-\frac{y^2}{2}} \mathrm{d}x$

$$= \frac{1}{\sqrt{2\pi}} \int_{-\infty}^{1} \mathrm{e}^{-\frac{y^2}{2}} \mathrm{d}y - \frac{1}{\sqrt{2\pi}} \int_{-\infty}^{1} y \mathrm{e}^{-\frac{y^2}{2}} \mathrm{d}y = \Phi(1) + \frac{1}{\sqrt{2\pi}} \mathrm{e}^{-\frac{1}{2}}.$$

21. 求题 2 中 $Y=1$ 条件下 X 的条件分布律.

解 由第 2 题的结果及条件分布的定义知,

$$P\{X=i \mid Y=1\} = \frac{P\{X=i, Y=1\}}{P\{Y=1\}} = \frac{C_3^i C_2^{3-i}}{10}, \quad i=1,2,3.$$

X	1	2	3
$P\{X \mid Y=1\}$	$\frac{3}{10}$	$\frac{6}{10}$	$\frac{1}{10}$

22. 求题 7 中 $X=1$ 条件下 Y 的条件分布律.

解 由第 7 题的结果及条件分布的定义知,$X=1$ 条件下 Y 的条件分布律为

Y	0	1	2
$P\{Y \mid X=1\}$	$\frac{8}{31}$	$\frac{14}{31}$	$\frac{9}{31}$

23. 设(X,Y)是二维随机变量,已知$X \sim B(1,0.3)$,在$X = 0$条件下Y的条件分布律由下表给出:

Y	0	1	2
$P\{Y \mid X = 0\}$	$\frac{1}{2}$	$\frac{1}{4}$	$\frac{1}{4}$

在$X = 1$条件下Y的条件分布律由下表给出:

Y	0	1	2
$P\{Y \mid X = 1\}$	$\frac{1}{2}$	$\frac{1}{3}$	$\frac{1}{6}$

求:(1) (X,Y)的联合分布律;(2) $Y = 1$条件下X的条件分布律.

解 (1) (X,Y)的联合分布律

$$P\{X = 0, Y = 0\} = P\{Y = 0 \mid X = 0\}P\{X = 0\} = \frac{1}{2} \times \frac{7}{10} = \frac{7}{20},$$

$$P\{X = 0, Y = 1\} = P\{Y = 1 \mid X = 0\}P\{X = 0\} = \frac{1}{4} \times \frac{7}{10} = \frac{7}{40},$$

$$P\{X = 0, Y = 2\} = P\{Y = 2 \mid X = 0\}P\{X = 0\} = \frac{1}{4} \times \frac{7}{10} = \frac{7}{40},$$

同理,

$$P\{X = 1, Y = 0\} = \frac{3}{20}, \quad P\{X = 1, Y = 1\} = \frac{1}{10}, \quad P\{X = 1, Y = 2\} = \frac{1}{20}.$$

(2) $Y = 1$条件下X的条件分布律为

$$P\{X = 0 \mid Y = 1\} = \frac{P\{X = 0, Y = 1\}}{P\{Y = 1\}} = \frac{7}{11},$$

$$P\{X = 1 \mid Y = 1\} = \frac{P\{X = 1, Y = 1\}}{P\{Y = 1\}} = \frac{4}{11}.$$

24. 设(X,Y)是二维随机变量,X的边缘概率密度为

$$f_X(x) = \begin{cases} 3x^2, & 0 < x < 1, \\ 0, & \text{其他}, \end{cases}$$

在给定$X = x(0 < x < 1)$的条件下Y的条件概率密度为

$$f_{Y|X}(y \mid x) = \begin{cases} \dfrac{3y^2}{x^3}, & 0 < y < x, \\ 0, & \text{其他}. \end{cases}$$

(1) 求(X,Y)的概率密度$f(x,y)$;(2) 求Y的边缘概率密度$f_Y(y)$;(3) 求

$P\{X > 2Y\}$.

解 （1）由题设得 (X, Y) 的概率密度为

$$f(x, y) = f_X(x) f_{Y|X}(y \mid x) = \begin{cases} \dfrac{9y^2}{x}, & 0 < x < 1, 0 < y < x, \\ 0, & \text{其他.} \end{cases}$$

（2）Y 的边缘概率密度为

$$f_Y(y) = \begin{cases} \displaystyle\int_y^1 \dfrac{9y^2}{x}\mathrm{d}x, & 0 < y < 1, \\ 0, & \text{其他} \end{cases} = \begin{cases} -9y^2\ln y, & 0 < y < 1, \\ 0, & \text{其他.} \end{cases}$$

（3）$P\{X > 2Y\} = \displaystyle\iint\limits_{x > 2y} f(x, y)\mathrm{d}x\mathrm{d}y = \int_0^1 \mathrm{d}x \int_y^{\frac{x}{2}} \dfrac{9y^2}{x}\mathrm{d}y = \dfrac{1}{8}$.

25. 设随机变量 (X, Y) 的联合密度函数为

$$f(x, y) = \begin{cases} \dfrac{1}{2x^2 y}, & 1 < x < +\infty, \dfrac{1}{x} < y < x, \\ 0, & \text{其他,} \end{cases}$$

求 $f_{X|Y}(x \mid y)$ 和 $f_{Y|X}(y \mid x)$.

解 X 和 Y 的边缘密度函数分别为

$$f_X(x) = \begin{cases} \displaystyle\int_{\frac{1}{x}}^x \dfrac{1}{2x^2 y}\mathrm{d}y = \dfrac{\ln x}{x^2}, & x > 1, \\ 0, & x \leqslant 1, \end{cases} \qquad f_Y(y) = \begin{cases} \displaystyle\int_{\frac{1}{y}}^{+\infty} \dfrac{1}{2x^2 y}\mathrm{d}x = \dfrac{1}{2}, & 0 < y < 1, \\ \displaystyle\int_y^{+\infty} \dfrac{1}{2x^2 y}\mathrm{d}x = \dfrac{1}{2y^2}, & y \geqslant 1, \\ 0, & y \leqslant 0. \end{cases}$$

当 $0 < y < 1$ 时，

$$f_{X|Y}(x \mid y) = \dfrac{f(x, y)}{f_Y(y)} = \begin{cases} \dfrac{1}{x^2 y}, & x > \dfrac{1}{y}, \\ 0, & x \leqslant \dfrac{1}{y}. \end{cases}$$

当 $y \geqslant 1$ 时，

$$f_{X|Y}(x \mid y) = \dfrac{f(x, y)}{f_Y(y)} = \begin{cases} \dfrac{y}{x^2}, & x > y, \\ 0, & x \leqslant y. \end{cases}$$

当 $x > 1$ 时，

$$f_{Y|X}(y \mid x) = \dfrac{f(x, y)}{f_X(x)} = \begin{cases} \dfrac{1}{2y\ln x}, & \dfrac{1}{x} < y < x, \\ 0, & \text{其他.} \end{cases}$$

26. 设随机变量(X,Y)的联合密度函数为

$$f(x,y) = \begin{cases} \dfrac{21}{4}x^2y, & x^2 < y < 1, \\ 0, & \text{其他}, \end{cases}$$

求$f_{X|Y}(x \mid y)$和$f_{Y|X}(y \mid x)$.

解　X和Y的边缘密度函数分别为

$$f_X(x) = \begin{cases} \dfrac{21}{4}x^2 \displaystyle\int_{x^2}^{1} y\mathrm{d}y, & -1 < x < 1, \\ 0, & \text{其他} \end{cases} = \begin{cases} \dfrac{21}{8}x^2(1-x^4), & -1 < x < 1, \\ 0, & \text{其他}, \end{cases}$$

$$f_Y(y) = \begin{cases} \dfrac{21}{4}y \displaystyle\int_{-\sqrt{y}}^{\sqrt{y}} x^2\mathrm{d}x, & 0 < y < 1, \\ 0, & \text{其他} \end{cases} = \begin{cases} \dfrac{7}{2}y^{\frac{5}{2}}, & 0 < y < 1, \\ 0, & \text{其他}. \end{cases}$$

当$0 < y < 1$时，

$$f_{X|Y}(x \mid y) = \frac{f(x,y)}{f_Y(y)} = \begin{cases} \dfrac{3}{2}x^2 y^{-\frac{3}{2}}, & -\sqrt{y} < |x| < \sqrt{y}, \\ 0, & \text{其他}. \end{cases}$$

当$-1 < x < 1$时，

$$f_{Y|X}(y \mid x) = \frac{f(x,y)}{f_X(x)} = \begin{cases} \dfrac{2y}{1-x^4}, & x^2 < y < 1, \\ 0, & \text{其他}. \end{cases}$$

27. 设随机变量(X,Y)的联合密度函数为

$$f(x,y) = \begin{cases} \dfrac{1}{y}\mathrm{e}^{-\frac{x}{y}-y}, & x > 0, y > 0, \\ 0, & \text{其他}, \end{cases}$$

求$P(X > 1 \mid Y = y)$，其中$y > 0$.

解　Y的边缘密度函数为

$$f_Y(y) = \begin{cases} \displaystyle\int_{0}^{+\infty} \dfrac{1}{y}\mathrm{e}^{-\frac{x}{y}-y}\mathrm{d}x, & y > 0, \\ 0, & \text{其他} \end{cases} = \begin{cases} \mathrm{e}^{-y}, & y > 0, \\ 0, & \text{其他}, \end{cases}$$

所以当$y > 0$时，

$$f_{X|Y}(x \mid y) = \frac{f(x,y)}{f_Y(y)} = \begin{cases} \dfrac{1}{y}\mathrm{e}^{-\frac{x}{y}}, & x > 0, \\ 0, & \text{其他}. \end{cases}$$

于是,当 $y > 0$ 时,有

$$P\{X > 1 \mid Y = y\} = \int_1^{+\infty} f_{X|Y}(x \mid y)\mathrm{d}x = \int_1^{+\infty} \frac{1}{y}\mathrm{e}^{-\frac{x}{y}}\mathrm{d}x = \mathrm{e}^{-\frac{1}{y}}.$$

28. 设随机变量 X 与 Y 相互独立,均服从 $U(0,1)$. 令

$$Z = \begin{cases} 1, & X \leqslant Y, \\ 0, & X > Y, \end{cases}$$

求:(1) 条件概率密度 $f_{X|Y}(x \mid y)$;(2) Z 的分布律和分布函数.

解 (X,Y) 的联合密度函数为

$$f(x,y) = f_X(x)f_Y(y) = \begin{cases} 1, & 0 < x < 1, 0 < y < 1, \\ 0, & \text{其他}, \end{cases}$$

所以当 $0 < y < 1$ 时,

$$f_{X|Y}(x \mid y) = \frac{f(x,y)}{f_Y(y)} = \begin{cases} 1, & 0 < x < 1, \\ 0, & \text{其他}. \end{cases}$$

(2) Z 的分布律为

$$P\{Z = 1\} = P\{X \leqslant Y\} = \int_0^1 \mathrm{d}x \int_0^x \mathrm{d}y = \frac{1}{2},$$

$$P\{Z = 0\} = 1 - P\{Z = 1\} = \frac{1}{2}.$$

从而 Z 的分布函数为

$$F_Z(z) = \begin{cases} 0, & z < 0, \\ \dfrac{1}{2}, & 0 \leqslant z < 1, \\ 1, & z \geqslant 1. \end{cases}$$

29. 设随机变量 X 与 Y 相互独立且均服从参数为 0.5 的 0—1 分布,即 $B(1, 0.5)$,试求:(1) 随机变量 $Z_1 = \max\{X,Y\}$ 的分布律;(2) $Z_2 = X - Y$ 的分布律.

解 (1) Z_1 的可能取值为 $0,1$,其分布律为

$$P\{Z_1 = 0\} = P\{X = 0, Y = 0\} = P\{X = 0\}P\{Y = 0\} = \frac{1}{4},$$

$$P\{Z_1 = 1\} = 1 - P\{Z_1 = 0\} = \frac{3}{4}.$$

(2) Z_2 的可能取值为 $-1,0,1$,其分布律为

$$P\{Z_2 = -1\} = P\{X = 0, Y = 1\} = P\{X = 0\}P\{Y = 1\} = \frac{1}{4},$$

$$P\{Z_2 = 0\} = P\{X = 0, Y = 0\} + P\{X = 1, Y = 1\} = \frac{1}{2},$$

$$P\{Z_2 = 1\} = 1 - P\{Z_2 = -1\} - P\{Z_2 = 0\} = \frac{1}{4}.$$

30. 设随机变量(X,Y)的联合密度函数为

$$f(x,y) = \begin{cases} \dfrac{1}{\pi}, & x^2 + y^2 \leqslant 1, \\ 0, & \text{其他,} \end{cases}$$

求 $Z = \sqrt{X^2 + Y^2}$ 的密度函数.

解 $F_Z(z) = P\{Z \leqslant z\} = P\{\sqrt{X^2 + Y^2} \leqslant z\} = \begin{cases} 0, & z \leqslant 0, \\ \displaystyle\iint\limits_{x^2+y^2 \leqslant z^2} \dfrac{1}{\pi}\mathrm{d}x\mathrm{d}y = z^2, & 0 < z \leqslant 1, \\ 1, & z > 1, \end{cases}$

所以随机变量 Z 的密度函数为

$$f_Z(z) = \frac{\mathrm{d}F_Z(z)}{\mathrm{d}z} = \begin{cases} 2z, & 0 < z < 1, \\ 0, & \text{其他.} \end{cases}$$

31. 设随机变量(X,Y)的联合密度函数为

$$f(x,y) = \begin{cases} \mathrm{e}^{-x-y}, & x > 0, y > 0, \\ 0, & \text{其他,} \end{cases}$$

求:(1) $Z = X + Y$ 的密度函数;(2) $U = X/Y$ 的密度函数.

解 (1) 随机变量 Z 的分布函数为

$$F_Z(z) = P\{Z \leqslant z\} = P\{X + Y \leqslant z\}$$

$$= \begin{cases} 0, & z \leqslant 0, \\ \displaystyle\int_0^z \mathrm{d}x \int_0^{z-x} \mathrm{e}^{-x-y}\mathrm{d}y, & z > 0 \end{cases} = \begin{cases} 0, & z \leqslant 0, \\ -\mathrm{e}^{-z}(z+1) + 1, & z > 0. \end{cases}$$

所以随机变量 Z 的密度函数为

$$f_Z(z) = \frac{\mathrm{d}F_Z(z)}{\mathrm{d}z} = \begin{cases} 0, & z \leqslant 0, \\ z\mathrm{e}^{-z}, & z > 0. \end{cases}$$

(2) 随机变量 Z 的分布函数为

$$F_U(u) = P\{U \leqslant u\} = P\{X \leqslant uY\}$$

$$= \begin{cases} 0, & u \leqslant 0, \\ \displaystyle\int_0^{+\infty} \mathrm{d}y \int_0^{uy} \mathrm{e}^{-x-y}\mathrm{d}x, & u > 0 \end{cases} = \begin{cases} 0, & u \leqslant 0, \\ 1 - \dfrac{1}{u+1}, & u > 0. \end{cases}$$

所以随机变量 Z 的密度函数为

$$f_U(u) = \frac{\mathrm{d}F_U(u)}{\mathrm{d}u} = \begin{cases} 0, & u \leqslant 0, \\ \dfrac{1}{(u+1)^2}, & u > 0. \end{cases}$$

32. 设随机变量 (X,Y) 的联合密度函数为

$$f(x,y) = \begin{cases} x+y, & 0 \leqslant x \leqslant 1, 0 \leqslant y \leqslant 1, \\ 0, & \text{其他}, \end{cases}$$

求 $Z = X + Y$ 的密度函数.

解　随机变量 Z 的分布函数为

$F_Z(z) = P\{Z \leqslant z\} = P\{X + Y \leqslant z\}$

$$= \begin{cases} 0, & z \leqslant 0, \\ \displaystyle\int_0^z \mathrm{d}x \int_0^{z-x} (x+y)\mathrm{d}y, & 0 < z \leqslant 1, \\ \displaystyle\int_0^{z-1} \mathrm{d}x \int_0^1 (x+y)\mathrm{d}y + \int_{z-1}^1 \mathrm{d}x \int_0^{z-x} (x+y)\mathrm{d}y, & 1 < z \leqslant 2, \\ 1, & z > 2 \end{cases}$$

$$= \begin{cases} 0, & z \leqslant 0, \\ \dfrac{1}{3}z^3, & 0 < z \leqslant 1, \\ -\dfrac{1}{3}z^3 + z^2 - \dfrac{1}{3}, & 1 < z \leqslant 2, \\ 1, & z > 2. \end{cases}$$

所以随机变量 Z 的密度函数为

$$f_Z(z) = \frac{\mathrm{d}F_Z(z)}{\mathrm{d}z} = \begin{cases} z^2, & 0 < z \leqslant 1, \\ z(2-z), & 1 < z \leqslant 2, \\ 0, & \text{其他}. \end{cases}$$

33. 设随机变量 X,Y 相互独立，X 服从参数为 1 的指数分布，$Y \sim U(0,1)$，求随机变量 $Z = X + 2Y$ 的密度函数.

解　由 X,Y 的分布及独立性知，(X,Y) 的联合密度函数为

$$f(x,y) = f_X(x)f_Y(y) = \begin{cases} \mathrm{e}^{-x}, & x > 0, 0 < y < 1, \\ 0, & \text{其他}, \end{cases}$$

而随机变量 Z 的分布函数为

$$F_Z(z) = P\{Z \leqslant z\} = P\{X + 2Y \leqslant z\}$$

$$= \begin{cases} 0, & z \leqslant 0, \\ \int_0^z \mathrm{d}x \int_0^{\frac{z-x}{2}} \mathrm{e}^{-x} \mathrm{d}y, & 0 < z \leqslant 2, \\ \int_0^1 \mathrm{d}y \int_0^{z-2y} \mathrm{e}^{-x} \mathrm{d}x, & z > 2, \end{cases} = \begin{cases} 0, & z \leqslant 0, \\ \frac{1}{2}(z + \mathrm{e}^{-z} - 1), & 0 < z \leqslant 2, \\ 1 - \frac{\mathrm{e}^2 - 1}{2} \mathrm{e}^{-z}, & z > 2. \end{cases}$$

所以随机变量 Z 的密度函数为

$$f_Z(z) = \frac{\mathrm{d}F_Z(z)}{\mathrm{d}z} = \begin{cases} 0, & z \leqslant 0, \\ \frac{1}{2}(1 - \mathrm{e}^{-z}), & 0 < z < 2, \\ \frac{1 - \mathrm{e}^2}{2} \mathrm{e}^{-z}, & z \geqslant 2. \end{cases}$$

34. 设随机变量 (X, Y) 服从区域 $G = \{(x, y) \mid 1 \leqslant x \leqslant 3, 1 \leqslant y \leqslant 3\}$ 上的均匀分布,试求随机变量 $U = |X - Y|$ 的密度函数.

解 依题意,(X, Y) 的联合密度函数为

$$f(x, y) = \begin{cases} \frac{1}{4}, & 1 < x < 3, 1 < y < 3, \\ 0, & \text{其他,} \end{cases}$$

而随机变量 U 的分布函数为

$$F_U(u) = P\{U \leqslant u\} = P\{|X - Y| \leqslant u\} = \begin{cases} 0, & u \leqslant 0, \\ 1 - \frac{1}{4}(2 - u)^2, & 0 < u \leqslant 2, \\ 1, & u > 2, \end{cases}$$

所以随机变量 U 的密度函数为

$$f_U(u) = \frac{\mathrm{d}F_U(u)}{\mathrm{d}u} = \begin{cases} 1 - \frac{1}{2}u, & 0 < u < 2, \\ 0, & \text{其他.} \end{cases}$$

35. 设 n 个随机变量 $X_1, X_2, \cdots, X_n$ 相互独立且均服从区间 $[0, \theta]$ 上的均匀分布,试求 $M = \max\{X_1, X_2, \cdots, X_n\}$ 和 $N = \min\{X_1, X_2, \cdots, X_n\}$ 的密度函数.

解 由题意知,$X_1, X_2, \cdots, X_n$ 有相同的分布函数与密度函数,其形式分别设为

$$F(x) = \begin{cases} 0, & x < 0, \\ \frac{x}{\theta}, & 0 \leqslant x \leqslant \theta, \\ 1, & x > \theta, \end{cases} \qquad f(x) = \begin{cases} \frac{1}{\theta}, & 0 < x < \theta, \\ 0, & \text{其他,} \end{cases}$$

由于 $X_1, X_2, \cdots, X_n$ 独立同分布,故 M 与 N 的分布函数分别为

$$F_M(y) = [F(y)]^n, \quad F_N(z) = 1 - [1 - F(z)]^n,$$

从而相应的密度函数分别为

$$f_M(y) = nF(y)^{n-1} \cdot f(y) = \begin{cases} \dfrac{ny^{n-1}}{\theta^n}, & 0 < y < \theta, \\ 0, & \text{其他}, \end{cases}$$

$$f_N(z) = n[1 - F(z)]^{n-1} \cdot f(z) = \begin{cases} \dfrac{n(\theta - z)^{n-1}}{\theta^n}, & 0 < z < \theta, \\ 0, & \text{其他}. \end{cases}$$

36. 设随机变量 (X, Y) 的联合密度函数为

$$f(x, y) = \begin{cases} 1, & 0 \leqslant x \leqslant 1, 0 \leqslant y \leqslant 2x, \\ 0, & \text{其他}, \end{cases}$$

求:(1) 边缘密度函数;(2) $Z = X + Y$ 的密度函数;(3) $P\left\{Y \leqslant \dfrac{1}{2} \mid X \leqslant \dfrac{1}{2}\right\}$.

解　(1) X 和 Y 的边缘密度函数分别为

$$f_X(x) = \begin{cases} \displaystyle\int_0^{2x} \mathrm{d}y = 2x, & 0 \leqslant x \leqslant 1, \\ 0, & \text{其他}, \end{cases} \quad f_Y(y) = \begin{cases} \displaystyle\int_{\frac{y}{2}}^1 \mathrm{d}x = 1 - \dfrac{y}{2}, & 0 \leqslant y \leqslant 2, \\ 0, & \text{其他}. \end{cases}$$

(2) 随机变量 Z 的分布函数为

$$F_Z(z) = P\{Z \leqslant z\} = P\{X + Y \leqslant z\}$$

$$= \begin{cases} 0, & z \leqslant 0, \\ \displaystyle\int_0^{\frac{2}{3}z} \mathrm{d}y \int_{\frac{y}{2}}^{z-y} \mathrm{d}x, & 0 < z \leqslant 1, \\ \displaystyle\int_0^{z-1} \mathrm{d}y \int_{\frac{y}{2}}^1 \mathrm{d}x + \int_{z-1}^{\frac{2}{3}z} \mathrm{d}y \int_{\frac{y}{2}}^{z-y} \mathrm{d}x, & 1 < z \leqslant 3, \\ 1, & z > 3 \end{cases} = \begin{cases} 0, & z \leqslant 0, \\ \dfrac{1}{3}z^2, & 0 < z \leqslant 1, \\ -\dfrac{1}{6}z^2 + z - \dfrac{1}{2}, & 1 < z \leqslant 3, \\ 1, & z > 3, \end{cases}$$

所以随机变量 Z 的密度函数为

$$f_Z(z) = \frac{\mathrm{d}F_Z(z)}{\mathrm{d}z} = \begin{cases} \dfrac{2}{3}z, & 0 < z \leqslant 1, \\ 1 - \dfrac{1}{3}z, & 1 < z \leqslant 3, \\ 0, & \text{其他}. \end{cases}$$

（3） $P\left\{Y\leqslant\dfrac{1}{2}\mid X\leqslant\dfrac{1}{2}\right\}=\dfrac{P\left\{X\leqslant\dfrac{1}{2},Y\leqslant\dfrac{1}{2}\right\}}{P\left\{X\leqslant\dfrac{1}{2}\right\}}=\dfrac{\int_0^{\frac{1}{2}}\mathrm{d}y\int_{\frac{y}{2}}^{\frac{1}{2}}\mathrm{d}x}{\int_0^{\frac{1}{2}}2x\mathrm{d}x}=\dfrac{3}{4}.$

37. 设随机变量 X,Y 相互独立，$X\sim B(1,p)$，$Y\sim U(0,1)$，求随机变量 $Z=X+Y$ 的密度函数.

解 随机变量 Z 的分布函数为

$$F_Z(z)=P\{Z\leqslant z\}=P\{X+Y\leqslant z\}$$
$$=P\{X+Y\leqslant z\mid X=0\}P\{X=0\}+P\{X+Y\leqslant z\mid X=1\}P\{X=1\}$$
$$=P\{Y\leqslant z\mid X=0\}P\{X=0\}+P\{Y\leqslant z-1\mid X=1\}P\{X=1\}$$
$$=P\{Y\leqslant z\}P\{X=0\}+P\{Y\leqslant z-1\}P\{X=1\}$$
$$=\begin{cases}0, & z\leqslant 0,\\ (1-p)z, & 0<z\leqslant 1,\\ 1-p+p(z-1), & 1<z\leqslant 2,\\ 1, & z>2,\end{cases}$$

所以随机变量 Z 的密度函数为

$$f_Z(z)=\frac{\mathrm{d}F_Z(z)}{\mathrm{d}z}=\begin{cases}1-p, & 0<z\leqslant 1,\\ p, & 1<z\leqslant 2,\\ 0, & \text{其他}.\end{cases}$$

(B)

一、填空题

1. 设 (X,Y) 的分布函数为

$$F(x,y)=A\left(B+\arctan\frac{x}{2}\right)\left(C+\arctan\frac{y}{3}\right)$$

则 $A=$ _____，$B=$ _____，$C=$ _____.

分析 确定联合分布函数中常数一般利用联合分布函数的性质(2)；当只有一个常数时也可以利用联合分布律或联合密度函数的规范性，即联合分布律的和等于 1 或联合密度函数在整个平面上积分等于 1.

解 因为

$$\lim_{\substack{x\to+\infty\\y\to+\infty}}F(x,y)=1,\ \lim_{x\to-\infty}F(x,y)=0,\ \lim_{y\to-\infty}F(x,y)=0,$$

所以

$$A\left(B+\frac{\pi}{2}\right)\left(C+\frac{\pi}{2}\right)=1,$$

$$A\left(B - \frac{\pi}{2}\right)(C + \arctan y) = 0,$$

$$A(B + \arctan x)\left(C - \frac{\pi}{2}\right) = 0,$$

从而解得 $\qquad B = \frac{\pi}{2}, C = \frac{\pi}{2}, A = \frac{1}{\pi^2}.$

2. 某射手在射击中,每次击中目标的概率为 $p(0 < p < 1)$,射击进行到第二次击中目标为止. 用 X_1 与 X_2 分别表示第 1 次与第 2 次击中目标时射击的次数,则 X_1 与 X_2 的联合分布律为_____.

解 $p_{ij} = P\{X_i = i, X_2 = j\} = p^2 q^{j-2}(q = 1 - p, 0 < i < j, j = 2, 3, \cdots).$

3. 设 X 和 Y 服从同一分布,且 X 的分布律为

X	0	1
P	$\frac{1}{2}$	$\frac{1}{2}$

若已知 $P\{XY = 0\} = 1$,则 $P\{X = Y\} = $ _____.

解 因为

$$P\{XY = 0\} = P\{X = 0, Y = 0\} + P\{X = 0, Y = 1\} + P\{X = 1, Y = 0\} = 1,$$

故

$$P\{X = 1, Y = 1\} = 1 - P\{XY = 0\} = 0.$$

再由 X, Y 的边缘分布律知,

$$P\{X = 0, Y = 1\} = P\{Y = 1\} - P\{X = 1, Y = 1\} = \frac{1}{2},$$

$$P\{X = 0, Y = 0\} = P\{X = 0\} - P\{X = 0, Y = 1\} = 0,$$

从而

$$P\{X = Y\} = P\{X = 0, Y = 0\} + P\{X = 1, Y = 1\} = 0.$$

4. 若二维随机变量 (X, Y) 的联合概率分布为

X \ Y	0	1
0	0.4	a
1	b	0.1

已知随机事件 $\{X = 0\}$ 与 $\{X + Y = 1\}$ 相互独立,则 $a = $ _____, $b = $ _____.

解 由规范性,有 $a+b=0.5$,又

$$P\{X=0\}=0.4+a,P\{X+Y=1\}=a+b,P\{X=0,X+Y=1\}=a,$$

由 $\{X=0\}$ 与 $\{X+Y=1\}$ 相互独立可知

$$0.5(0.4+a)=a,$$

解得 $a=0.4,b=0.1$.

5. 设区域 $D:|x|\leqslant 1,|y|\leqslant 1$,二维随机变量 (X,Y) 在 D 上服从均匀分布,则它的联合密度函数 $f(x,y)=$ _____ , $P\{|X|+|Y|\leqslant 1\}=$ _____ .

解 均匀分布的密度函数为

$$f(x,y)=\begin{cases}\dfrac{1}{4}, & |x|\leqslant 1,|y|\leqslant 1,\\[2mm] 0, & \text{其他}.\end{cases}$$

$$P\{|X|+|Y|\leqslant 1\}=\frac{1}{4}\iint\limits_{D_1}\mathrm{d}x\mathrm{d}y=\frac{1}{4}S(D_1)=\frac{1}{4}\times 2=\frac{1}{2}.$$

6. 设二维随机变量 (X,Y) 在由 $y=\dfrac{1}{x},y=0,x=1$ 和 $x=\mathrm{e}^2$ 所形成的区域 D 上服从均匀分布,则 (X,Y) 关于 X 的边缘密度在 $x=\mathrm{e}$ 处的值为 _____ .

解 依题意,有

$$S_{\text{阴影}}=\int_1^{\mathrm{e}^2}\frac{1}{x}\mathrm{d}x=\ln x\Big|_1^{\mathrm{e}^2}=2.$$

故均匀分布的联合概率密度为

$$f(x,y)=\begin{cases}\dfrac{1}{2}, & (x,y)\in D,\\[2mm] 0, & \text{其他}.\end{cases}$$

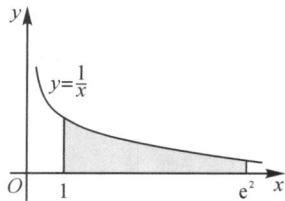

X 的边缘密度函数为

$$f_X(x)=\begin{cases}\dfrac{1}{2}\displaystyle\int_0^{\frac{1}{x}}\mathrm{d}y=\dfrac{1}{2x}, & 1\leqslant x\leqslant \mathrm{e}^2,\\[3mm] 0, & \text{其他}.\end{cases}$$

从而有 $f_X(\mathrm{e})=\dfrac{1}{2\mathrm{e}}$.

7. 设随机变量 X 与 Y 同分布,且 X 的密度函数为 $f(x)=\begin{cases}\dfrac{3}{8}x^2, & 0<x<2,\\[2mm] 0, & \text{其他}.\end{cases}$ 又 $A=\{X>a\}$ 与 $B=\{Y>a\}$ 相互独立,且 $P(A\bigcup B)=\dfrac{3}{4}$,则 $a=$ _____ .

解 依题意，

$$P(A) = P\{X > a\} = 1 - P\{X \leqslant a\} = 1 - \frac{3}{8} \int_0^a x^2 \, \mathrm{d}x = 1 - \frac{a^3}{8}.$$

$$P(A \bigcup B) = P(A) + P(B) - P(A)P(B) = 2P(A) - [P(A)]^2$$

$$= 2\left(1 - \frac{a^3}{8}\right) - \left(1 - \frac{a^3}{8}\right)^2 = 1 - \frac{a^6}{64} = \frac{3}{4},$$

从中解得 $a = \sqrt[3]{4}$.

8. 设相互独立的两个随机变量 X, Y 具有同一分布律，且分布律为

X	0	1
P	$\frac{1}{2}$	$\frac{1}{2}$

则随机变量 $Z = \max(X, Y)$ 的分布律为 _____.

解 Z 的可能取值为 0 与 1，且

$$P\{Z = 0\} = P\{X = 0, Y = 0\} = P\{X = 0\}P\{Y = 0\} = \frac{1}{2} \times \frac{1}{2} = \frac{1}{4},$$

$$P\{Z = 1\} = 1 - P\{Z = 0\} = 1 - \frac{1}{4} = \frac{3}{4}.$$

即 Z 的分布律为

Z	0	1
P	$\frac{1}{4}$	$\frac{3}{4}$

9. 设 (X, Y) 是二维相互独立的随机变量，且 $X \sim U(0, 4), Y \sim E(5)$，则概率 $P\{X \geqslant 2, Y \leqslant 1\} = $ _____.

解 $P\{X \geqslant 2, Y \leqslant 1\} = P\{X \geqslant 2\}P\{Y \leqslant 1\} = \frac{1}{2}(1 - \mathrm{e}^{-5})$.

10. 设甲、乙两个元件的寿命相互独立且均服从参数为 1 的指数分布，如果两个元件同时使用，求甲比乙先坏的概率_____.

解 设 X, Y 分别表示甲，乙两个元件的使用寿命，则 $X \sim E(1), Y \sim E(1)$，根据独立性，(X, Y) 的联合密度函数为

$$f(x, y) = f_X(x)f_Y(y) = \begin{cases} \mathrm{e}^{-x-y}, & x > 0, y > 0, \\ 0, & \text{其他}, \end{cases}$$

故所求的概率为

$$P\{X < Y\} = \int_0^{+\infty} \mathrm{d}x \int_0^x \mathrm{e}^{-x-y} \mathrm{d}y = \frac{1}{2}.$$

11. 设 X 和 Y 相互独立且均服从区间 $[0,1]$ 上的均匀分布,则条件概率密度 $f_{X|Y}(x \mid y) = $ _____.

解 依题意,Y 的密度函数为

$$f_Y(y) = \begin{cases} 1, & 0 < y < 1, \\ 0, & \text{其他}. \end{cases}$$

(X, Y) 的联合密度函数为

$$f(x,y) = f_X(x) f_Y(y) = \begin{cases} 1, & 0 < x < 1, 0 < y < 1, \\ 0, & \text{其他}. \end{cases}$$

所以当 $0 < y < 1$ 时,所求条件概率密度为

$$f_{X|Y}(x \mid y) = \frac{f(x,y)}{f_Y(y)} = \begin{cases} 1, & 0 < x < 1, \\ 0, & \text{其他}. \end{cases}$$

12. 设某班车起点站上客人数 X 服从参数为 λ 的泊松分布,每位乘客在中途下车的概率为 $p(0 < p < 1)$,且中途下车与否相互独立,以 Y 表示在中途下车的人数,则在起点站发车时有 n 位乘客的条件下,中途有 k 位乘客下车的概率 $P\{Y = k \mid X = n\} = $ _____.

解 $P\{Y = k \mid X = n\} = \mathrm{C}_n^k p^k (1-p)^{n-k}, k = 0, 1, 2, \cdots, n$,其中 $n = 0, 1, 2, \cdots$.

13. 设 X 和 Y 相互独立且均服从标准正态分布,则 $2X - 3Y \sim$ _____.

解 由正态分布的可加性知,$2X - 3Y \sim N(-1, 13)$.

14. 已知二维随机变量 (X, Y) 的分布函数为 $F(x, y)$,则 $Z = \max(X, Y)$ 的分布函数 $F_Z(z) = $ _____.

解 $F_Z(z) = P\{Z \leqslant z\} = P\{X \leqslant z, Y \leqslant z\} = F(z, z).$

15. 设随机变量 X 与 Y 相互独立,且都服从 $(0,1)$ 上的均匀分布,则 $Z = X + Y$ 的密度函数为 _____.

解 由卷积公式得

$$f_Z(z) = \int_{-\infty}^{+\infty} f_X(x) f_Y(z-x) \mathrm{d}x = \begin{cases} z, & 0 < z \leqslant 1, \\ 2-z, & 1 < z < 2, \\ 0, & \text{其他}. \end{cases}$$

二、单项选择题

1. 设 (X, Y) 的联合分布函数为 $F(x, y)$,则其边缘分布函数 $F_X(x) = ($ _____ $)$.

A. $\lim\limits_{x \to +\infty} F(x,y)$ 　　　B. $\lim\limits_{y \to +\infty} F(x,y)$ 　　　C. $F(0,y)$ 　　　D. $F(x,0)$

解　由于

$$F_X(x) = P\{X \leqslant x\} = P\{X \leqslant x, Y < +\infty\} = \lim\limits_{y \to +\infty} F(x,y),$$

故本题应选 B.

2. 设二维随机变量 (X,Y) 的联合分布函数为 $F(x,y)$,其联合分布律为

X \ Y	0	1	2
−1	0.2	0	0.1
0	0	0.4	0
1	0.1	0	0.2

则 $F(0,1) = ($ 　　$)$.

A. 0.2 　　　B. 0.4 　　　C. 0.6 　　　D. 0.8

解　由于

$$F(0,1) = P\{X \leqslant 0, Y \leqslant 1\}$$
$$= P\{X = -1, Y = 0\} + P\{X = 0, Y = 1\} = 0.2 + 0.4 = 0.6,$$

故本题应选 C.

3. 设随机变量 X,Y 相互独立且都在 $[0,1]$ 上服从均匀分布,则使方程 $t^2 + 2Xt + Y = 0$ 有实根的概率为(　　).

A. $\dfrac{1}{3}$ 　　　B. $\dfrac{1}{2}$ 　　　C. $\dfrac{2}{3}$ 　　　D. $\dfrac{4}{9}$

解　因为 X,Y 相互独立,故 (X,Y) 的联合密度函数为

$$f(x,y) = f_X(x) \cdot f_Y(y) = \begin{cases} 1, & 0 \leqslant x \leqslant 1, 0 \leqslant y \leqslant 1, \\ 0, & \text{其他.} \end{cases}$$

方程 $t^2 + 2Xt + Y = 0$ 有实根,则 $(2X)^2 - 4Y \geqslant 0$,即 $X^2 \geqslant Y$,故

$$P\{X^2 \geqslant Y\} = \int_0^1 \mathrm{d}x \int_0^{x^2} \mathrm{d}y = \frac{1}{3},$$

从而本题应选 A.

4. 设二维随机变量 (X,Y) 的联合密度函数为

$$f(x,y) = \begin{cases} A(x+y), & 0 < x < 1, 0 < y < 2, \\ 0, & \text{其他.} \end{cases}$$

则常数 $A = $ _____.

A. $\dfrac{1}{3}$ B. $\dfrac{1}{2}$ C. 2   D. 3

解 由规范性知,

$$\iint\limits_{D} f(x,y)\mathrm{d}x\mathrm{d}y = A\int_0^1 \mathrm{d}x\int_0^2 (x+y)\mathrm{d}y = 3A = 1,$$

解得 $A = \dfrac{1}{3}$,本题选 A.

5. 设随机变量 (X,Y) 的联合分布函数为 $F(x,y)$,边缘分布函数分别为 $F_X(x)$,$F_Y(y)$,则 $P\{X > x, Y > y\} = ($ $)$.

A. $1 - F(x,y)$ B. $1 - F_X(x) - F_Y(y)$

C. $F(x,y) - F_X(x) - F_Y(y) + 1$ D. $F(x,y) + F_X(x) + F_Y(y) - 1$

解 记事件 $A = \{X \leqslant x\}, B = \{Y \leqslant y\}$,则

$$P\{X > x, Y > y\} = P(\overline{A}\,\overline{B}) = 1 - P(A \bigcup B) = 1 - P(A) - P(B) + P(AB)$$
$$= 1 - P\{X \leqslant x\} - P\{Y \leqslant y\} + P\{X \leqslant x, Y \leqslant y\}$$
$$= 1 - F_X(x) - F_Y(y) + F(x,y),$$

故本题应选 C.

6. 设随机变量 X 服从指数分布 $E(\lambda)$,则随机变量 $Y = \min\{X, 2\}$ 的分布函数(   ).

A. 是连续函数   B. 至少有两个间断点

C. 是阶梯函数   D. 恰好有一个间断点

解法 1 $F_Y(y) = P\{Y \leqslant y\} = P\{\min\{X, 2\} \leqslant y\} = 1 - P\{\min\{X, 2\} > y\}$
$$= 1 - P\{X > y, 2 > y\}$$
$$= \begin{cases} 1 - P\{X > y\} = F_X(y), & y \leqslant 0, \\ F_X(y), & 0 < y < 2, \\ 1 - 0, & y \geqslant 2 \end{cases}$$
$$= \begin{cases} 0, & y \leqslant 0, \\ 1 - \mathrm{e}^{-\lambda y}, & 0 < y < 2, \\ 1, & y \geqslant 2, \end{cases}$$

从而可知,分布函数仅在 $y = 2$ 处间断,从而本题应选 D.

解法 2 由于 X 为连续型随机变量,$y = \min\{x, 2\}$ 为连续函数,故 Y 的分布函数几乎处处连续,其在连续点处的概率均为 0. 因而 Y 取多少个概率不等于 0 的数,就有多少个间断点. 因为

$$P\{Y = 2\} = P\{X \geqslant 2\} \neq 0,$$

因此在 2 处有一个间断点，其他地方没有间断点，从而本题应选 D.

7. 设 X 和 Y 相互独立且均服从区间$[0,1]$上的均匀分布，则下列服从相应区间或区域上均匀分布的是（　　）.

A. X^2　　　　　B. $X-Y$　　　　　C. $X+Y$　　　　　D. (X,Y)

解　本题应选 D.

8. 设二维随机变量(X,Y)的概率密度为

$$f(x,y)=\begin{cases}4xy, & 0\leqslant x\leqslant 1,0\leqslant y\leqslant 1,\\ 0, & \text{其他}.\end{cases}$$

则当 $0\leqslant y\leqslant 1$ 时，(X,Y)关于 Y 的边缘概率密度为 $f_Y(y)=$（　　）.

A. $\dfrac{1}{2x}$　　　　B. $2x$　　　　C. $\dfrac{1}{2y}$　　　　D. $2y$

解　当 $0\leqslant y\leqslant 1$ 时，$f_Y(y)=\displaystyle\int_0^1 4xy\,\mathrm{d}x=2y$，故本题应选 D.

9. 反复地掷一枚骰子，直到出现小于 5 点为止，以 X 表示最后一次出现的点数，Y 表示所掷的次数，则 $P\{X=m,Y=n\}=$（　　），$m=1,2,3,4,n=1,2,\cdots$.

A. $\left(\dfrac{1}{6}\right)^n$　　B. $\dfrac{1}{6}\left(\dfrac{1}{3}\right)^{n-1}$　　C. $\dfrac{2}{3}\left(\dfrac{1}{6}\right)^{n-1}$　　D. $\dfrac{2}{3}\left(\dfrac{1}{3}\right)^{n-1}$

解　$P\{X=m,Y=n\}=P\{X=m\}P\{Y=n\mid X=m\}=\dfrac{2}{3}\left(\dfrac{1}{3}\right)^{n-1}$，

故本题应选 D.

10. 设随机变量 X,Y 独立同分布，且 X 的分布函数为 $F(x)$，则 $Z=\min\{X,Y\}$ 的分布函数为（　　）.

A. $1-[1-F(x)]^2$　　　　　　　　B. $F(x)F(y)$

C. $F^2(x)$　　　　　　　　　　　D. $[1-F(x)][1-F(y)]$

解　$F_Z(z)=P\{Z\leqslant z\}=P\{\min\{X,Y\}\leqslant z\}=1-P\{\min\{X,Y\}>z\}$

$\qquad =1-P\{X>z,Y>z\}=1-P\{X>z\}P\{Y>z\}$

$\qquad =1-[1-F_X(z)][1-F_Y(z)]=1-[1-F(z)]^2$，

本题应选 A.

11. 设随机变量 X,Y 相互独立且都服从标准正态分布 $N(0,1)$，则（　　）.

A. $P\{X+Y\}\geqslant 0\}=\dfrac{1}{4}$　　　　B. $P\{X-Y\}\geqslant 0\}=\dfrac{1}{4}$

C. $P\{\max(X,Y)\geqslant 0\}=\dfrac{1}{4}$　　　D. $P\{\min(X<Y)\geqslant 0\}=\dfrac{1}{4}$

解 由题设知,$X+Y \sim N(0,2)$,$X-Y \sim N(0,2)$,所以

$$P\{X+Y \geqslant 0\} = P\{X-Y \geqslant 0\} = \frac{1}{2}.$$

故 A,B 均不正确. 对于 C,

$$P\{\max(X,Y) \geqslant 0\} = 1 - P\{\max(X,Y) < 0\} = 1 - P\{X < 0, Y < 0\}$$

$$= 1 - P\{X < 0\}P\{Y < 0\} = 1 - \frac{1}{2} \times \frac{1}{2} = \frac{3}{4},$$

故 C 不正确. 从而本题应选 D,这是因为

$$P\{\min(X,Y) \geqslant 0\} = P\{X > 0, Y > 0\} = P\{X > 0\}P\{Y > 0\} = \frac{1}{2} \times \frac{1}{2} = \frac{1}{4}.$$

12. 设随机变量 X,Y 相互独立,且 X 服从二项分布 $B\left(1, \frac{1}{2}\right)$,$Y$ 服从指数分布 $E(1)$,则概率 $P\{X+Y \geqslant 1\}$ 的值是(　　).

　　A. $1 + e^{-1}$ 　　　　B. $1 - e^{-1}$ 　　　　C. $\frac{1}{2}(1 + e^{-1})$ 　　D. $\frac{1}{2}(1 - e^{-1})$

解 $X \sim B\left(1, \frac{1}{2}\right)$,即 X 为 0—1 分布,且

$$P\{X = 0\} = P\{X = 1\} = \frac{1}{2},$$

应用全概率公式,

$$P\{X+Y \geqslant 1\}$$

$$= P\{X = 0\}P\{X+Y \geqslant 1 \mid X = 0\} + P\{X = 1\}P\{X+Y \geqslant 1 \mid X = 1\}$$

$$= \frac{1}{2}P\{Y \geqslant 1 \mid X = 0\} + \frac{1}{2}P\{Y \geqslant 0 \mid X = 1\}$$

$$= \frac{1}{2}P\{Y \geqslant 1\} + \frac{1}{2}P\{Y \geqslant 0\}$$

$$= \frac{1}{2}\int_1^{+\infty} e^{-x} dx + \frac{1}{2}\int_0^{+\infty} e^{-x} dx = \frac{1}{2}(1 + e^{-1}),$$

从而本题应选 C.

13. 设二维随机变量 (X,Y) 的联合密度函数

$$F(x,y) = \begin{cases} e^{-(x+y)}, & x > 0, y > 0, \\ 0, & \text{其他}, \end{cases}$$

则 $Z = \frac{1}{2}(X+Y)$ 的密度函数是(　　).

A. $f_Z(z) = \begin{cases} 0.5\mathrm{e}^{x+y}, & x > 0, y > 0, \\ 0, & \text{其他} \end{cases}$　　B. $f_Z(z) = \begin{cases} \mathrm{e}^{-(x+y)}, & x > 0, y > 0, \\ 0, & \text{其他} \end{cases}$

C. $f_Z(z) = \begin{cases} 4z\mathrm{e}^{-2z}, & z > 0, \\ 0, & z \leqslant 0 \end{cases}$　　D. $f_Z(z) = \begin{cases} 0.5\mathrm{e}^{-2z}, & z > 0, \\ 0, & z \leqslant 0 \end{cases}$

解　当 $z > 0$ 时,

$$F_Z(z) = P\{Z \leqslant z\} = P\{X + Y \leqslant 2z\}$$
$$= \int_0^{2z} \mathrm{d}x \int_0^{2z-x} \mathrm{e}^{-(x+y)} \, \mathrm{d}y = 1 - \mathrm{e}^{-2z} - 2z\mathrm{e}^{-2z},$$

从而

$$f_Z(z) = F_Z'(z) = \begin{cases} 4z\mathrm{e}^{-2z}, & z > 0, \\ 0, & z \leqslant 0, \end{cases}$$

故本题应选 C.

14. 假设随机变量 X 与 Y 相互独立,且 X 服从参数为 λ 的指数分布,Y 的分布律为 $P\{Y = 1\} = P\{Y = -1\} = \dfrac{1}{2}$,则 $X + Y$ 的分布函数(　　).

A. 是连续函数　　　　　　　　　B. 是恰有一个间断点的阶梯函数

C. 是恰有一个间断点的非阶梯函数　　D. 至少有两个间断点

解　由题设知

$$X \sim F_X(x) = \begin{cases} 1 - \mathrm{e}^{-\lambda x}, & x > 0, \\ 0, & x \leqslant 0. \end{cases}$$

又 X 与 Y 相互独立,所以应用全概率公式得 $X + Y$ 的分布函数为

$$F_Z(z) = P\{X + Y \leqslant z\} = P\{X + Y \leqslant z, Y = 1\} + P\{X + Y \leqslant z, Y = -1\}$$
$$= P\{X \leqslant z - 1, Y = 1\} + P\{X \leqslant z + 1, Y = -1\}$$
$$= \frac{1}{2} P\{X \leqslant z - 1\} + \frac{1}{2} P\{X \leqslant z + 1\} = \frac{1}{2} F_X(z-1) + \frac{1}{2} F_X(z+1)$$
$$= \begin{cases} 0, & z \leqslant -1, \\ \dfrac{1}{2}(1 - \mathrm{e}^{-\lambda(z+1)}), & -1 < z \leqslant 1, \\ 1 - \dfrac{1}{2}\big[\mathrm{e}^{-\lambda(z-1)} + \mathrm{e}^{-\lambda(z+1)}\big], & z > 1, \end{cases}$$

故 $F_Z(z)$ 是连续函数,本题应选 A.

第 4 章　　随机变量的数字特征

内容提要

4.1　数学期望

1. 数学期望的概念

数学期望是刻画随机变量取值集中位置或平均水平的最基本的数字特征. 在实际应用中, 人们对于产量、产值、利税等指标希望有较高的数学期望, 而对于成本、原材料消耗等指标当然要求有较低的期望值.

2. 数学期望的计算公式

当离散型随机变量给出分布列 $P\{X = x_i\} = p_i(i = 1, 2, 3, \cdots)$, 连续型随机变量给出概率密度 $f(x)$ 之后, 数学期望的计算公式 (定义) 是

$$E(X) = \begin{cases} \sum_{i=1}^{+\infty} x_i p_i, & X \text{ 为离散型随机变量,} \\ \int_{-\infty}^{+\infty} x f(x) \mathrm{d}x, & X \text{ 为连续型随机变量.} \end{cases}$$

作为定义, 上述表达式中的求和、积分在理论上都应有绝对收敛的要求, 由于实际应用中条件收敛的情况并不多见, 因而通常做题时免去了绝对收敛的考察. 必须指出, 今后凡涉及包括矩在内的数字特征, 给出定义时也都应有绝对收敛的要求, 到时不再一一说明.

二维随机变量的数学期望, 原则上可在求出边际分布列 (密度) 后按一维情形处理, 也可在令 $f(X, Y) = X$ 或 $f(X, Y) = Y$ 之后, 按随机变量函数的数学期望表出, 即

$$E(X) = \begin{cases} \sum\limits_{i=1}^{+\infty}\sum\limits_{j=1}^{+\infty} x_i p_{ij}, & X,Y \text{ 为离散型随机变量,} \\ \int_{-\infty}^{+\infty}\int_{-\infty}^{+\infty} xf(x,y)\mathrm{d}x\mathrm{d}y, & X,Y \text{ 为连续型随机变量,} \end{cases}$$

$$E(Y) = \begin{cases} \sum\limits_{i=1}^{+\infty}\sum\limits_{j=1}^{+\infty} y_j p_{ij}, & X,Y \text{ 为离散型随机变量,} \\ \int_{-\infty}^{+\infty}\int_{-\infty}^{+\infty} yf(x,y)\mathrm{d}x\mathrm{d}y, & X,Y \text{ 为连续型随机变量.} \end{cases}$$

3. 随机变量函数的数学期望计算公式

贯穿数字特征讨论的全过程,起着重要作用的是涉及随机变量函数的数学期望的四个公式.

(1) 设 X 是一维离散型随机变量, $f(x)$ 是连续函数, X 的分布列为

$$P\{X = x_i\} = p_i (i = 1,2,3,\cdots),$$

则随机变量函数 $Y = f(X)$ 的数学期望为:

$$E(Y) = E[f(X)] = \sum_{i=1}^{+\infty} f(x_i) p_i.$$

(2) 设 (X,Y) 是二维离散型随机变量, $f(x,y)$ 是二元连续函数,且 (X,Y) 的联合分布列为

$$P\{X = x_i, Y = y_j\} = p_{ij} (i,j = 1,2,3,\cdots),$$

则随机变量函数 $Z = f(X,Y)$ 的数学期望为

$$E(Z) = E[f(X,Y)] = \sum_{i=1}^{+\infty}\sum_{j=1}^{+\infty} f(x_i,y_j) p_{ij}.$$

(3) 设 X 是一维连续型随机变量,其概率密度为 $f(x)$, $g(x)$ 是连续函数,则随机变量函数 $Y = g(X)$ 的数学期望为

$$E(Y) = E[g(X)] = \int_{-\infty}^{+\infty} g(x) f(x)\mathrm{d}x.$$

(4) 设 (X,Y) 是二维连续型随机变量,其联合概率密度为 $f(x,y)$, $g(x,y)$ 是二元连续函数,则随机变量函数 $Z = g(X,Y)$ 的数学期望为

$$E(Z) = E[g(X,Y)] = \int_{-\infty}^{+\infty}\int_{-\infty}^{+\infty} g(x,y) f(x,y)\mathrm{d}x\mathrm{d}y.$$

4. 数学期望的性质

(1) 线性性质

$E(C) = C$,其中 C 为任意常数;

$E(kX \pm C) = kE(X) \pm C$,其中 k,C 为任意常数;

$E(X \pm Y) = E(X) \pm E(Y)$;

(2) $E(XY) = E(X) \cdot E(Y) + \mathrm{Cov}(X,Y)$.

特别地,当 X,Y 相互独立时,有 $E(XY) = E(X) \cdot E(Y)$.

4.2 方差

1. 方差的概念

方差是描述随机变量取值集中(或分散)程度的基本数字特征.

较大的方差 $D(X)$ 说明 X 的取值相对于 $E(X)$ 较为分散.以显示差异性为目的的试验希望有较大的方差.例如,选拔人才的考试只有在较大方差的情形下,才能实现好中选优的目的.

较小的方差 $D(X)$ 说明 X 的取值相对于 $E(X)$ 较为集中.以稳定性为目的的试验希望有较小的方差.例如,对质量指标的掌握总是以较高的期望和较小的方差为努力目标.

2. 方差的计算公式

$$D(X) = E\{[X - E(X)]^2\} = E(X^2) - [E(X)]^2.$$

3. 方差的性质

(1) $D(C) = 0$,其中 C 为任意常数;

(2) $D(kX \pm c) = k^2 D(X)$,其中 k,C 为任意常数;

(3) $D(X \pm Y) = D(X) + D(Y) \pm 2\mathrm{Cov}(X,Y)$.

特别地,当 X,Y 相互独立时,有 $D(X \pm Y) = D(X) + D(Y)$.

4.3 协方差与相关系数

1. 矩的概念

设 X 和 Y 为随机变量,k 和 l 是正整数.

如果 X^k 的数学期望存在,则称 $E(X^k)$ 为随机变量 X 的 k 阶原点矩,记作 μ_k,即

$$\mu_k = E(X^k)(k = 1,2,\cdots).$$

如果 $[X - E(X)]^k$ 的数学期望存在,则称 $E[X - E(X)]^k$ 为随机变量 X 的 k 阶中心矩,记作 υ_k,即

$$\upsilon_k = E[X - E(X)]^k(k = 1,2,\cdots).$$

如果 $X^k Y^l$ 的数学期望存在,则称 $E(X^k Y^l)$ 为随机变量 X 和 Y 的 $k + l$ 阶混合矩.

如果 $[X - E(X)]^k [Y - E(Y)]^l$ 的数学期望存在,则称 $E\{[X - E(X)]^k$

$[Y - E(Y)]^l\}$ 为 X 和 Y 的 $k + l$ 阶混合中心矩.

2. 协方差与相关系数的概念

协方差与相关系数是反映两个随机变量之间相互关联程度的数字特征.

协方差是衡量两个随机变量之间线性关系的一种度量. 当协方差为正值时,表明两随机变量同向偏离其平均值,呈正相关关系;反之,若协方差为负值,则表明一个变量高于平均值时,另一个倾向于低于平均值,呈负相关关系. 如果协方差为零,这意味着两个变量之间没有明显的趋势关系. 协方差没有固定的数值范围,由于它受到量纲的影响,故其大小并不能直接反映变量间关系的强度.

相关系数是用来衡量两个变量之间线性相关程度的度量,它是协方差的标准化形式,可以消除量纲带来的影响. 相关系数的取值范围在到之间. 当取值为时,表示两个变量完全正相关;当取值为时,表示两个变量完全负相关;当取值为时,表示两个变量之间没有线性相关关系.

$$\text{Cov}(X,Y) = E\{[X - E(X)][Y - E(Y)]\} = E(XY) - E(X)E(Y),$$

$$\rho_{XY} = \frac{\text{Cov}(X,Y)}{\sqrt{D(X)}\ \sqrt{D(Y)}}.$$

3. 协方差的性质

(1)　$\text{Cov}(X,Y) = \text{Cov}(Y,X)$;

(2)　对任意实数 a,b,c,d,有 $\text{Cov}(aX + c,bY + d) = ab\text{Cov}(X,Y)$;

(3)　$\text{Cov}(X_1 + X_2,Y) = \text{Cov}(X_1,Y) + \text{Cov}(X_2,Y)$;

(4)　若随机变量 X,Y 相互独立,则 $\text{Cov}(X,Y) = 0$.

4. 相关系数的性质

(1)　$|\rho_{XY}| \leqslant 1$.

(2)　X,Y 以概率 1 呈线性相关 $\Leftrightarrow |\rho_{XY}| = 1$(称 X,Y 完全相关).

(3)　X,Y 相互独立 $\Rightarrow \text{Cov}(X,Y) = 0 \Leftrightarrow \rho_{XY} = 0$(称 X,Y 不相关).

这里需要注意的是,性质(3)的逆命题未必成立. 特别地,当 (X,Y) 为二维正态变量时,X,Y 相互独立 $\Leftrightarrow \rho_{XY} = 0$.

4.4　常用分布的数学期望与方差

随机变量的数学期望、方差由随机变量的分布完全确定,其数值常常与分布的参数有关.

对于六个常用的分布族,我们将它们的分布列或概率密度及其所含参数、数学期望、方差等一并列举在表 4 - 1 中.

表 4 - 1　常用分布表

分布名称	记　　号	分布列或概率密度	数学期望	方　　差
0—1 分布	$B(1,p)$	$P\{X=k\}=p^k(1-p)^{1-k}$ $(k=0,1;0<p<1)$	p	$p(1-p)$
二项分布	$B(n,p)$	$P\{X=k\}=C_n^k p^k(1-p)^{n-k}$ $(k=0,1,2,\cdots,n,0<p<1,$ n 为自然数$)$	np	$np(1-p)$
泊松分布	$P(\lambda)$	$P\{X=k\}=\dfrac{\lambda^k}{k!}e^{-\lambda}$ $(k=0,1,2,\cdots,\lambda>0)$	λ	λ
均匀分布	$U(a,b)$	$f(x)=\begin{cases}\dfrac{1}{b-a},& a\leqslant x\leqslant b,\\ 0,& \text{其他}\end{cases}$ $(a,b$ 均为有限数$)$	$\dfrac{a+b}{2}$	$\dfrac{(b-a)^2}{12}$
指数分布	$E(\lambda)$	$f(x)=\begin{cases}\lambda e^{-\lambda x},& x>0,\\ 0,& x\leqslant 0\end{cases}$ $(\lambda>0)$	$\dfrac{1}{\lambda}$	$\dfrac{1}{\lambda^2}$
正态分布	$N(\mu,\sigma^2)$	$\varphi(x)=\dfrac{1}{\sigma\sqrt{2\pi}}e^{-\frac{(x-\mu)^2}{2\sigma^2}}$ $(-\infty<x<+\infty;-\infty<\mu<+\infty,\sigma>0)$	μ	σ^2

4.5　切比雪夫不等式

设 X 是一随机变量,数学期望 $E(X)$ 和方差 $D(X)$ 都存在. 对任意给定常数 $\varepsilon>0$,有

$$P\{\mid X-E(X)\mid\geqslant\varepsilon\}\leqslant\frac{D(X)}{\varepsilon^2},$$

或

$$P\{\mid X-E(X)\mid<\varepsilon\}\geqslant 1-\frac{D(X)}{\varepsilon^2}.$$

习题详解

习　题　四

（A）

1. 设随机变量 X 的分布律为

X	-1	0	2
P	0.3	0.5	0.2

试求 $E(X)$ 和 $E(2X^2+1)$.

解　$E(X) = -1 \times 0.3 + 0 \times 0.5 + 2 \times 0.2 = 0.1$.

$E(2X^2+1) = 2E(X^2) + 1 = 2[(-1)^2 \times 0.3 + 0^2 \times 0.5 + 2^2 \times 0.2] + 1 = 3.2$.

2. 掷一颗均匀骰子两次，X 为出现的最小点数，求 $E(X)$.

解　X 的概率分布为

X	1	2	3	4	5	6
P	$\dfrac{11}{36}$	$\dfrac{9}{36}$	$\dfrac{7}{36}$	$\dfrac{5}{36}$	$\dfrac{3}{36}$	$\dfrac{1}{36}$

从而

$$E(X) = 1 \times \frac{11}{36} + 2 \times \frac{9}{36} + 3 \times \frac{7}{36} + 4 \times \frac{5}{36} + 5 \times \frac{3}{36} + 6 \times \frac{1}{36} = \frac{91}{36}.$$

3. 一批产品共 10 件，其中 7 件正品，3 件次品.每次从这批产品中任意取一件，取后不放回，随机变量 X 表示首次取得正品时抽取的次数，求 $E(X)$.

解　（1）X 的可能取值为 $1, 2, 3, 4$，其分布律为

$$P\{X=1\} = \frac{7}{10}, \qquad P\{X=2\} = \frac{3}{10} \cdot \frac{7}{9} = \frac{7}{30},$$

$$P\{X=3\} = \frac{3}{10} \cdot \frac{2}{9} \cdot \frac{7}{8} = \frac{7}{120}, \quad P\{X=4\} = \frac{3}{10} \cdot \frac{2}{9} \cdot \frac{1}{8} = \frac{1}{120},$$

从而所求期望为

$$E(X) = 1 \cdot \frac{7}{10} + 2 \cdot \frac{7}{30} + 3 \cdot \frac{7}{120} + 4 \cdot \frac{1}{120} = \frac{11}{8}.$$

注　对于实际问题求数学期望，一般先给出分布律或者概率密度，然后由定义去求.

4. 某产品的次品率为 0.1,每次随机抽取 10 件产品进行检验,如发现其中的次品数多于 1,就去调整设备. 若检验员每天检验 4 次,以 X 表示一天中调整设备的次数,试求 $E(X)$.

解 设 Y 表示一次检验中检测到的次品数,则 $Y \sim B(10, 0.1)$,此时,检验员需要调整设备的概率为

$$P\{Y \geqslant 2\} = 1 - P\{Y = 0\} - P\{Y = 1\} = 1 - (0.9)^{10} - C_{10}^1 (0.9)^9 \cdot 0.1 = 0.2639.$$

又设 $X_i = \begin{cases} 1, & \text{第 } i \text{ 次调整设备}, \\ 0, & \text{第 } i \text{ 次不调整设备} \end{cases}$ $(i = 1, 2, 3, 4)$,其分布律为

$$P\{X_i = 1\} = P\{Y \geqslant 2\} = 0.2639, \quad P\{X_i = 0\} = P\{Y = 0\} + P\{Y = 1\} = 0.7361.$$

此时,$X = \sum_{i=1}^{4} X_i$,从而

$$E(X) = \sum_{i=1}^{4} E(X_i) = 4E(X_i) = 4 \times 0.2639 = 1.0556.$$

5. 设随机变量 X 的密度函数为

$$f(x) = \begin{cases} 2x, & 0 < x < 1, \\ 0, & \text{其他}, \end{cases}$$

以 Y 表示对 X 的三次独立重复观察中事件 $\{X \leqslant 0.5\}$ 出现的次数求 $E(Y)$.

解 $P\{X \leqslant 0.5\} = \int_0^{0.5} 2x \mathrm{d}x = 0.25$,而 $Y \sim B(3, 0.25)$,从而

$$E(Y) = np = 3 \times 0.25 = 0.75.$$

6. 假设一部机器在一天内发生故障的概率为 0.2,机器发生故障时全天停止工作. 若一周 5 个工作日里无故障,可获利润 10 万元;发生一次故障仍可获利润 5 万元;发生两次故障获利润 0 元;发生三次或三次以上故障就要亏损 2 万元,求一周内的平均利润是多少.

解 设 X 表示一周内发生故障的次数,Y 表示一周内的利润,则 $X \sim B(5, 0.2)$,且

$$Y = \begin{cases} 10, & X = 0, \\ 5, & X = 1, \\ 0, & X = 2, \\ -2, & X \geqslant 3. \end{cases}$$

因此,

$$E(Y) = 10P\{X = 0\} + 5P\{X = 1\} + 0P\{X = 2\} - 2P(X \geqslant 3)$$

$$= 10 \times 0.8^5 + 5 \times C_5^1 \times 0.8^4 \times 0.2 - 2(1 - 0.8^5 - C_5^1 \times 0.8^4 \times 0.2$$
$$- C_5^2 \times 0.8^3 \times 0.2^2)$$
$$\approx 5.216(万元)$$

7. 已知随机变量 X 的分布函数 $F(x)$ 在 $x = 1$ 处连续且 $F(1) = \dfrac{1}{4}$,若

$$Y = \begin{cases} 1, & X > 1, \\ 2, & X = 1, \\ 3, & X < 1, \end{cases}$$

求 $E(Y)$.

解　因为 $F(x)$ 在 $x = 1$ 处连续,所以 $P\{X = 1\} = 0$,则 Y 的分布律为

$$P\{Y = 1\} = P\{X > 1\} = 1 - P\{X \leqslant 1\} = 1 - F(1) = \frac{3}{4},$$

$$P\{Y = 2\} = P\{X = 1\} = 0,$$

$$P\{Y = 3\} = P\{X < 1\} = P\{X \leqslant 1\} - P\{X = 1\} = F(1) - 0 = \frac{1}{4},$$

从而

$$E(Y) = 1 \times \frac{3}{4} + 3 \times \frac{1}{4} = \frac{3}{2}.$$

8. 设随机变量 X 的密度函数为

$$f(x) = \begin{cases} x e^{-x}, & x > 0, \\ 0, & x \leqslant 0, \end{cases}$$

求 $E(X)$ 和 $E(e^{-X})$.

解　由数学期望的定义知,

$$E(X) = \int_{-\infty}^{+\infty} x f(x) \mathrm{d}x = \int_0^{+\infty} x^2 e^{-x} \mathrm{d}x = -x^2 e^{-x} \Big|_0^{+\infty} + 2 \int_0^{+\infty} x e^{-x} \mathrm{d}x$$

$$= 0 - 2x e^{-x} \Big|_0^{+\infty} + 2 \int_0^{+\infty} e^{-x} \mathrm{d}x = 0 - 2 e^{-x} \Big|_0^{+\infty} = 2,$$

$$E(e^{-X}) = \int_{-\infty}^{+\infty} e^{-x} f(x) \mathrm{d}x = \int_0^{+\infty} x e^{-2x} \mathrm{d}x = -\frac{1}{2} x e^{-2x} \Big|_0^{+\infty} + \frac{1}{2} \int_0^{+\infty} e^{-2x} \mathrm{d}x$$

$$= 0 - \frac{1}{4} e^{-2x} \Big|_0^{+\infty} = \frac{1}{4}.$$

9. 设随机变量 X 的概率密度为

$$f(x) = \begin{cases} \dfrac{1}{2} \cos x, & |x| < \dfrac{\pi}{2}, \\ 0, & 其他, \end{cases}$$

求 $E(X)$ 和 $E(X^2)$.

解 由数学期望的定义及被积函数的对称性知,

$$E(X) = \int_{-\infty}^{+\infty} xf(x)\mathrm{d}x = \frac{1}{2} \int_{-\frac{\pi}{2}}^{\frac{\pi}{2}} x\cos x\mathrm{d}x = 0,$$

$$E(X^2) = \int_{-\infty}^{+\infty} x^2 f(x)\mathrm{d}x = \int_0^{\frac{\pi}{2}} x^2 \cos x\mathrm{d}x = x^2 \sin x \Big|_0^{\frac{\pi}{2}} - 2\int_0^{\frac{\pi}{2}} x\sin x\mathrm{d}x$$

$$= \frac{\pi^2}{4} + 2x\cos x \Big|_0^{\frac{\pi}{2}} - 2\int_0^{\frac{\pi}{2}} \cos x\mathrm{d}x = \frac{\pi^2}{4} - 2.$$

10. 设随机变量 $X \sim U(0,1)$,试求 $E(-2\ln X)$.

解 $E(-2\ln X) = \int_{-\infty}^{+\infty} -2\ln x \cdot f(x)\mathrm{d}x = \int_0^1 -2\ln x \cdot 1\mathrm{d}x = 2.$

11. 游客乘电梯从底层到电视塔顶层观光,电梯于每个整点的第 5 分钟、25 分钟和 55 分钟从底层起行.假设有一游客在早上 8 点的第 X 分钟到达底层等候电梯,且 $X \sim U[0,60]$,求该游客等候时间的数学期望.

分析 求等候时间的期望的关键在于写出等候时间的随机变量,它必然是到达时刻 X 的函数 $g(X)$,而 X 是在 $[0,60]$ 上均匀分布.

解 由题意知,$X \sim U[0,60]$,其密度函数为

$$f(x) = \begin{cases} \dfrac{1}{60}, & 0 \leqslant x \leqslant 60, \\ 0, & \text{其他}. \end{cases}$$

设 Y 是游客等候电梯的时间(单位:min),则

$$Y = g(X) = \begin{cases} 5-X, & 0 \leqslant X \leqslant 5, \\ 25-X, & 5 < X \leqslant 25, \\ 55-X, & 25 < X \leqslant 55, \\ 60-X+5, & 55 < X \leqslant 60. \end{cases}$$

因此,

$$E(Y) = E[g(X)] = \int_{-\infty}^{+\infty} g(x)f(x)\mathrm{d}x = \frac{1}{60}\int_0^{60} g(x)\mathrm{d}x$$

$$= \frac{1}{60}\left[\int_0^5 (5-x)\mathrm{d}x + \int_5^{25}(25-x)\mathrm{d}x + \int_{25}^{55}(55-x)\mathrm{d}x + \int_{55}^{60}(65-x)\mathrm{d}x\right]$$

$$= \frac{1}{60}\left(5\times5 + 25\times20 + 55\times30 + 65\times5 - \int_0^{60} x\mathrm{d}x\right) = \frac{35}{3}.$$

12. 从数字 $0,1,\cdots,n$ 中无放回取出两个数,求这两个数差的绝对值的数学

期望.

解 设 X,Y 分别表示第一次、第二次取到的球的数字,则 (X,Y) 的联合分布律为

$$P\{X=i,Y=j\} = \frac{1}{n(n+1)} \quad (i,j=0,1,\cdots,n,\text{且 } i \neq j).$$

设 $Z=\mid X-Y \mid$,其分布律为

$$P\{Z=i\} = P\{\mid X-Y \mid = i\} = 2 \cdot (n+1-i) \cdot \frac{1}{n(n+1)} = \frac{2(n+1-i)}{n(n+1)},$$

其中 $i=1,2,\cdots,n$,故所求的数学期望为

$$E(Z) = 2\sum_{i=1}^{n} i \cdot \frac{n+1-i}{n(n+1)} = 2\left[\frac{1}{n}\sum_{i=1}^{n} i - \frac{1}{n(n+1)}\sum_{i=1}^{n} i^2\right]$$

$$= 2\left[\frac{1}{n} \cdot \frac{n(n+1)}{2} - \frac{1}{n(n+1)} \cdot \frac{n(n+1)(2n+1)}{6}\right] = \frac{n+2}{3}.$$

13. 已知二维随机变量 (X,Y) 的联合分布律由下表给出:

X \ Y	-1	0	1
0	$\frac{3}{8}$	$\frac{1}{8}$	$\frac{3}{16}$
1	$\frac{1}{8}$	$\frac{1}{16}$	$\frac{1}{8}$

求 $E(X)$ 和 $E(XY)$.

解 X 的边缘分布律为

X	0	1
P	$\frac{11}{16}$	$\frac{5}{16}$

从而

$$E(X) = \frac{5}{16}, \quad E(XY) = \sum_{i=1}^{2}\sum_{j=1}^{3} x_i y_j p_{ij} = 1 \times (-1) \times \frac{1}{8} + 1 \times 1 \times \frac{1}{8} = 0.$$

14. 假设二维随机变量 X 的概率密度为

$$f(x,y) = \begin{cases} 15xy^2, & 0 \leqslant y \leqslant x \leqslant 1, \\ 0, & \text{其他}, \end{cases}$$

求 $E(XY),E(X^2+Y^2)$.

解 由教材定理 4.1.2 有

$$E(XY) = \int_{-\infty}^{+\infty} \int_{-\infty}^{+\infty} xy f(x,y)\mathrm{d}x\mathrm{d}y$$

$$= \int_0^1 \mathrm{d}x \int_0^x xy \cdot 15xy^2 \mathrm{d}y = \frac{15}{4} \int_0^1 x^6 \mathrm{d}x = \frac{15}{28},$$

$$E(X^2+Y^2) = \int_{-\infty}^{+\infty} \int_{-\infty}^{+\infty} (x^2+y^2) f(x,y)\mathrm{d}x\mathrm{d}y$$

$$= \int_0^1 \mathrm{d}x \int_0^x (x^2+y^2) 15xy^2 \mathrm{d}y = 8 \int_0^1 x^6 \mathrm{d}x = \frac{8}{7}.$$

15. 假设二维随机变量(X,Y)的概率密度为

$$f(x,y) = \begin{cases} 1, & |y|<x, 0<x<1, \\ 0, & \text{其他}, \end{cases}$$

求 $E(X+Y)$,$E(XY^2)$.

解 $E(X+Y) = \int_{-\infty}^{+\infty} \int_{-\infty}^{+\infty} (x+y) f(x,y)\mathrm{d}x\mathrm{d}y = \iint\limits_{\substack{|y|<x \\ 0<x<1}} (x+y)\mathrm{d}x\mathrm{d}y$

$$= \iint\limits_{\substack{|y|<x \\ 0<x<1}} x\mathrm{d}x\mathrm{d}y + \iint\limits_{\substack{|y|<x \\ 0<x<1}} y\mathrm{d}x\mathrm{d}y = 2\int_0^1 x\mathrm{d}x \int_0^x \mathrm{d}y + 0$$

$$= 2\int_0^1 x^2 \mathrm{d}x = \frac{2}{3}.$$

同理,

$$E(XY^2) = \iint\limits_{\substack{|y|<x \\ 0<x<1}} xy^2 \mathrm{d}x\mathrm{d}y = 2\int_0^1 x\mathrm{d}x \int_0^x y^2 \mathrm{d}y = \frac{2}{3}\int_0^1 x^4 \mathrm{d}x = \frac{2}{15}.$$

注 在计算二重积分的时候,运用了被积函数的对称性.

16. 在区间$[0,1]$上随机取两点,分别记为X,Y,试求 $E\left(\dfrac{X^2}{\sqrt{Y}}\right)$.

解 X,Y均服从$[0,1]$上的均匀分布,且它们相互独立,密度函数分别为

$$f(x) = \begin{cases} 1, & 0 \leqslant x \leqslant 1, \\ 0, & \text{其他}, \end{cases} \qquad f(y) = \begin{cases} 1, & 0 \leqslant y \leqslant 1, \\ 0, & \text{其他}, \end{cases}$$

(X,Y)的联合密度函数为

$$\varphi(x,y) = \begin{cases} 1, & 0 \leqslant x \leqslant 1, 0 \leqslant y \leqslant 1, \\ 0, & \text{其他}, \end{cases}$$

$$E\left(\frac{X^2}{\sqrt{Y}}\right) = \int_{-\infty}^{+\infty} \int_{-\infty}^{+\infty} \frac{x^2}{\sqrt{y}} \cdot \varphi(x,y)\mathrm{d}x\mathrm{d}y = \int_0^1 \int_0^1 \frac{x^2}{\sqrt{y}} \cdot 1\mathrm{d}x\mathrm{d}y$$

$$= \int_0^1 x^2 \, \mathrm{d}x \cdot \int_0^1 \frac{1}{\sqrt{y}} \mathrm{d}y = \frac{1}{3} \cdot 2 = \frac{2}{3}.$$

17. 设随机变量 X, Y 独立同分布, 均服从 $U(0,1)$, 求 $Z = \max\{X, Y\}$ 的数学期望.

解 由题意知, X 的分布函数 $F(x)$ 与密度函数 $f(x)$ 依次为

$$F(x) = \begin{cases} 0, & x \leqslant 0, \\ x, & 0 < x < 1, \\ 1, & x \geqslant 1, \end{cases} \qquad f(x) = \begin{cases} 1, & 0 < x < 1, \\ 0, & \text{其他}, \end{cases}$$

由于 X, Y 独立同分布, 根据教材定理 3.7.4, Z 的密度函数为

$$f_Z(z) = 2F(z) \cdot f(z) = \begin{cases} 2z, & 0 < z < 1, \\ 0, & \text{其他}, \end{cases}$$

其数学期望为

$$E(Z) = \int_0^1 2z^2 \, \mathrm{d}z = \frac{2}{3}.$$

18. 设电力公司每月可以供应某工厂的电力 $X \sim U(10, 30)$(单位: 10^4 kW), 而该厂每月实际需要的电力 $Y \sim U(10, 20)$(单位: 10^4 kW). 如果该厂能从电力公司得到足够电力, 则每 10^4 kW 电可以产生 30 万元的利润; 若该厂不能从电力公司得到足够电力, 则不足部分由工厂通过其他途径解决, 由其他途径得到的电力每 10^4 kW 电只能产生 10 万元的利润. 求该厂每个月的平均利润.

解 由于 X 与 Y 独立, 易知 (X, Y) 的联合密度为

$$f(x, y) = \begin{cases} \dfrac{1}{200}, & 10 \leqslant x \leqslant 30, 10 \leqslant y \leqslant 20, \\ 0, & \text{其他}, \end{cases}$$

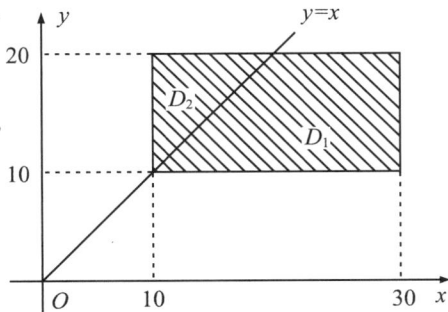

该厂的利润函数为

$$g(X, Y) = \begin{cases} 30Y, & Y \leqslant X, \\ 30X + 10(Y - X), & Y > X, \end{cases}$$

$$= \begin{cases} 30Y, & Y \leqslant X, \\ 20X + 10Y, & Y > X, \end{cases}$$

$$E[g(X, Y)] = \int_{-\infty}^{+\infty} \int_{-\infty}^{+\infty} g(x, y) f(x, y) \mathrm{d}x \mathrm{d}y$$

$$= \iint_{D_1} 30y \cdot \frac{1}{200} \mathrm{d}x\mathrm{d}y + \iint_{D_2} (20x + 10y) \cdot \frac{1}{200} \mathrm{d}x\mathrm{d}y$$

$$= \frac{3}{20} \int_{10}^{20} \mathrm{d}y \int_{y}^{30} y \mathrm{d}x + \frac{1}{20} \int_{10}^{20} \mathrm{d}y \int_{10}^{y} (2x + y) \mathrm{d}x$$

$$= \frac{3}{20} \int_{10}^{20} (30y - y^2) \mathrm{d}y + \frac{1}{20} \int_{10}^{20} (2y^2 - 10y - 100) \mathrm{d}y$$

$$= 325 + \frac{325}{3} = \frac{1300}{3},$$

即该厂每个月的平均利润为 $\frac{1300}{3}$ 万元.

19. 设在 N 个产品中,有 M 个正品,$N-M$ 个次品.从中无放回地取出 $n(n \leqslant M)$ 个产品,记其中含有的正品数为 X,求 X 的数学期望.

解 设 $X_i = \begin{cases} 1, \text{取出的第 } i \text{ 个产品为正品,} \\ 0, \text{取出的第 } i \text{ 个产品为次品} \end{cases}$ $(i = 1, 2, \cdots, n)$,则 $X_1, X_2, \cdots, X_n$ 相互独立,其具有相同的分布,其分布律为

X_i	0	1
P	$\dfrac{N-M}{N}$	$\dfrac{M}{N}$

相应的数学期望为 $E(X_i) = \dfrac{M}{N}$. 此时,取出的 n 个产品中含有的正品数 $X = \sum_{i=1}^{n} X_i$,所求的数学期望为

$$E(X) = E(\sum_{i=1}^{n} X_i) = \sum_{i=1}^{n} E(X_i) = \frac{nM}{N}.$$

注 某些随机变量的数学期望如用定义求会比较麻烦,甚至求不出来.由本例可以看出,很多随机变量可以分解为有限个随机变量之和,如果这些随机变量的数学期望易于求出,则所求随机变量的数学期望就可以转化为这些随机变量的数学期望之和.读者应学会这一技巧.

20. 一实习生用一台机器接连独立地制造三个同样的零件,第 i 个零件是不合格品的概率为 $p_i = \dfrac{1}{1+i}$ $(i = 1, 2, 3)$,以 X 表示三个零件中合格品的个数,求 X 的数学期望与方差.

解法 1 依题意,X 的分布律为

$$P\{X = 0\} = \frac{1}{2} \times \frac{1}{3} \times \frac{1}{4} = \frac{1}{24},$$

$$P\{X=1\} = \frac{1}{2} \times \frac{1}{3} \times \frac{1}{4} + \frac{1}{2} \times \frac{2}{3} \times \frac{1}{4} + \frac{1}{2} \times \frac{1}{3} \times \frac{3}{4} = \frac{1}{4},$$

$$P\{X=2\} = \frac{1}{2} \times \frac{2}{3} \times \frac{1}{4} + \frac{1}{2} \times \frac{1}{3} \times \frac{3}{4} + \frac{1}{2} \times \frac{2}{3} \times \frac{3}{4} = \frac{11}{24},$$

$$P\{X=3\} = \frac{1}{2} \times \frac{2}{3} \times \frac{3}{4} = \frac{1}{4},$$

即

X	0	1	2	3
P	$\frac{1}{24}$	$\frac{1}{4}$	$\frac{11}{24}$	$\frac{1}{4}$

从而

$$E(X) = \frac{1}{4} + 2 \times \frac{11}{24} + 3 \times \frac{1}{4} = \frac{23}{12},$$

$$E(X^2) = \frac{1}{4} + 4 \times \frac{11}{24} + 9 \times \frac{1}{4} = \frac{13}{3},$$

$$D(X) = E(X^2) - [E(X)]^2 = \frac{95}{144}.$$

解法 2 记 X_i 表示实习生制造的第 $i\,(i=1,2,3)$ 个零件中合格品的件数,则

$$X = X_1 + X_2 + X_3.$$

又 X_i 相互独立且均服从 0—1 分布,即

X_1	0	1	X_2	0	1	X_3	0	1
P	$\frac{1}{2}$	$\frac{1}{2}$	P	$\frac{1}{3}$	$\frac{2}{3}$	P	$\frac{1}{4}$	$\frac{3}{4}$

则
$$E(X_1) = \frac{1}{2}, E(X_2) = \frac{2}{3}, E(X_3) = \frac{3}{4},$$

$$D(X_1) = \frac{1}{4}, D(X_2) = \frac{2}{9}, D(X_3) = \frac{3}{16},$$

从而

$$E(X) = E(X_1) + E(X_2) + E(X_3) = \frac{1}{2} + \frac{2}{3} + \frac{3}{4} = \frac{23}{12},$$

$$D(X) = D(X_1) + D(X_2) + D(X_3) = \frac{1}{4} + \frac{2}{9} + \frac{3}{16} = \frac{95}{144}.$$

21. 一台设备由三大部件构成,在设备运转中各部件需要调整的概率相应为 0.10,0.20 和 0.30.假设各部件的状态相互独立,以 X 表示同时需要调整的部件数,求 X 的数学期望 $E(X)$ 和方差 $D(X)$.

分析 若题目只问数字特征,则可以考虑是否越过求随机变量(离散型)的分布列.

解 设这三个部件依次为第 $1,2,3$ 个部件,A_i 表示第 i 个部件需调整($i=1,2,3$),则 A_1,A_2,A_3 相互独立.因此,$P(A_1)=0.1,P(A_2)=0.2,P(A_3)=0.3$.引入

$$X_i = \begin{cases} 1, & A_i \text{ 发生}, \\ 0, & A_i \text{ 不发生} \end{cases} \quad (i=1,2,3),$$

显然,X_1,X_2,X_3 相互独立,从而

$$E(X_i) = 1 \cdot P(A_i) = \frac{i}{10},$$

$$D(X_i) = E(X_i^2) - (EX_i)^2 = 1^2 \cdot P(A_i) - \left(\frac{i}{10}\right)^2 = \frac{i(10-i)}{100} \quad (i=1,2,3).$$

而 $X = X_1 + X_2 + X_3$,故

$$E(X) = E(X_1) + E(X_2) + E(X_3) = \frac{1}{10} + \frac{2}{10} + \frac{3}{10} = 0.6,$$

$$D(X) = D(X_1) + D(X_2) + D(X_3) = \frac{10-1}{100} + \frac{2(10-2)}{100} + \frac{3(10-3)}{100} = 0.46.$$

注 本题主要考查数学期望、方差的计算性质.解中不求 X 的分布列而引入 X_i,请体会掌握.

22. 一辆汽车沿一街道行驶,需要通过三个均设有红绿信号灯的路口.假设每个信号灯为红或绿与其他信号灯为红或绿相互独立,且红、绿两种信号显示的时间相等,以 X 表示该汽车首次遇到红灯前已通过的路口的个数,求 $D(X)$.

解 X 的可能取值为 $0,1,2,3$.设 A_i 表示汽车在第 i 个路口遇到红灯($i=1,2,3$),则 $P(A_1)=P(A_2)=P(A_3)=\dfrac{1}{2}$,且 A_1,A_2,A_3 相互独立.于是

$$P\{X=0\} = P(A_1) = \frac{1}{2},$$

$$P\{X=1\} = P(\overline{A_1}A_2) = P(\overline{A_1})P(A_2) = \frac{1}{2} \times \frac{1}{2} = \frac{1}{4},$$

$$P\{X=2\} = P(\overline{A_1}\,\overline{A_2}A_3) = P(\overline{A_1})P(\overline{A_2})P(A_3) = \frac{1}{2} \times \frac{1}{2} \times \frac{1}{2} = \frac{1}{8},$$

$$P\{X=3\} = P(\overline{A_1}\,\overline{A_2}\,\overline{A_3}) = P(\overline{A_1})P(\overline{A_2})P(\overline{A_3}) = \frac{1}{2} \times \frac{1}{2} \times \frac{1}{2} = \frac{1}{8}.$$

从而

$$E(X) = \sum_{i=0}^{3} iP\{X=i\} = 1 \times \frac{1}{4} + 2 \times \frac{1}{8} + 3 \times \frac{1}{8} = \frac{7}{8},$$

$$E(X^2) = \sum_{i=0}^{3} i^2 P\{X = i\} = 1 \times \frac{1}{4} + 4 \times \frac{1}{8} + 9 \times \frac{1}{8} = \frac{15}{8},$$

$$D(X) = E(X^2) - [E(X)]^2 = \frac{15}{8} - \left(\frac{7}{8}\right)^2 = \frac{71}{64}.$$

注　本题中 $\{X = 3\}$ 表示三个路口都遇到绿灯(将来迟早要遇红灯),不要漏掉.

23. 流水生产线上每个产品不合格的概率为 $p(0 < p < 1)$,各产品合格与否相互独立,当出现 k 个不合格产品时即停机检修.设开机后第一次停机时已生产的产品个数为 X,求 $E(X)$ 和 $D(X)$.

解法 1　设 X_i 表示自第 $i-1$ 个不合格后到出现第 i 个不合格品时生产的产品数,$i = 1, 2, \cdots, k$,则 $X = \sum_{i=1}^{k} X_i$.

由生产的独立性可知 $X_1, X_2, \cdots, X_n$ 也相互独立且同分布,每个 X_i 都服从几何分布(首次发生某结果的试验次数),即

$$p\{X_i = n\} = (1-p)^{n-1} p \, (n = 1, 2, \cdots).$$

由此可得,对 $i = 1, 2, \cdots, k$ 有

$$E(X_i) = \sum_{n=1}^{\infty} n (1-p)^{n-1} p = p \left(\sum_{n=1}^{\infty} x^n \right)'_{x=1-p} = p \cdot \left(\frac{1}{1-x} \right)'_{x=1-p} = \frac{1}{p},$$

$$E(X_i^2) = \sum_{n=1}^{\infty} n^2 (1-p)^{n-1} p = \sum_{n=1}^{\infty} n(n-1)(1-p)^{n-1} p + \sum_{n=1}^{\infty} n (1-p)^{n-1} p$$

$$= p(1-p) \cdot \left(\sum_{n=0}^{\infty} x^n \right)''_{x=1-p} + p \left(\sum_{n=0}^{\infty} x^n \right)'_{x=1-p}$$

$$= p(1-p) \cdot \frac{2}{(1-x)^3} \Big|_{x=1-p} + p \cdot \left(\frac{1}{1-x} \right)^2_{x=1-p} = \frac{2-p}{p^2},$$

$$D(X_i) = \frac{2-p}{p^2} - \left(\frac{1}{p} \right)^2 = \frac{1-p}{p^2}.$$

由性质得(其中计算方差时用到独立性):

$$E(X) = \sum_{i=1}^{n} E(X_i) = \frac{k}{p}, \quad D(X) = \sum_{i=1}^{n} D(X_i) = \frac{k(1-p)}{p^2}.$$

解法 2　可求得 X 的分布律为

$$P\{X = n\} = C_{n-1}^{k-1} p^k (1-p)^{n-k} (n = k, k+1, \cdots).$$

设 Y 表示出现 $k+1$ 个不合格品时生产的产品个数,则 Y 的分布律为

$$P\{Y = m\} = C_{m-1}^{k} p^{k+1} (1-p)^{m-k-1} (m = k+1, \cdots).$$

由分布律的性质可得

$$\sum_{m=k+1}^{\infty} C_{m-1}^{k} p^{k+1} (1-p)^{m-k-1} = 1,$$

若记 $m-1=n$,则此式也就是

$$\sum_{n=k}^{\infty} C_{n}^{k} p^{k+1} (1-p)^{n-k} = 1, \tag{1}$$

用类似的方法可得

$$\sum_{n=k}^{\infty} C_{n+1}^{k+1} p^{k+2} (1-p)^{n-k} = 1, \tag{2}$$

(1) 与(2) 两个和式将在下面的计算中采用.

$$E(X) = \sum_{n=k}^{\infty} n C_{n-1}^{k-1} p^{k} (1-p)^{n-k} = \sum_{n=k}^{\infty} n \cdot \frac{(n-1)!}{(k-1)!(n-k)!} p^{k} (1-p)^{n-k}$$

$$= \frac{k}{p} \sum_{n=k}^{\infty} \frac{n!}{k!(n-k)!} p^{k+1} (1-p)^{n-k} = \frac{k}{p} \sum_{n=k}^{\infty} C_{n}^{k} p^{k+1} (1-p)^{n-k} = \frac{k}{p}.$$

$$E(X^2) = \sum_{n=k}^{\infty} n^2 C_{n-1}^{k-1} p^{k} (1-p)^{n-k}$$

$$= \sum_{n=k}^{\infty} n(n+1) C_{n-1}^{k-1} p^{k} (1-p)^{n-k} - \sum_{n=k}^{\infty} n C_{n-1}^{k-1} p^{k} (1-p)^{n-k}$$

$$= \frac{k(k+1)}{p^2} \sum_{n=k}^{\infty} C_{n+1}^{k+1} p^{k+2} (1-p)^{n-k} - \frac{k}{p} \sum_{n=k}^{\infty} C_{n}^{k} p^{k+1} (1-p)^{n-k}$$

$$= \frac{k(k+1)}{p^2} - \frac{k}{p}$$

从而

$$E(X) = \frac{k}{p}, \quad D(X) = \frac{k(k+1)}{p^2} - \frac{k}{p} - \frac{k^2}{p^2} = \frac{k(1-p)}{p^2}.$$

24. 盒子中有 A 和 B 两类电子产品各 10 个,A 类产品的寿命服从参数为 1 的指数分布,B 类产品的寿命服从参数为 2 的指数分布.随机地从盒子中取一个电子产品,以 X 表示所取产品的寿命.(1) 求 X 的概率密度;(2) 求方差 $D(X)$.

解 (1)设 $A = \{$取出的是 A 类电子产品$\}$,则 $\overline{A} = \{$取出的是 B 类电子产品$\}$.显然

$$P(A) = P(\overline{A}) = \frac{1}{2},$$

$$P\{X \leqslant x \mid A\} = \begin{cases} 1-e^{-x}, & x > 0, \\ 0, & x \leqslant 0, \end{cases}$$

$$P\{X \leqslant x \mid \overline{A}\} = \begin{cases} 1-e^{-2x}, & x > 0, \\ 0, & x \leqslant 0. \end{cases}$$

所以

$$F(x) = P\{X \leqslant x\} = P(A)P\{X \leqslant x \mid A\} + P(\overline{A})P\{X \leqslant x \mid \overline{A}\}$$

$$= \begin{cases} \dfrac{1}{2}(1 - \mathrm{e}^{-x}) + \dfrac{1}{2}(1 - \mathrm{e}^{-2x}), & x > 0, \\ 0, & x \leqslant 0. \end{cases}$$

$$f(x) = F'(x) = \begin{cases} \dfrac{1}{2}\mathrm{e}^{-x} + \mathrm{e}^{-2x}, & x > 0, \\ 0, & x \leqslant 0. \end{cases}$$

$(2) E(X) = \displaystyle\int_{-\infty}^{+\infty} x f(x)\,\mathrm{d}x = \int_{0}^{+\infty} \dfrac{x}{2}\mathrm{e}^{-x}\,\mathrm{d}x + \int_{0}^{+\infty} x\mathrm{e}^{-2x}\,\mathrm{d}x = \dfrac{1}{2} + \dfrac{1}{4} = \dfrac{3}{4},$

$E(X^2) = \displaystyle\int_{-\infty}^{+\infty} x^2 f(x)\,\mathrm{d}x = \int_{0}^{+\infty} \dfrac{x^2}{2}\mathrm{e}^{-x}\,\mathrm{d}x + \int_{0}^{+\infty} x^2 \mathrm{e}^{-2x}\,\mathrm{d}x = 1 + \dfrac{1}{4} = \dfrac{5}{4}.$

因此 $DX = E(X^2) - [E(X)]^2 = \dfrac{5}{4} - \dfrac{9}{16} = \dfrac{11}{16}.$

25．设随机变量 X 的概率密度为

$$f(x) = \begin{cases} \dfrac{3}{8}x^2, & 0 < x < 2, \\ 0, & \text{其他,} \end{cases}$$

求 $D(X)$.

解　由方差的定义知,

$E(X) = \dfrac{3}{8}\displaystyle\int_{0}^{2} x^3\,\mathrm{d}x = \dfrac{3}{8} \cdot \dfrac{1}{4}\,x^4 \mid_{0}^{2} = \dfrac{3}{2},$

$E(X^2) = \dfrac{3}{8}\displaystyle\int_{0}^{2} x^4\,\mathrm{d}x = \dfrac{3}{8} \cdot \dfrac{1}{5}\,x^5 \mid_{0}^{2} = \dfrac{12}{5},$

$D(X) = E(X^2) - [E(X)]^2 = \dfrac{12}{5} - \dfrac{9}{4} = \dfrac{3}{20}.$

26．设随机变量 X 的密度函数为

$$f(x) = \begin{cases} a + bx^2, & 0 < x < 1, \\ 0, & \text{其他,} \end{cases}$$

且 $E(X) = \dfrac{3}{5}$. 求：(1)　常数 a, b；(2)　$D(X)$.

解　(1)　由密度函数的性质及数学期望的定义知

$$\int_{-\infty}^{+\infty} f(x)\,\mathrm{d}x = \int_{0}^{1} (a + bx^2)\,\mathrm{d}x = a + \dfrac{1}{3}b = 1,$$

$$E(X) = \int_{-\infty}^{+\infty} x f(x) \mathrm{d}x = \int_0^1 x(a + bx^2) \mathrm{d}x = \frac{1}{2}a + \frac{1}{4}b = \frac{3}{5},$$

从而解得 $a = \dfrac{3}{5}, b = \dfrac{6}{5}$.

（2） $E(X^2) = \displaystyle\int_{-\infty}^{+\infty} x^2 f(x) \mathrm{d}x = \int_0^1 x^2 \left(\frac{3}{5} + \frac{6}{5} x^2 \right) \mathrm{d}x = \frac{1}{5} + \frac{6}{25} = \frac{11}{25},$

$$D(X) = E(X^2) - \left[E(X) \right]^2 = \frac{11}{25} - \frac{9}{25} = \frac{2}{25}.$$

27. 设随机变量 $X \sim U(-1,1)$，试求随机变量 $Y = \sin X$ 和 $Z = |X|$ 的方差.

解 （1） 随机变量 X 的密度函数为

$$f_X(x) = \begin{cases} \dfrac{1}{2}, & -1 < x < 1, \\ 0, & \text{其他,} \end{cases}$$

函数 $y = \sin x$ 在 $(-1,1)$ 上单调递增，处处可导，且 $y' \neq 0$，则随机变量 $Y = \sin X$ 的密度函数为

$$f_Y(y) = \begin{cases} f_X(\arcsin y) \cdot |(\arcsin y)'|, & -\sin 1 < y < \sin 1, \\ 0, & \text{其他,} \end{cases}$$

$$= \begin{cases} \dfrac{1}{2\sqrt{1 - y^2}}, & -\sin 1 < y < \sin 1, \\ 0, & \text{其他,} \end{cases}$$

$E(Y) = \displaystyle\int_{-\sin 1}^{\sin 1} \frac{y}{2\sqrt{1 - y^2}} \mathrm{d}y = 0$（被积函数为奇函数，且积分区间关于原点对称），

$E(Y^2) = \displaystyle\int_{-\sin 1}^{\sin 1} \frac{y^2}{2\sqrt{1 - y^2}} \mathrm{d}y = 2 \cdot \frac{1}{2} \int_0^{\sin 1} \frac{y^2}{\sqrt{1 - y^2}} \mathrm{d}y$

$\xrightarrow{\text{令 } y = \sin t} \displaystyle\int_0^1 \sin^2 t \, \mathrm{d}t = \left(\frac{1}{2}t - \frac{1}{4}\cos 2t \right) \Big|_0^1 = \frac{1}{2} - \frac{1}{4}\sin 2,$

从而 $D(Y) = \dfrac{1}{2} - \dfrac{1}{4}\sin 2.$

（2） $E(Z) = \displaystyle\int_{-1}^1 |x| \cdot \frac{1}{2} \mathrm{d}x = \int_0^1 x \mathrm{d}x = \frac{1}{2},$

$$E(Z^2) = \int_{-1}^1 x^2 \cdot \frac{1}{2} \mathrm{d}x = \int_0^1 x^2 \mathrm{d}x = \frac{1}{3},$$

从而 $D(Z) = \dfrac{1}{3} - \dfrac{1}{4} = \dfrac{1}{12}.$

28. 设随机变量 X, Y 独立同分布，其共同的密度函数为

$$f(x) = \begin{cases} 2x, & 0 < x < 1, \\ 0, & \text{其他}, \end{cases}$$

求 $Z = \max\{X, Y\}$ 的密度函数、数学期望和方差.

解　$F_Z(z) = P\{Z \leqslant z\} = P\{\max\{X, Y\} \leqslant z\} = P\{X \leqslant z, Y \leqslant z\}$

$$= P\{X \leqslant z\} P\{Y \leqslant z\} = \int_{-\infty}^{z} f(x) \mathrm{d}x \cdot \int_{-\infty}^{z} f(y) \mathrm{d}y.$$

当 $z \leqslant 0$ 时，$F_Z(z) = 0$；

当 $0 < z < 1$ 时，$F_Z(z) = \int_0^z 2x\mathrm{d}x \cdot \int_0^z 2y\mathrm{d}y = z^4$；

当 $z \geqslant 1$ 时，$F_Z(z) = \int_0^1 2x\mathrm{d}x \cdot \int_0^1 2y\mathrm{d}y = 1.$

所以　$f_Z(z) = \dfrac{\mathrm{d}F_Z(z)}{\mathrm{d}z} = \begin{cases} 4z^3, & 0 < z < 1, \\ 0, & \text{其他}. \end{cases}$

从而　$E(Z) = \int_0^1 z \cdot 4z^3 \mathrm{d}z = \dfrac{4}{5}, \quad E(Z^2) = \int_0^1 z^2 \cdot 4z^3 \mathrm{d}z = \dfrac{2}{3},$

$$D(Z) = \frac{2}{3} - \frac{16}{25} = \frac{2}{75}.$$

29．已知随机变量 $X \sim N(-3, 1), Y \sim N(2, 1)$，且 X, Y 相互独立．设随机变量 $Z = X - 2Y + 7$，求 $D(Z)$.

解　由方差的性质及独立性知

$$D(Z) = D(X - 2Y + 7) = D(X) + 4D(Y) = 1 + 4 = 5.$$

30．设两个随机变量 X, Y 相互独立，且都服从均值为 0，方差为 $\dfrac{1}{2}$ 的正态分布，求随机变量 $|X - Y|$ 的方差.

解　由题设条件知 $X - Y \sim N(0, 1)$，于是

$$E|X - Y| = \int_{-\infty}^{+\infty} |x| \frac{1}{\sqrt{2\pi}} \mathrm{e}^{-\frac{x^2}{2}} \mathrm{d}x = \sqrt{\frac{2}{\pi}} \int_0^{+\infty} x\mathrm{e}^{-\frac{x^2}{2}} \mathrm{d}x = -\sqrt{\frac{2}{\pi}} \mathrm{e}^{-\frac{x^2}{2}} \Big|_0^{+\infty} = \sqrt{\frac{2}{\pi}},$$

$$E|X - Y|^2 = E(X - Y)^2 = D(X - Y) + [E(X - Y)]^2 = 1,$$

故　$D|X - Y| = 1 - \left(\sqrt{\dfrac{2}{\pi}}\right)^2 = \dfrac{\pi - 2}{\pi}.$

31．设随机变量 X 的方差为 1，试根据切比雪夫不等式估计概率 $P\{|X - E(X)| \geqslant 2\}$.

解　由切比雪夫不等式得

$$P\{|X - E(X)| \geqslant 2\} \leqslant \frac{D(X)}{2^2} = \frac{1}{4}.$$

32. 设随机变量 X 和 Y 的数学期望分别为 -1 和 1,方差分别为 1 和 4,而相关系数为 -0.5,试根据切比雪夫不等式估计概率 $P\{|X+Y| \geqslant 5\}$.

解 由题意知,

$$E(X+Y) = -1 + 1 = 0,$$

$$D(X+Y) = D(X) + D(Y) + 2\rho_{XY}\sqrt{D(X) \cdot D(Y)} = 1 + 4 - 2 \times 0.5 \times \sqrt{1 \times 4} = 3,$$

故

$$P\{|X+Y| \geqslant 5\} \leqslant \frac{D(X+Y)}{5^2} = \frac{3}{5^2} = \frac{3}{25}.$$

33. 二维随机变量 (X,Y) 的分布律见第 13 题,求 X 和 Y 的协方差 $\mathrm{Cov}(X,Y)$ 与相关系数 ρ_{XY}.

解 $E(X) = \sum\limits_{i=1}^{2} x_i p_i = 0 \times \dfrac{11}{16} + 1 \times \dfrac{5}{16} = \dfrac{5}{16}$,

$E(X^2) = \sum\limits_{i=1}^{2} x_i^2 p_i = 0^2 \times \dfrac{11}{16} + 1^2 \times \dfrac{5}{16} = \dfrac{5}{16}$,

$E(Y) = \sum\limits_{j=1}^{3} y_j p_j = (-1) \times \dfrac{1}{2} + 0 \times \dfrac{3}{16} + 1 \times \dfrac{5}{16} = -\dfrac{3}{16}$,

$E(Y^2) = \sum\limits_{j=1}^{3} y_j^2 p_j = (-1)^2 \times \dfrac{1}{2} + 1^2 \times \dfrac{5}{16} = \dfrac{13}{16}$,

$E(XY) = \sum\limits_{i=1}^{2} \sum\limits_{j=1}^{3} x_i y_j p_{ij} = 1 \times (-1) \times \dfrac{1}{8} + 1 \times 1 \times \dfrac{1}{8} = 0$,

$D(X) = \dfrac{5}{16} - \left(\dfrac{5}{16}\right)^2 = \dfrac{55}{256}$, $D(Y) = \dfrac{13}{16} - \left(-\dfrac{3}{16}\right)^2 = \dfrac{199}{256}$.

从而

$$\mathrm{Cov}(X,Y) = E(XY) - E(X)E(Y) = 0 - \dfrac{5}{16} \times \left(-\dfrac{3}{16}\right) = \dfrac{15}{256} \approx 0.0586,$$

$$\rho_{XY} = \frac{\mathrm{Cov}(X,Y)}{\sqrt{D(X)}\sqrt{D(Y)}} = \frac{15}{\sqrt{10945}} \approx 0.1434.$$

34. 设随机变量 (X,Y) 的密度函数为

$$f(x,y) = \begin{cases} 8xy, & 0 \leqslant x \leqslant y \leqslant 1, \\ 0, & \text{其他}, \end{cases}$$

试求 X 和 Y 的协方差 $\mathrm{Cov}(X,Y)$ 与相关系数 ρ_{XY}.

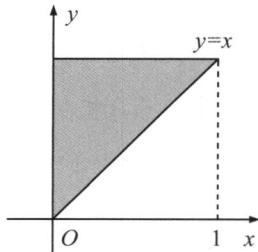

解 $E(X) = \displaystyle\int_{-\infty}^{+\infty} \int_{-\infty}^{+\infty} x f(x,y) \mathrm{d}x \mathrm{d}y$

$$= \int_0^1 \mathrm{d}x \int_x^1 8x^2 y \mathrm{d}y = 4 \int_0^1 (x^2 - x^4) \mathrm{d}x = \frac{8}{15},$$

$$E(X^2) = \int_{-\infty}^{+\infty} \int_{-\infty}^{+\infty} x^2 f(x,y) \mathrm{d}x \mathrm{d}y = \int_0^1 \mathrm{d}x \int_x^1 8x^3 y \mathrm{d}y = \frac{1}{3},$$

$$E(Y) = \int_{-\infty}^{+\infty} \int_{-\infty}^{+\infty} y f(x,y) \mathrm{d}x \mathrm{d}y = \int_0^1 \mathrm{d}x \int_x^1 8xy^2 \mathrm{d}y = \frac{4}{5},$$

$$E(Y^2) = \int_{-\infty}^{+\infty} \int_{-\infty}^{+\infty} y^2 f(x,y) \mathrm{d}x \mathrm{d}y = \int_0^1 \mathrm{d}x \int_x^1 8xy^3 \mathrm{d}y = \frac{2}{3},$$

$$E(XY) = \int_{-\infty}^{+\infty} \int_{-\infty}^{+\infty} xy f(x,y) \mathrm{d}x \mathrm{d}y = \int_0^1 \mathrm{d}x \int_x^1 8x^2 y^2 \mathrm{d}y = \frac{4}{9},$$

$$D(X) = \frac{1}{3} - \left(\frac{8}{15}\right)^2 = \frac{11}{225}, \quad D(Y) = \frac{2}{3} - \left(\frac{4}{5}\right)^2 = \frac{2}{75},$$

从而

$$\mathrm{Cov}(X,Y) = E(XY) - E(X)E(Y) = \frac{4}{9} - \frac{8}{15} \times \frac{4}{5} = \frac{4}{225} \approx 0.0178,$$

$$\rho_{XY} = \frac{\mathrm{Cov}(X,Y)}{\sqrt{D(X)} \sqrt{D(Y)}} = \frac{\dfrac{4}{225}}{\sqrt{\dfrac{11}{225}} \sqrt{\dfrac{2}{75}}} = \frac{4}{\sqrt{66}} \approx 0.4924.$$

35. 设随机变量(X,Y)的密度函数为

$$f(x,y) = \begin{cases} x\mathrm{e}^{-x-y}, & x > 0, y > 0, \\ 0, & 其他, \end{cases}$$

试求 X 和 Y 的协方差 $\mathrm{Cov}(X,Y)$ 与相关系数 ρ_{XY}.

解 $E(X) = \int_{-\infty}^{+\infty} \int_{-\infty}^{+\infty} x f(x,y) \mathrm{d}x \mathrm{d}y = \int_0^{+\infty} \int_0^{+\infty} x^2 \mathrm{e}^{-x-y} \mathrm{d}x \mathrm{d}y$

$$= \int_0^{+\infty} x^2 \mathrm{e}^{-x} \mathrm{d}x \cdot \int_0^{+\infty} \mathrm{e}^{-y} \mathrm{d}y = 2 \times 1 = 2,$$

$$E(X^2) = \int_{-\infty}^{+\infty} \int_{-\infty}^{+\infty} x^2 f(x,y) \mathrm{d}x \mathrm{d}y = \int_0^{+\infty} x^3 \mathrm{e}^{-x} \mathrm{d}x \cdot \int_0^{+\infty} \mathrm{e}^{-y} \mathrm{d}y = 6,$$

$$E(Y) = \int_{-\infty}^{+\infty} \int_{-\infty}^{+\infty} y f(x,y) \mathrm{d}x \mathrm{d}y = \int_0^{+\infty} x\mathrm{e}^{-x} \mathrm{d}x \cdot \int_0^{+\infty} y\mathrm{e}^{-y} \mathrm{d}y = 1,$$

$$E(Y^2) = \int_{-\infty}^{+\infty} \int_{-\infty}^{+\infty} y^2 f(x,y) \mathrm{d}x \mathrm{d}y = \int_0^{+\infty} x\mathrm{e}^{-x} \mathrm{d}x \cdot \int_0^{+\infty} y^2 \mathrm{e}^{-y} \mathrm{d}y = 2,$$

$$E(XY) = \int_{-\infty}^{+\infty} \int_{-\infty}^{+\infty} xy f(x,y) \mathrm{d}x \mathrm{d}y = \int_0^{+\infty} x^2 \mathrm{e}^{-x} \mathrm{d}x \cdot \int_0^{+\infty} y\mathrm{e}^{-y} \mathrm{d}y = 2,$$

从而

$$\text{Cov}(X,Y) = E(XY) - E(X)E(Y) = 2 - 2 = 0, \rho_{XY} = 0.$$

36. 设随机变量 X, Y 独立同服从 $U(0,1)$，求随机变量 $U = X + 2Y$ 和 $V = 2X - Y$ 的相关系数.

解 由于 X, Y 相互独立，且都服从 $U(0,1)$，则

$$D(X) = D(Y) = \frac{1}{12}, \quad \text{Cov}(X,Y) = 0,$$

利用方差与协方差的性质，有

$$D(U) = D(X + 2Y) = D(X) + 4D(Y) + 4\text{Cov}(X,Y) = \frac{1}{12} + \frac{1}{3} + 0 = \frac{5}{12},$$

$$D(V) = D(2X - Y) = 4D(X) + D(Y) - 4\text{Cov}(X,Y) = \frac{1}{3} + \frac{1}{12} - 0 = \frac{5}{12},$$

$$\begin{aligned}
\text{Cov}(U,V) &= \text{Cov}(X + 2Y, 2X - Y) \\
&= \text{Cov}(X, 2X) + \text{Cov}(2Y, 2X) + \text{Cov}(X, -Y) + \text{Cov}(2Y, -Y) \\
&= 2D(X) + 3\text{Cov}(X,Y) - 2D(Y) = 2 \times \frac{1}{12} + 0 - 2 \times \frac{1}{12} = 0,
\end{aligned}$$

从而 $\rho_{XY} = 0.$

37. 设随机变量 X, Y 的方差都是 2，相关系数为 0.25，求随机变量 $U = 2X + Y$ 和 $V = 2X - Y$ 的相关系数.

解
$$\begin{aligned}
D(U) &= D(2X + Y) = 4D(X) + D(Y) + 4\text{Cov}(X,Y) \\
&= 4D(X) + D(Y) + 4\rho_{XY}\sqrt{D(X)}\sqrt{D(Y)} \\
&= 4 \times 2 + 2 + 4 \times 0.25 \times \sqrt{2} \times \sqrt{2} = 12,
\end{aligned}$$

$$D(V) = 4D(X) + D(Y) - 4\text{Cov}(X,Y) = 4 \times 2 + 2 - 4 \times 0.25 \times \sqrt{2} \times \sqrt{2} = 8,$$

$$\text{Cov}(U,V) = \text{Cov}(2X + Y, 2X - Y) = 4D(X) - D(Y) = 8 - 2 = 6,$$

从而 $\rho_{UV} = \dfrac{\text{Cov}(U,V)}{\sqrt{D(U)}\,\sqrt{D(V)}} = \dfrac{6}{\sqrt{12}\sqrt{8}} = \dfrac{\sqrt{6}}{4}.$

38. 设 X, Y 是两个随机变量，已知 $D(X) = 4, D(Y) = 9, \rho_{XY} = 0.2$，试求 $D(2X + Y)$ 和 $D(2X - Y)$.

解 $D(2X + Y) = 4D(X) + D(Y) + 4\rho_{XY}\sqrt{D(X)}\sqrt{D(Y)} = 16 + 9 + 4.8 = 29.8,$

$D(2X - Y) = 4D(X) + D(Y) - 4\rho_{XY}\sqrt{D(X)}\sqrt{D(Y)} = 16 + 9 - 4.8 = 20.2.$

39. 设随机变量 X 的概率密度为

$$f(x) = \frac{1}{2}e^{-|x|}, \quad -\infty < x < +\infty.$$

(1) 求 $E(X)$ 和 $D(X)$.

(2) 求 X 与 $|X|$ 的协方差,并回答 X 与 $|X|$ 是否不相关.

(3) 问 X 与 $|X|$ 是否相互独立?为什么?

解 (1) $\dfrac{1}{2}e^{-|x|}$ 为偶函数,$x \cdot \dfrac{1}{2}e^{-|x|}$ 为奇函数,所以,由积分性质知

$$E(X) = \int_{-\infty}^{+\infty} x \cdot \frac{1}{2}e^{-|x|}dx = 0(奇函数在对称区间上的积分值为零),$$

$$D(X) = \int_{-\infty}^{+\infty} [x - E(X)]^2 f(x)dx = \frac{1}{2}\int_{-\infty}^{+\infty} x^2 e^{-|x|}dx = \int_{0}^{+\infty} x^2 e^{-x}dx$$

$$= \int_{0}^{+\infty}(-x^2)de^{-x} = (-x^2 e^{-x})\Big|_{0}^{+\infty} + \int_{0}^{+\infty} 2xe^{-x}dx = 2\int_{0}^{+\infty} xe^{-x}dx = 2.$$

(2) $\mathrm{Cov}(X, |X|) = E(X|X|) - E(X) \cdot E|X| = \int_{-\infty}^{+\infty} x \cdot |x| \cdot f(x)dx$,

因为 $x \cdot |x| \cdot f(x)$ 也为奇函数,所以 $\mathrm{Cov}(X, |X|) = 0$,从而 X 与 $|X|$ 不相关.

(3) 对给定的 $0 < a < +\infty$,显然事件 $\{|X| < a\}$ 包含在事件 $\{X < a\}$ 内,且

$$P\{X < a\} < 1, \quad P\{X < a, |X| < a\} = P\{|X| < a\},$$

但 $$P\{X < a\}P\{|X| < a\} < P\{|X| < a\},$$

所以 $$P\{X < a, |X| < a\} \neq P\{X < a\}P\{|X| < a\},$$

因此,X 与 $|X|$ 不独立.

注 本题涉及数学期望、方差、协方差、相关系数的计算和独立与不相关的关系,在计算过程中,充分运用被积函数的对称性,大大简化了计算.

40. 设二维随机变量 (X, Y) 服从区域 $D = \{(x, y) \mid 0 < x < 1, |y| < x\}$ 上的均匀分布,求随机变量函数 $Z = 2X + Y$ 的方差 $D(Z)$.

解 D 的面积 $S_D = 1$,于是联合概率密度为

$$f(x, y) = \begin{cases} 1, & (x, y) \in D, \\ 0, & 其他. \end{cases}$$

$$E(X) = \int_0^1 x dx \int_{-x}^{x} dy = 2\int_0^1 x^2 dx = \frac{2}{3},$$

$$E(X^2) = \int_0^1 x^2 dx \int_{-x}^{x} dy = 2\int_0^1 x^3 dx = \frac{1}{2},$$

$$E(Y) = \int_0^1 dx \int_{-x}^{x} y dy = 2\int_0^1 0 dx = 0,$$

$$E(Y^2) = \int_0^1 dx \int_{-x}^{x} y^2 dy = \frac{2}{3}\int_0^1 x^3 dx = \frac{1}{6},$$

$$E(XY) = \int_0^1 x\mathrm{d}x \int_{-x}^x y\mathrm{d}y = \int_0^1 x \cdot 0 \cdot \mathrm{d}x = 0,$$

故

$$D(X) = E(X^2) - [E(X)]^2 = \frac{1}{2} - \frac{4}{9} = \frac{1}{18},$$

$$D(Y) = E(Y^2) - [E(Y)]^2 = \frac{1}{6} - 0 = \frac{1}{6},$$

$$\mathrm{Cov}(X,Y) = E(XY) - E(X)E(Y) = 0 - 0 = 0,$$

从而

$$D(2X+Y) = 4D(X) + D(Y) + 4\mathrm{Cov}(X,Y) = 4 \times \frac{1}{18} + \frac{1}{6} = \frac{7}{18}.$$

41. 设随机变量 X 的概率密度为 $f(x) = \begin{cases} \dfrac{1}{3}x^2, & -1 < x < 2, \\ 0, & \text{其他,} \end{cases}$ 令随机变量 Y

$$= \begin{cases} 1, & X \geqslant 0, \\ -1, & X < 0, \end{cases}$$

（1）求 Y 的概率分布；

（2）求 $\mathrm{Cov}(X,Y)$.

解 （1）$P\{Y = 1\} = P\{X \geqslant 0\} = \int_0^2 \dfrac{1}{3}x^2 \mathrm{d}x = \dfrac{8}{9}$；

$$P\{Y = -1\} = 1 - P\{Y = 1\} = \frac{1}{9}.$$

所以,Y 的概率分布为

Y	-1	1
P	$\dfrac{1}{9}$	$\dfrac{8}{9}$

（2）$E(X) = \int_{-1}^2 xf(x)\mathrm{d}x = \int_{-1}^2 \dfrac{1}{3}x^3 \mathrm{d}x = \dfrac{5}{4}$；

$$E(Y) = P\{Y = 1\} - P\{Y = -1\} = \frac{7}{9};$$

$$E(XY) = E(|X|) = \int_{-1}^2 |x| f(x)\mathrm{d}x = \int_{-1}^0 \left(-\frac{1}{3}x^3\right)\mathrm{d}x + \int_0^2 \frac{1}{3}x^3 \mathrm{d}x$$

$$= \frac{1}{12} + \frac{16}{12} = \frac{17}{12}.$$

所以 $\mathrm{Cov}(X,Y) = E(XY) - E(X)E(Y) = \dfrac{17}{12} - \dfrac{5}{4} \cdot \dfrac{7}{9} = \dfrac{4}{9}$.

42. 设 A,B 是二随机事件,随机变量

$$X = \begin{cases} 1, & \text{若 } A \text{ 出现}, \\ -1, & \text{若 } A \text{ 不出现}, \end{cases} \qquad Y = \begin{cases} 1, & \text{若 } B \text{ 出现}, \\ -1, & \text{若 } B \text{ 不出现}, \end{cases}$$

证明随机变量 X 和 Y 不相关的充分必要条件是 A 与 B 相互独立.

证 由于

$$\begin{aligned} E(XY) &= 1 \times 1 \times P(X=1,Y=1) + 1 \times (-1) \times P(X=1,Y=-1) + (-1) \\ &\quad \times 1 \times P(X=-1,Y=1) + (-1) \times (-1) \times P(X=-1,Y=-1) \\ &= P(AB) + P(\overline{AB}) - P(\overline{A}B) - P(A\overline{B}) \\ &= P(AB) + 1 - P(A \bigcup B) - P(B-AB) - P(A-AB) \\ &= 1 - 2P(A) - 2P(B) + 4P(AB), \end{aligned}$$

$$E(X) = 1 \times P(A) + (-1)P(\overline{A}) = 2P(A) - 1,$$

$$E(Y) = 1 \times P(B) + (-1)P(\overline{B}) = 2P(B) - 1,$$

故有 $\quad X$ 与 Y 不相关$\Leftrightarrow E(XY) = E(X) \times E(Y)$

$$\Leftrightarrow 1 - 2P(A) - 2P(B) + 4P(AB) = [2P(A)-1][2P(B)-1]$$

$$\Leftrightarrow P(AB) = P(A)P(B)$$

$$\Leftrightarrow A \text{ 与 } B \text{ 相互独立}.$$

(B)

一、填空题

1. 将 3 只球放入 3 只盒子中去,设每只球落入各个盒子是等可能的,则有球的盒子数 X 的数学期望 $E(X) = $ _____.

解 X 的分布律为

X	1	2	3
P	$\dfrac{1}{9}$	$\dfrac{2}{3}$	$\dfrac{2}{9}$

由数学期望的定义知,$E(X) = 1 \times \dfrac{1}{9} + 2 \times \dfrac{2}{3} + 3 \times \dfrac{2}{9} = \dfrac{19}{9}$.

2. 同时掷 8 颗骰子,则 8 颗骰子所掷出的点数和的数学期望为 _____.

解 记第 i 颗骰子所掷出的点数为 $X_i(i = 1,2,\cdots,8)$,则

$$P\{X_i = k\} = \dfrac{1}{6}(k = 1,2,\cdots,6),$$

$$E(X_i) = \frac{1}{6}(1+2+3+4+5+6) = \frac{7}{2}.$$

记 8 颗骰子所掷出的点数和为 X，则 $X = \sum_{i=1}^{8} X_i$，其数学期望为

$$E(X) = \sum_{i=1}^{8} E(X_i) = 8 \times \frac{7}{2} = 28.$$

3. 已知随机变量 X 和 Y 的联合密度函数为 $f(x,y) = \begin{cases} ce^{-(2x+3y)}, & x > 0, y > 0, \\ 0, & \text{其他,} \end{cases}$ 则

常数 $c = $ _____，$E(XY) = $ _____.

解 由规范性，有

$$c\int_0^{+\infty} e^{-2x}\,dx \int_0^{+\infty} e^{-3y}\,dy = \frac{c}{6} = 1,$$

解得 $c = 6$，从而

$$E(XY) = 6\int_0^{+\infty} xe^{-2x}\,dx \int_0^{+\infty} ye^{-3y}\,dy = \frac{1}{6}.$$

4. 已知随机变量 X 在区间 $[-1,2]$ 上服从均匀分布，随机变量

$$Y = \begin{cases} 1, & X > 0, \\ 0, & X = 0, \\ -1, & X < 0, \end{cases}$$

则 $E(Y) = $ _____.

解法 1 由题设可知 Y 的分布律为

$$P\{Y = 1\} = P\{X > 0\} = \frac{2}{3}, P\{Y = 0\} = P\{X = 0\} = 0,$$

$$P\{Y = -1\} = P\{X < 0\} = \frac{1}{3}.$$

由数学期望的定义有

$$E(Y) = -1 \times \frac{1}{3} + 1 \times \frac{2}{3} = \frac{1}{3}.$$

解法 2 X 的密度函数为 $f(x) = \begin{cases} \dfrac{1}{3}, & x \in [-1,2], \\ 0, & \text{其他,} \end{cases}$ 由连续型随机变量的数

学期望公式有

$$E(Y) = \frac{1}{3}\int_{-1}^{2} Y(x)\,dx$$

$$= \frac{1}{3}\left[\int_{-1}^{0} Y(x)\,\mathrm{d}x + \int_{0}^{2} Y(x)\,\mathrm{d}x\right] = \frac{1}{3}(-1+2) = \frac{1}{3}.$$

5. 设随机变量 X 服从参数为 1 泊松分布, 则 $P\{X = E(X^2)\} = $ _____.

解 依题意, $E(X) = D(X) = \lambda = 1$, 因此

$$E(X^2) = D(X) + [E(X)]^2 = 2,$$

从而

$$P\{X = E(X^2)\} = P\{X = 2\} = \frac{\lambda^2}{2!}\mathrm{e}^{-\lambda} = \frac{1}{2\mathrm{e}}.$$

6. 设随机变量 X 服从参数为 λ 的指数分布, 则 $P\{X > \sqrt{D(X)}\} = $ _____.

解 由题设, 知 $D(X) = \frac{1}{\lambda^2}$, 于是

$$P\{X > \sqrt{D(X)}\} = P\left\{X > \frac{1}{\lambda}\right\} = \int_{\frac{1}{\lambda}}^{+\infty} \lambda\mathrm{e}^{-\lambda x}\,\mathrm{d}x = -\mathrm{e}^{-\lambda x}\Big|_{\frac{1}{\lambda}}^{+\infty} = \frac{1}{\mathrm{e}}.$$

7. 若随机变量 X 服从均值为 2, 方差为 σ^2 的正态分布, 且 $P\{0 < X < 4\} = 0.6$, 则 $P\{X < 0\} = $ _____.

解 $\mu = 2$, 即其密度函数关于 $x = 2$ 对称, 由对称性知

$$P\{X < 0\} = \frac{1}{2}(1 - P\{0 < X < 4\}) = \frac{1}{2}(1 - 0.6) = 0.2.$$

8. 设随机变量 X 与 Y 相互独立同分布, 其中 X 的概率密度为

$$f(x) = \begin{cases} 2x, & 0 < x < 1, \\ 0, & \text{其他}, \end{cases}$$

则 $D(X - Y) = $ _____.

解 由题设得,

$$E(X) = \int_{0}^{1} 2x^2\,\mathrm{d}x = \frac{2}{3}, E(X^2) = \int_{0}^{1} 2x^3\,\mathrm{d}x = \frac{1}{2},$$

$$D(X) = E(X^2) - [E(X)]^2 = \frac{1}{18},$$

再由 X 与 Y 相互独立同分布知,

$$D(X - Y) = D(X) + D(Y) = \frac{1}{18} + \frac{1}{18} = \frac{1}{9}.$$

9. 设 X 与 Y 是相互独立的随机变量, 且 $X \sim N(\mu_1, \sigma_1^2), Y \sim N(\mu_2, \sigma_2^2)$, 记

$$U = \frac{(X+Y) - (\mu_1 + \mu_2)}{\sqrt{\sigma_1^2 + \sigma_2^2}},$$

则 $E(U) = $ _____, $D(U) = $ _____.

解 由正态分布的性质知, $X + Y \sim N(\mu_1 + \mu_2, \sigma_1^2 + \sigma_2^2)$, 再由正态分布的标准化

知，$U \sim N(0,1)$，从而 $E(U) = 0, D(U) = 1$.

10. 设二维离散随机变量 (X,Y) 的分布列为：

(X,Y)	$(1,0)$	$(1,1)$	$(2,0)$	$(2,1)$
P	0.4	0.2	a	b

若 $E(XY) = 0.8$，则 $\text{Cov}(X,Y) = $ _____.

解 由分布律的规范性知，$a + b = 0.4$，又 XY 的分布律为：

XY	0	1	2
P	$0.4 + a$	0.2	b

故 $E(XY) = 0.2 + 2b = 0.8$，因此 $b = 0.3, a = 0.1$.

再由 X 和 Y 的边缘分布律得

$E(X) = 1 \times 0.6 + 2 \times 0.4 = 1.4$， $E(Y) = 0 \times 0.5 + 1 \times 0.5 = 0.5$，

$\text{Cov}(X,Y) = E(XY) - E(X)E(Y) = 0.8 - 0.7 = 0.1$.

11. 设随机变量 X 与 Y 相互独立，且 X 服从区间 $[0,2]$ 上的均匀分布，Y 服从参数为 3 的指数分布，则 $E(XY) = $ _____.

解 因 X 与 Y 相互独立，故 $E(XY) = E(X)E(Y) = 1 \times \dfrac{1}{3} = \dfrac{1}{3}$.

12. 掷 2 颗骰子，设 X 为第一颗掷出的点数，Y 为第二颗骰子掷出的点数，则 $E(X + Y) = $ _____，$E(XY) = $ _____.

解 X 与 Y 有相同的分布且相互独立，X 的分布列为 $P\{X = k\} = \dfrac{1}{6} (k = 1, 2,$

$\cdots, 6)$. 故 $E(X) = E(Y) = \dfrac{7}{2}$，由数学期望的性质，有

$$E(X + Y) = E(X) + E(Y) = 7, E(XY) = E(X)E(Y) = \frac{49}{4}.$$

13. 设 (X,Y) 的联合分布律为：

X \ Y	0	1
0	$1 - p$	0
1	0	p

其中 $0 < p < 1$，$\text{Cov}(X,Y) = $ _____，$\rho_{XY} = $ _____.

解 易知 X 与 Y 同分布，且 X 的边缘分布律为

$$P\{X = 1\} = p, P\{X = 0\} = 1 - p.$$

故

$$E(X) = E(Y) = p, D(X) = D(Y) = p(1-p),$$
$$E(XY) = 0 \times 0 \times (1-p) + 0 \times 1 \times 0 + 1 \times 0 \times 0 + 1 \times 1 \times p = p.$$

因此

$$\text{Cov}(X,Y) = E(XY) - E(X)E(Y) = p - p^2 = p(1-p),$$
$$\rho_{XY} = \frac{\text{Cov}(X,Y)}{\sqrt{D(X)}\sqrt{D(Y)}} = \frac{p(1-p)}{\sqrt{p(1-p)}\sqrt{p(1-p)}} = 1.$$

14. 设随机变量 X 与 Y 的相关系数为 0.9,若 $Z = X - 0.4$,则 Y 与 Z 的相关系数为_____.

解 由方差及协方差的性质知,

$$D(Z) = D(X - 0.4) = D(X),$$
$$\text{Cov}(Z,Y) = \text{Cov}(X - 0.4, Y) = \text{Cov}(X,Y),$$

因此,

$$\rho_{YZ} = \frac{\text{Cov}(Z,Y)}{\sqrt{D(Z)}\ \sqrt{D(Y)}} = \frac{\text{Cov}(X,Y)}{\sqrt{D(X)}\ \sqrt{D(Y)}} = \rho_{XY} = 0.9.$$

15. 设 X 与 Y 分别为在 n 重伯努利试验中失败和成功的次数,则它们的相关系数 $\rho_{XY} = $_____.

解 由于 X 与 Y 满足线性关系 $Y = n - X$,故它们的相关系数 $\rho_{XY} = -1$.

16. 已知随机变量 X 的均值为 12,标准差为 3,利用切比雪夫不等式,有 $P\{6 \leqslant X \leqslant 18\} \geqslant $_____.

解 由题意得,$E(X) = 12, D(X) = 9$,由切比雪夫不等式得

$$P\{6 \leqslant X \leqslant 18\} = P\{|X - 12| \leqslant 6\} \geqslant 1 - \frac{D(X)}{6^2} = 1 - \frac{3^2}{6^2} = \frac{3}{4}.$$

二、单项选择题

1. 现有 10 张奖券,其中 8 张为 2 元,2 张为 5 元.某人从中随机地无放回地抽取 3 张,则此人得奖金的数学期望为(   ).

A. 6.5 B. 9 C. 7.8 D. 12

解 设 X 表示某人抽得的奖金数(单位:元),由题设条件得 X 的分布律:

X	6	9	12
P	$\frac{7}{15}$	$\frac{7}{15}$	$\frac{1}{15}$

从而
$$E(X) = 6 \times \frac{7}{15} + 9 \times \frac{7}{15} + 12 \times \frac{1}{15} = 7.8.$$

故本题应选 C.

2. 设某人练习射击,每次命中率为 p,重复射击 n 次的命中次数记为 X,如果 X 的数学期望和方差分别为 $E(X) = 8, D(X) = 1.6$,则射击次数与命中率为( ).

A. $n = 10, p = 0.8$ B. $n = 20, p = 0.4$

C. $n = 25, p = 0.32$ D. $n = 40, p = 0.2$

解 应选 A. 由二项分布的期望与方差的计算公式即得.

3. 已知随机变量 X 与 Y 均服从 0—1 分布 $B\left(1, \frac{3}{4}\right)$,如果 $E(XY) = \frac{5}{8}$,则 $P\{X + Y \leqslant 1\} = ($ $)$.

A. $\frac{1}{8}$ B. $\frac{1}{4}$ C. $\frac{3}{8}$ D. $\frac{1}{2}$

解 由题意知,$E(XY) = P\{X = 1, Y = 1\} = \frac{5}{8}$,故

$$P\{X + Y \leqslant 1\} = 1 - P\{X + Y > 1\} = 1 - P\{X = 1, Y = 1\} = \frac{3}{8},$$

故本题应选 C.

4. 设随机变量 X 的概率密度为

$$f(x) = \begin{cases} x e^{-\frac{x^2}{2}}, & x > 0, \\ 0, & x \leqslant 0, \end{cases}$$

则 $Y = \frac{1}{X}$ 的数学期望 $E(Y) = ($ $)$.

A. $\sqrt{\frac{\pi}{2}}$ B. $\frac{\sqrt{\pi}}{2}$ C. $\sqrt{\pi}$ D. $\sqrt{2\pi}$

解 $E(Y) = \int_{-\infty}^{+\infty} \frac{1}{x} f(x) \mathrm{d}x = \int_0^{+\infty} e^{-\frac{x^2}{2}} \mathrm{d}x = \frac{\sqrt{2\pi}}{2} = \sqrt{\frac{\pi}{2}}$,故本题应选 A.

5. 设随机变量 X 的概率密度为 $f(x) = \frac{1}{2\sqrt{\pi}} e^{-\frac{(x+2)^2}{4}}$ $(-\infty < x < +\infty)$,且 $Y = aX + b \sim N(0,1)$,其中 $a > 0$,则( ).

A. $a = \frac{1}{2}, b = 1$ B. $a = \frac{\sqrt{2}}{2}, b = \sqrt{2}$

C. $a = \frac{1}{2}, b = -1$ D. $a = \frac{\sqrt{2}}{2}, b = -\sqrt{2}$

解　由密度函数知 $E(X) = \mu = -2, D(X) = \sigma^2 = 2$,故 $\begin{cases} E(Y) = a\mu + b = 0, \\ D(Y) = a^2\sigma^2 = 1, \end{cases}$ 解

得 $a = \dfrac{\sqrt{2}}{2}, b = \sqrt{2}$. 本题选 B.

6. 设相互独立的随机变量 X 和 Y 的方差分别为 4 和 2,则随机变量 $3X - 2Y$ 的方差是(　　).

　A. 8　　　　　　　B. 16　　　　　　　C. 28　　　　　　　D. 44

解　$D(3X - 2Y) = 9D(X) + 4D(Y) = 44$,本题选 D.

7. 若随机变量 X 与 Y 不相关,则下列式子中不正确的是(　　).

　A. $\mathrm{Cov}(X, Y) = 0$　　　　　　　　　B. $D(XY) = D(X)D(Y)$

　C. $D(X + Y) = D(X) + D(Y)$　　　　　　D. $E(XY) = E(X)E(Y)$

解　因为 $\rho = 0$,故

$$\mathrm{Cov}(X, Y) = \rho \sqrt{D(X)} \cdot \sqrt{D(Y)} = 0,$$

$\mathrm{Cov}(X, Y) = E(XY) - E(X)E(Y) = 0$, 即 $E(XY) = E(X)E(Y)$,

$D(X + Y) = D(X) + D(Y) + 2\mathrm{Cov}(X, Y) = D(X) + D(Y)$,

但 $D(XY) = D(X)D(Y)$ 一般都不成立,故本题应选 B.

8. 已知随机变量 X 与 Y 的联合分布为:

X＼Y	1	2
0	$\dfrac{1}{3}$	$\dfrac{1}{3}$
1	0	$\dfrac{1}{3}$

则在 X 与 Y 的下列关系中正确的是(　　).

　A. 独立,不相关　　　　　　　　　B. 独立,相关

　C. 不独立,不相关　　　　　　　　D. 不独立,相关

解　X 与 Y 的边缘分布律分别为:

$$P\{X = 0\} = \frac{2}{3}, P\{X = 1\} = \frac{1}{3}, P\{Y = 1\} = \frac{1}{3}, P\{Y = 2\} = \frac{2}{3}.$$

由于 $P\{X = 0, Y = 1\} = \dfrac{1}{3}$,与 $P\{X = 0\}P\{Y = 1\} = \dfrac{2}{3} \times \dfrac{1}{3} = \dfrac{2}{9}$ 不相等,故 X 与

Y 不独立.

另一方面,$E(X) = \dfrac{1}{3}, E(Y) = \dfrac{5}{3}, E(XY) = \dfrac{2}{3}$,因此

$$\text{Cov}(X,Y) = E(XY) - E(X)E(Y) = \frac{1}{9},$$

故 $\rho = \dfrac{\text{Cov}(X,Y)}{\sqrt{D(X)}\sqrt{D(Y)}} \neq 0$，即 X 与 Y 相关.

综上，本题应选 D.

9. 设随机变量 $X \sim N(0,1)$，$Y \sim N(1,4)$，且相关系数 $\rho_{XY} = 1$，则（   ）.

A. $P\{Y = -2X - 1\} = 1$ B. $P\{Y = 2X - 1\} = 1$

C. $P\{Y = -2X + 1\} = 1$ D. $P\{Y = 2X + 1\} = 1$

解   因相关系数的绝对值为 1，所以 X 与 Y 以概率 1 有线性关系 $Y = aX + b$，而 $\rho_{XY} = 1$ 说明了 X 与 Y 正相关，即 $a > 0$. 再根据题意，对 $Y = aX + b$ 两边分别取方差与数学期望，可算得 $a = 2, b = 1$，因此本题应选 D.

10. 已知随机变量 X 与 Y 有相同的不为零的方差，则 X 与 Y 相关系数 $\rho = 1$ 的充分必要条件是（   ）.

A. $\text{Cov}(X + Y, X) = 0$ B. $\text{Cov}(X + Y, Y) = 0$

C. $\text{Cov}(X + Y, X - Y) = 0$ D. $\text{Cov}(X - Y, X) = 0$

解   依题意，$D(X) = D(Y)$，且

$$\text{Cov}(X - Y, X) = \text{Cov}(X, X) - \text{Cov}(Y, X) = D(X) - \text{Cov}(X,Y) = 0$$

$$\Leftrightarrow \text{Cov}(X,Y) = D(X) \Leftrightarrow \rho = \frac{\text{Cov}(X,Y)}{\sqrt{D(X)}\sqrt{D(Y)}} = 1,$$

故本题应选 D.

11. 设二维随机变量 (X,Y) 服从于二维正态分布，则下列说法不正确的是（   ）.

A. X, Y 一定相互独立

B. $X + Y$ 服从于一维正态分布

C. X, Y 分别服从于一维正态分布

D. 当参数 $\rho = 0$ 时，X, Y 相互独立

解   由于 $(X,Y) \sim N(\mu_1, \mu_2, \sigma_1^2, \sigma_2^2, \rho)$，则 $X \sim N(\mu_1, \sigma_1^2)$，$Y \sim N(\mu_2, \sigma_2^2)$，也即二维正态分布的两个边缘分布仍然为正态分布.

又若 X, Y 均服从正态分布，则 $X + Y$ 也服从正态分布，且两个参数为

$$E(X + Y) = \mu_1 + \mu_2, \quad D(X + Y) = \sigma_1^2 + 2\rho\sigma_1\sigma_2 + \sigma_2^2.$$

两个正态分布 X 与 Y 相互独立的充分必要条件是 $\rho = 0$.

正态分布相关的上述性质表明，选项 B, C, D 的说法是正确的，故本题应选 A.

第 **5** 章　极　限　定　理

内容提要

5.1　大数定律

大数定律是指在一定条件下,足够多的随机变量的算术平均值具有稳定性,包括一系列定理.

1. 切比雪夫大数定律

设 $X_1, X_2, \cdots, X_n, \cdots$ 是一相互独立的随机变量序列,均存在有限的数学期望 $E(X_i)$ 与方差 $D(X_i)(i=1,2,\cdots)$,并且存在常数 $C>0$,使得对于所有的 $i=1,2,\cdots$,均有 $D(X_i) \leqslant C$ 成立,则对于任意给定的 $\varepsilon>0$,有

$$\lim_{n \to \infty} P\left\{ \left| \frac{1}{n} \sum_{i=1}^{n} X_i - \frac{1}{n} \sum_{i=1}^{n} E(X_i) \right| < \varepsilon \right\} = 1.$$

2. 伯努利大数定律

设 X_n 是 n 次独立重复试验中事件 A 发生的次数,$p(0<p<1)$ 是事件 A 在每次试验中发生的概率,则对于任意给定的 $\varepsilon>0$,有

$$\lim_{n \to \infty} P\left\{ \left| \frac{X_n}{n} - p \right| < \varepsilon \right\} = 1.$$

3. 辛钦大数定律

设 $X_1, X_2, \cdots, X_n, \cdots$ 是一独立同分布的随机变量序列,且具有数学期望 $E(X_i) = \mu(i=1,2,\cdots)$,则对于任意给定的 $\varepsilon>0$,有

$$\lim_{n \to \infty} P\left\{ \left| \frac{1}{n} \sum_{i=1}^{n} X_i - \mu \right| < \varepsilon \right\} = 1.$$

5.2　中心极限定理

中心极限定理是指在一定条件下,足够多的随机变量(不论它们服从何种分布,

也不论它们的分布是否已知）的和总是近似服从正态分布.

1. 独立同分布中心极限定理（林德伯格—列维中心极限定理）

设随机变量 $X_1, X_2, \cdots, X_n$ 相互独立，服从同一分布，且有 $E(X_i) = \mu$，$D(X_i) = \sigma^2 \neq 0$，则对于任意的实数 x，一致地有

$$\lim_{n \to \infty} P\left\{ \frac{\sum_{i=1}^{n} X_i - n\mu}{\sqrt{n}\,\sigma} \leqslant x \right\} = \int_{-\infty}^{x} \frac{1}{\sqrt{2\pi}} e^{-\frac{t^2}{2}} dt = \Phi(x).$$

2. 棣莫弗—拉普拉斯中心极限定理

Y_n 是 n 次独立试验中事件 A 发生的次数，在每次试验中事件 A 发生的概率为 p（$0 < p < 1$），则对于任意的实数 x，一致地有

$$\lim_{n \to \infty} P\left\{ \frac{Y_n - np}{\sqrt{np(1-p)}} \leqslant x \right\} = \int_{-\infty}^{x} \frac{1}{\sqrt{2\pi}} e^{-\frac{t^2}{2}} dt = \Phi(x).$$

3. 李雅普诺夫中心极限定理

设 $X_1, X_2, \cdots, X_n$ 是 n 个相互独立的随机变量，且 $E(X_i) = \mu_i$，$D(X_i) = \sigma_i^2 < +\infty$（$i = 1, 2, \cdots, n$）. 令 $S_n = \sqrt{\sum_{i=1}^{n} \sigma_i^2}$，若存在 $\delta > 0$，使得

$$\lim_{n \to \infty} \frac{1}{S_n^{2+\delta}} \sum_{i=1}^{n} E \mid X_i - \mu_i \mid^{2+\delta} = 0,$$

则

$$\lim_{n \to \infty} P\left\{ \frac{\sum_{i=1}^{n} (X_i - \mu_i)}{S_n} < x \right\} = \frac{1}{\sqrt{2\pi}} \int_{-\infty}^{x} e^{-\frac{t^2}{2}} dt = \Phi(x).$$

习题详解

习 题 五

（A）

1. 某保险公司多年的统计资料表明，在索赔户中被盗户占 20％，设 X 表示在随机抽查的 100 个索赔户中因被盗向保险公司索赔的户数，求被盗索赔户不少于 14 户且不多于 30 户的概率.

解 X 可看作 100 次重复独立试验中被盗户出现的次数,而在每次试验中被盗户出现的概率是 0.2,因此,$X \sim B(100, 0.2)$,由棣莫弗—拉普拉斯中心极限定理,得

$$P\{14 \leqslant X \leqslant 30\} = P\left\{\frac{14-20}{\sqrt{16}} \leqslant \frac{X-20}{\sqrt{16}} \leqslant \frac{30-20}{\sqrt{16}}\right\}$$

$$\approx \varPhi\left(\frac{30-20}{\sqrt{16}}\right) - \varPhi\left(\frac{14-20}{\sqrt{16}}\right) = \varPhi(2.5) - [1 - \varPhi(1.5)]$$

$$= 0.9938 - (1 - 0.9332) = 0.9270.$$

2. 某微机系统有 120 个终端,每个终端有 5% 时间在使用.若各终端使用与否是相互独立的,求有不少于 10 个终端在使用的概率.

解 设 X 表示同时使用的终端数,则 $X \sim B(120, 0.05)$,由棣莫弗—拉普拉斯中心极限定理知

$$P\{X \geqslant 10\} = 1 - P\{X < 10\} \approx 1 - \varPhi\left(\frac{10 - 120 \times 0.05}{\sqrt{120 \times 0.05 \times 0.95}}\right)$$

$$= 1 - \varPhi\left(\frac{4}{\sqrt{5.7}}\right) = 1 - \varPhi(1.68) = 0.0469.$$

3. 某药厂生产的某种药品,据说对某疾病的治愈率为 80%.现为了检验其治愈率,任意抽取 100 个此种病患者进行临床试验,如果有多于 75 人治愈,则此药通过检验.试在以下两种情况下,分别计算此药通过检验的可能性.(1) 此药的实际治愈率为 80%;(2) 此药的实际治愈率为 70%.

解 设 X 为 100 人中治愈的人数,则 $X \sim B(n, p)$,其中 $n = 100$.

(1) $p = 0.8$,由棣莫弗—拉普拉斯中心极限定理知

$$P(X > 75) = 1 - P(X \leqslant 75) = 1 - P\left\{\frac{X - np}{\sqrt{npq}} \leqslant \frac{75 - np}{\sqrt{npq}}\right\}$$

$$\approx 1 - \varPhi\left(\frac{75 - np}{\sqrt{npq}}\right) = 1 - \varPhi(-1.25) = \varPhi(1.25) = 0.8944.$$

(2) $p = 0.7$,由棣莫弗—拉普拉斯中心极限定理知

$$P(X > 75) = 1 - P(X \leqslant 75) = 1 - P\left\{\frac{X - np}{\sqrt{npq}} \leqslant \frac{75 - np}{\sqrt{npq}}\right\}$$

$$\approx 1 - \varPhi\left(\frac{75 - np}{\sqrt{npq}}\right) = 1 - \varPhi(1.09) = 1 - 0.8621 = 0.1379.$$

4. 设某厂有 100 台车床,它们的工作是相互独立的,假设每台车床的电动机都是 2 千瓦的,由于检修等原因,每台车床平均只有 70% 的时间在工作.(1) 求任一时

刻有 70 台至 80 台车床在工作的概率;(2) 要供应该厂多少千瓦电才能以 99% 概率保证该厂生产用电?

解 设 X 表示任一时刻车床在工作的台数,则 $X \sim B(100, 0.7)$,

$$E(X) = np = 70, \quad D(X) = np(1-p) = 21.$$

(1) $P\{70 \leqslant X \leqslant 80\} = P\left\{\dfrac{70-70}{\sqrt{21}} \leqslant \dfrac{X-70}{\sqrt{21}} \leqslant \dfrac{80-70}{\sqrt{21}}\right\}$

$$\approx \Phi(2.18) - \Phi(0) = 0.9854 - 0.5 = 0.4854.$$

(2) 设需要 K 千瓦的电才能以 99% 概率保证该厂生产用电,则所求问题为

$$P\{2X \leqslant K\} = P\left\{X \leqslant \dfrac{K}{2}\right\} = P\left\{\dfrac{X-700}{\sqrt{21}} \leqslant \dfrac{K-140}{2\sqrt{21}}\right\} \approx \Phi\left(\dfrac{K-140}{2\sqrt{21}}\right) = 0.99,$$

反查正态分布表,得 $\dfrac{K-140}{2\sqrt{21}} = 2.31$,从而解得 $K = 161.1715$,取 $K = 162$,即供应该厂 162 千瓦电才能以 99% 概率保证该厂生产用电.

5. 一食品店有三种蛋糕出售,由于售出哪一种蛋糕是随机的,因而售出一只蛋糕的价格是一个随机变量,它取 1 元,1.2 元,1.5 元各个值的概率分别为 0.3, 0.2, 0.5. 若售出 300 只蛋糕. 求:(1) 收入至少 400 元的概率;(2) 售出价格为 1.2 元的蛋糕多于 60 只的概率.

解 设第 i 个蛋糕的价格为 $X_i (i = 1, 2, \cdots, 300)$,依题意,其分布律为

X_i	1	1.2	1.5
P	0.3	0.2	0.5

从而

$$E(X_i) = 1.29, \quad D(X_i) = 0.0489, \quad i = 1, 2, \cdots, 300.$$

(1) 记 $X = \displaystyle\sum_{i=1}^{300} X_i$,由独立同分布中心极限定理知

$$P\{X \geqslant 400\} = 1 - P\{X < 400\} = 1 - P\left\{\dfrac{X - 300 \times 1.29}{\sqrt{300}\sqrt{0.0489}} < \dfrac{400 - 300 \times 1.29}{\sqrt{300}\sqrt{0.0489}}\right\}$$

$$\approx 1 - \Phi(3.39) = 1 - 0.9997 = 0.0003.$$

(2) 设 Y 为售出的 300 只蛋糕中价格为 1.2 元的蛋糕数量,则 $Y = B(300, 0.2)$,由棣莫弗—拉普拉斯中心极限定理知

$$P\{Y > 60\} = 1 - P\{Y \leqslant 60\} = 1 - P\left\{\dfrac{Y - 300 \times 0.2}{\sqrt{300 \times 0.2 \times 0.8}} \leqslant \dfrac{60 - 300 \times 0.2}{\sqrt{300 \times 0.2 \times 0.8}}\right\}$$

$$\approx 1 - \Phi(0) = 0.5.$$

6. 计算机在进行加法时,将每个加数舍入最靠近它的整数. 设所有舍入误差是独立的,且都服从$(-0.5,0.5)$上均匀分布.(1) 若将 1500 个数相加,则误差总和的绝对值超过 15 的概率是多少?(2) 最多可有几个数相加使得误差总和的绝对值小于 10 的概率不小于 0.9?

解 设第 i 个加数的舍入误差为 $X_i(i=1,2,\cdots,1500)$,依题意,$X_i \sim U(-0.5,0.5)$ 且它们之间相互独立,于是

$$E(X_i) = \frac{-0.5+0.5}{2} = 0, \quad D(X_i) = \frac{[0.5-(0.5)]^2}{12} = \frac{1}{12}.$$

(1) 设 $X = \sum\limits_{i=1}^{1500} X_i$ 表示 1500 个加数的误差总和,则

$$E(X) = E\left(\sum_{i=1}^{1500} X_i\right) = 1500E(X_i) = 0, \quad D(X) = D\left(\sum_{i=1}^{1500} X_i\right) = 1500D(X_i) = 125,$$

由独立同分布中心极限定理知

$$P\{|X| > 15\} = P\left\{\left|\frac{X}{\sqrt{125}}\right| \geq \frac{15}{\sqrt{125}}\right\} \approx 2\left[1 - \Phi\left(\frac{15}{\sqrt{125}}\right)\right]$$
$$= 2[1 - \Phi(1.34)] = 2 \times [1 - 0.9099] = 0.1802.$$

(2) 设 $Y = \sum\limits_{i=1}^{n} X_i$ 表示 n 个加数的误差总和,同(1),有 $E(Y)=0, D(Y)=\frac{n}{12}$,由中心极限定理知

$$P\{|Y| < 10\} = P\left\{\left|\frac{Y}{\sqrt{n/12}}\right| < \frac{10}{\sqrt{n/12}}\right\} \approx 2\Phi\left(\frac{10}{\sqrt{n/12}}\right) - 1 \geq 0.9,$$

即 $\quad \Phi\left(\dfrac{10}{\sqrt{n/12}}\right) \geq 0.95 = \Phi(1.645),$

从而由 $\dfrac{10}{\sqrt{n/12}} \geq 1.645$,解得 $n \leq 443.4$,所以最多有 443 个数相加.

7. 用自动包装机包装的食品,每袋净重是一随机变量. 假定要求每袋的平均重量为 100 克,标准差为 2 克. 如果每箱装 100 袋,求随机抽查的一箱净重超过 10050 克的概率.

解 设一箱中第 i 袋食品的净重为 X_i,则 X_i 独立同分布,且
$$E(X_i) = 100, \quad D(X_i) = 4(i=1,2,\cdots,100).$$
由中心极限定理得,所求概率为

$$P\left\{\sum_{i=1}^{100} X_i \geq 10050\right\} = 1 - P\left\{\sum_{i=1}^{100} X_i < 10050\right\}$$

$$= 1 - P\left\{\frac{\sum\limits_{i=1}^{100} X_i - 100 \times 100}{\sqrt{100 \times 4}} < \frac{10050 - 100 \times 100}{\sqrt{100 \times 4}}\right\}$$

$$\approx 1 - \Phi(2.5) = 1 - 0.9938 = 0.0062.$$

8. 设某产品由 100 个部件组成,每个部件的长度是一随机变量,它们相互独立,且服从同一分布,其数学期望为 2 毫米,标准差 0.05 毫米. 规定总长度为(200±1)毫米时产品为合格,求该产品合格的概率.

解 设每个部分的长度为随机变量 $X_i(i=1,2,\cdots,100)$,且 $X_1,X_2,\cdots,X_{100}$ 相互独立,设 X 表示总长度,则 $X = \sum\limits_{i=1}^{100} X_i$,于是

$$E(X_i) = 2, \quad D(X_i) = 0.05^2 = 0.0025.$$

$$E(X) = E\left(\sum_{i=1}^{100} X_i\right) = 100 E(X_i) = 200, \quad D(X) = D\left(\sum_{i=1}^{100} X_i\right) = 100 D(X_i) = 0.25,$$

由独立同分布中心极限定理知,产品合格的概率为

$$P\{|X - 200| < 1\} = P\left\{\left|\frac{X - 200}{\sqrt{0.25}}\right| < \frac{1}{\sqrt{0.25}}\right\}$$

$$\approx 2\Phi(2) - 1 = 2 \times 0.9772 - 1 = 0.9544.$$

9. 某大城市一天内,由于交通事故而伤亡的人数平均有120人,标准差为32人,今随机抽查 64 天的伤亡人数的记录,求这 64 天的交通伤亡人数的平均数不超过111 人的概率.

解 设 X_i 表示第 i 天的交通伤亡人数($i = 1, 2, \cdots, 64$),且 $X_1, X_2, \cdots, X_{64}$ 相互独立,设 X 表示 64 天的交通伤亡人数的平均数,则 $X = \frac{1}{64}\sum\limits_{i=1}^{64} X_i$,于是

$$E(X) = E\left(\frac{1}{64}\sum_{i=1}^{64} X_i\right) = E(X_1) = 120,$$

$$D(X) = D\left(\frac{1}{64}\sum_{i=1}^{64} X_i\right) = \frac{1}{64} D(X_1) = \frac{1}{64} \times 32^2 = 16,$$

由独立同分布中心极限定理知,产品合格的概率为

$$P\{X \leqslant 111\} = P\left\{\frac{X - 120}{\sqrt{16}} \leqslant \frac{111 - 120}{\sqrt{16}}\right\}$$

$$\approx \Phi(-2.25) = 1 - \Phi(2.25) = 1 - 0.9878 = 0.0122.$$

10. 某生产线生产的产品成箱包装,每箱的重量是随机的,假设每箱平均重50

千克,标准差为 5 千克.若用最大载重量为 5 吨的汽车承运,试用中心极限定理说明每辆车最多可以装多少箱,才能保障不超载的概率大于 0.977.

解　假设汽车共装 n 箱,并设 $X_i(i=1,2,\cdots,n)$ 为第 i 箱的重量(单位:千克),X 为 n 箱的总重量,则 $X=\sum_{i=1}^{n}X_n$,依题意,$X_1,X_2,\cdots,X_n$ 独立同分布,且

$$E(X_i)=50,\qquad \sqrt{D(X_i)}=5,$$

$$E(X)=\sum_{i=1}^{n}E(X_i)=50n,\sqrt{D(X)}=\sqrt{\sum_{i=1}^{n}D(X_i)}=\sqrt{25n}=5\sqrt{n},$$

由独立同分布中心极限定理,箱数 n 取决于条件

$$P\{X\leqslant 5000\}=P\left\{\frac{X-50n}{5\sqrt{n}}\leqslant \frac{5000-50n}{5\sqrt{n}}\right\}$$

$$\approx \Phi\left(\frac{1000-10n}{\sqrt{n}}\right)>0.977=\Phi(2),$$

即 $\dfrac{1000-10n}{\sqrt{n}}>2$,解得 $n<98.0199$,所以最多可以装 98 箱.

注 1　准确理解题意是关键,而设定合适的符号是分析问题与表达问题的基本方法.

注 2　本题中 X_i 的分布未给出,因此 X 的分布也不能确定.有的题目未给出 X_i 的分布,尽管从理论上讲,X 的分布也是可以确定的,但是由于绝大多数分布不具有可加性,分布的确定就非常烦琐.而对于类似这样的实际问题,中心极限定理提供了一个快速通道,可以很好地满足实际需要.

11. 抽样检查时,如果发现次品数多于 10 个,则认为这批产品不能接受.应检查多少个产品,才能使次品率为 10% 的一批产品不被接受的概率达到 0.9?

解　设 X 表示抽取的 n 个产品中发现的次品个数,则 $X\sim B(n,0.1)$,由棣莫弗—拉普拉斯中心极限定理知

$$P\{X>10\}=1-P\{X\leqslant 10\}\approx 1-\Phi\left(\frac{10-0.1n}{\sqrt{n\times 0.1\times 0.9}}\right)=0.9,$$

即　$\Phi\left(\dfrac{10-0.1n}{\sqrt{n\times 0.1\times 0.9}}\right)=0.1=\Phi(-1.28)$

因此可从 $\dfrac{10-0.1n}{\sqrt{n\times 0.1\times 0.9}}=-1.28$,解出 $n=146.474$,从而应该检查的产品数为147 个.

12. 火炮向一目标不断独立射击,若每次击中目标的概率是 0.1.(1) 求在 400 次射击中,击中目标的次数介于 30 次与 50 次的概率;(2) 最少射击多少次才能使得击中目标的次数超过 10 次的概率不小于 0.9?

解 显然火炮射击可看作伯努利试验. 设 X_n 表示在 n 次射击中击中目标的次数,则 $X_n \sim B(n,p)$,其中 $p = 0.1$.

(1) 由棣莫弗—拉普拉斯中心极限定理得

$$P\{30 \leqslant X_n \leqslant 50\} =$$

$$P\left\{ \frac{30 - 400 \times 0.1}{\sqrt{400 \times 0.1 \times 0.9}} \leqslant \frac{X_n - 400 \times 0.1}{\sqrt{400 \times 0.1 \times 0.9}} \leqslant \frac{50 - 400 \times 0.1}{\sqrt{400 \times 0.1 \times 0.9}} \right\}$$

$$\approx \Phi(1.67) - \Phi(-1.67) = 2\Phi(1.67) - 1 = 0.904.$$

(2) 同理,

$$P\{X_n > 10\} = P\left\{ \frac{X_n - 0.1 \times n}{\sqrt{n \times 0.1 \times 0.9}} > \frac{10 - 0.1 \times n}{\sqrt{n \times 0.1 \times 0.9}} \right\} \approx 1 - \Phi\left(\frac{100 - n}{3\sqrt{n}} \right) \geqslant 0.9,$$

由标准正态分布的性质可知,使得 $1 - \Phi(x) \geqslant 0.9$ 的 x 值是负的,即 $\dfrac{100 - n}{3\sqrt{n}}$ 必为负值,因此上述不等式等价于

$$\Phi\left(\frac{n - 100}{3\sqrt{n}} \right) \geqslant 0.9 = \Phi(1.28),$$

故满足不等式

$$\frac{n - 100}{3\sqrt{n}} \geqslant 1.28$$

的最小整数 $n = 147$ 就是所求的最小射击次数.

13. 某汽车制造厂每月生产 10000 辆汽车,该厂的汽车发动机气缸车间的正品率是 80%. 为了能以 0.997 概率保证有正品气缸装配自产的 10000 辆汽车,问气缸车间每月至少要生产多少个气缸?

解 设气缸车间每月至少生产的气缸数为 n,X 表示 n 个气缸中正品的个数,则 $X \sim B(n, 0.8)$,由棣莫弗—拉普拉斯中心极限定理得

$$P\{X > 10000\} = P\left\{ \frac{X - 0.8 \times n}{\sqrt{n \times 0.8 \times 0.2}} > \frac{10000 - 0.8 \times n}{\sqrt{n \times 0.8 \times 0.2}} \right\}$$

$$\approx 1 - \Phi\left(\frac{10000 - 0.8n}{0.4\sqrt{n}} \right) = 0.997,$$

由标准正态分布的性质知,上式等价于

$$\Phi\left(\frac{0.8n-10000}{0.4\sqrt{n}}\right)=0.997=\Phi(2.75),$$

即 $\dfrac{0.8n-10000}{0.4\sqrt{n}}=2.75$，从中解得 $n=12654.7$，取 $n=12655$，即气缸车间每月至少要生产 12655 个气缸.

（B）

一、填空题

1. 如果设 $\{X_n^k:n=1,2,\cdots\}$ 是一列独立同分布的随机变量序列，且 $E(X_n^k)=\mu_k$ 存在，则 $\dfrac{1}{n}\sum\limits_{i=1}^{n}X_i^k\xrightarrow{P}$ _____.

解 $\quad\dfrac{1}{n}\sum\limits_{i=1}^{n}X_i^k\xrightarrow{P}E(X_n^k)=\mu_k.$

2. 将一枚硬币连续掷 100 次，根据中心极限定理，出现正面的次数大于 60 的概率为 _____.

解 设 X 为 100 次投掷中出现正面的次数，则 $X\sim B(100,0.5)$，且

$$E(X)=np=50,\ D(X)=np(1-p)=25,$$

由于试验次数较大，由棣莫弗—拉普拉斯中心极限定理得，X 近似服从正态分布 $N(50,25)$，故所求概率为

$$P\{60\leqslant X\leqslant 100\}=P\left\{\frac{60-50}{\sqrt{25}}\leqslant\frac{X-50}{\sqrt{25}}\leqslant\frac{100-50}{\sqrt{25}}\right\}=P\left\{2\leqslant\frac{X-50}{5}\leqslant 10\right\}$$
$$\approx\Phi(10)-\Phi(2)=1-0.9772=0.0228.$$

3. 设 $X_1,X_2,\cdots,X_{100}$ 相互独立且均服从参数为 4 的泊松分布，$\overline{X}$ 是其算术平均值，则 $P\{\overline{X}\leqslant 4.392\}\approx$ _____.

解 由于 $E(\overline{X})=E(X_1)=4,D(\overline{X})=\dfrac{1}{n}D(X_1)=\dfrac{4}{100}=\dfrac{1}{25}$，故由独立同分布中心极限定理知，

$$P\{\overline{X}\leqslant 4.392\}=P\left\{\frac{\overline{X}-4}{\sqrt{1/25}}\leqslant\frac{4.392-4}{\sqrt{1/25}}\right\}\approx\Phi(1.96)=0.9750.$$

二、单项选择题

1. 假设随机变量 $\{X_n:n=1,2,\cdots\}$ 相互独立且服从参数为 λ 的泊松分布，则下面随机变量序列中不满足切比雪夫大数定律条件的是（ ）.

A. $\{X_n: n = 1, 2, \cdots\}$ 　　　　　　　B. $\{X_n + n: n = 1, 2, \cdots\}$

C. $\{nX_n: n = 1, 2, \cdots\}$ 　　　　　　D. $\left\{\dfrac{X_n}{n}: n = 1, 2, \cdots\right\}$

解　切比雪夫大数定理的条件有两个：其一是随机变量序列要相互独立，其二是各个随机变量的方差均存在且有界．四个选项中，独立性条件均满足，方差也均存在，但唯独 C 选项中，$D(nX_n) = n^2\lambda$ 不满足有界性要求．故本题应选 C．

2. 设 $\{X_n: n = 1, 2, \cdots\}$ 是一相互独立的随机变量序列，根据辛钦大数定律，当 $n \to \infty$ 时，$\dfrac{1}{n}\sum\limits_{i=1}^{n} X_i$ 以概率收敛于 $E(X_1)$，即对任何 $\varepsilon > 0$，$\lim\limits_{n\to\infty} P\left\{\left|\dfrac{1}{n}\sum\limits_{i=1}^{n} X_i - E(X_1)\right| \geqslant \varepsilon\right\} = 0$，只要 $\{X_n: n = 1, 2, \cdots\}$（ 　　 ）．

A. 服从同一离散型分布　　　　　　B. 服从同一连续型分布

C. 有相同的数学期望　　　　　　　D. 服从同一泊松分布

解　辛钦大数定律要求序列独立同分布，且数学期望存在，只有 D 选项符合要求，故本题应选 D．

3. 用 X_n 表示将一枚硬币随意投掷 n 次"正面"出现的次数，则（ 　　 ）．

A. $\lim\limits_{n\to\infty} P\left\{\dfrac{X_n - n}{\sqrt{n}} \leqslant x\right\} = \Phi(x)$ 　　　　B. $\lim\limits_{n\to\infty} P\left\{\dfrac{X_n - 2n}{\sqrt{n}} \leqslant x\right\} = \Phi(x)$

C. $\lim\limits_{n\to\infty} P\left\{\dfrac{2X_n - n}{\sqrt{n}} \leqslant x\right\} = \Phi(x)$ 　　　　D. $\lim\limits_{n\to\infty} P\left\{\dfrac{2X_n - 2n}{\sqrt{n}} \leqslant x\right\} = \Phi(x)$

解　由于 $X_n \sim B\left(n, \dfrac{1}{2}\right)$，故 $E(X_n) = \dfrac{1}{2}n$，$D(X_n) = \dfrac{1}{4}n$，由棣莫弗—拉普拉斯中心极限定理，得

$$\lim_{n\to\infty} P\left\{\dfrac{X_n - \dfrac{1}{2}n}{\dfrac{1}{2}\sqrt{n}} \leqslant x\right\} = \lim_{n\to\infty} P\left\{\dfrac{2X_n - n}{\sqrt{n}} \leqslant x\right\} = \Phi(x),$$

故本题应选 C．

4. 设 $\{X_i: i = 1, 2, \cdots\}$ 为相互独立具同分布的随机变量序列，且 X_i 服从参数为 2 的指数分布，则下面表达式中正确的是（ 　　 ）．

A. $\lim\limits_{n\to\infty} P\left\{\dfrac{\sum\limits_{i=1}^{n} X_i - n}{\sqrt{n}} \leqslant x\right\} = \Phi(x)$ 　　　　B. $\lim\limits_{n\to\infty} P\left\{\dfrac{2\sum\limits_{i=1}^{n} X_i - n}{\sqrt{n}} \leqslant x\right\} = \Phi(x)$

C. $\lim\limits_{n\to\infty}P\left\{\dfrac{\sum\limits_{i=1}^{n}X_i-2}{2\sqrt{n}}\leqslant x\right\}=\Phi(x)$　　　　D. $\lim\limits_{n\to\infty}P\left\{\dfrac{\sum\limits_{i=1}^{n}X_i-2}{\sqrt{2n}}\leqslant x\right\}=\Phi(x)$

解　　由于 X_i 服从以 2 为参数的指数分布,故有 $E(X_i)=\dfrac{1}{2}$,$D(X_i)=\dfrac{1}{4}$,令

$$Y_n=\frac{\sum\limits_{i=1}^{n}X_n-\dfrac{1}{2}n}{\dfrac{1}{2}\sqrt{n}}=\frac{2\sum\limits_{i=1}^{n}X_n-n}{\sqrt{n}},$$

由独立同分布中心极限定理,得

$$\lim\limits_{n\to\infty}P\left\{\frac{2\sum\limits_{i=1}^{n}X_n-n}{\sqrt{n}}\leqslant x\right\}=\Phi(x),$$

故本题应选 B.

第 6 章 抽 样 分 布

📖 **内容提要**

6.1 总体与样本

1. 总体

研究对象的某项数量指标的全体称为总体. 组成总体的每个元素称为个体. 总体是一个随机变量 X, 而所取的每个值就是一个个体.

2. 样本

从总体 X 中随机抽取的 n 个个体 $X_1, X_2, \cdots, X_n$ 称为容量为 n 的样本, 是 n 维随机变量. 通常指的是简单随机样本, 即 $X_1, X_2, \cdots, X_n$ 相互独立, 且每一个 X_i 与总体 X 有相同的分布.

6.2 统计量

1. 统计量

统计量是样本的函数 $T = T(X_1, X_2, \cdots, X_n)$, 且不含任何未知参数.

2. 常用的统计量

样本均值　$\overline{X} = \dfrac{1}{n} \sum_{i=1}^{n} X_i$.

样本方差　$S^2 = \dfrac{1}{n-1} \sum_{i=1}^{n} (X_i - \overline{X})^2$.

样本标准差　$S = \sqrt{\dfrac{1}{n-1} \sum_{i=1}^{n} (X_i - \overline{X})^2}$.

样本的 k 阶原点矩　$A_k = \dfrac{1}{n} \sum_{i=1}^{n} X_i^k$.

样本的 k 阶中心矩 $\quad M_k = \dfrac{1}{n} \sum_{i=1}^{n} (X_i - \overline{X})^k$.

顺序统计量　　把样本 $X_1, X_2, \cdots, X_n$ 按从小到大的顺序排列起来得到 $X_{(1)}$, $X_{(2)}, \cdots, X_{(n)}$, 其中

$$X_{(1)} = \min (X_1, X_2, \cdots, X_n), X_{(n)} = \max (X_1, X_2, \cdots, X_n),$$

$X_{(k)}$ 称为第 k 顺序统计量($k = 1, 2, \cdots, n$).

3. 经验分布函数

设 $X_1, X_2, \cdots, X_n$ 是来自总体 X 的样本, 对于任意的实数 x, 用 $S(x)$ 表示样本中不大于 x 的随机变量的个数, 则 $S(x)$ 表示事件 $\{X \leqslant x\}$ 出现的频数, 而它出现的频率

$$F_n(x) = \frac{1}{n} S(x) = \begin{cases} 0, & x < X_{(1)}, \\ \dfrac{k}{n}, & X_{(k)} \leqslant x \leqslant X_{(k+1)}, \quad (k = 1, 2, \cdots, n-1), \\ 1, & x > X_{(n)} \end{cases}$$

称为经验分布函数.

6.3　数理统计中几个常用的分布

1. 正态分布

(1)　$X \sim N(\mu, \sigma^2)$ 的密度函数, 密度曲线, 期望, 方差.

(2)　$X \sim N(\mu, \sigma^2), a, b \in \mathbf{R}, a \neq 0$, 则

$$Y = aX + b \sim N(a\mu + b, a^2 \sigma^2),$$

特别地, $X^* = \dfrac{X - \mu}{\sigma} \sim N(0, 1)$.

(3)　$X_i \sim N(\mu_i, \sigma_i^2)(i = 1, 2)$, 且 X_1, X_2 相互独立, 则

$$X_1 + X_2 \sim N(\mu_1 + \mu_2, \sigma_1^2 + \sigma_2^2)(正态分布可加性).$$

(4)　$(X_1, X_2) \sim N(\mu_1, \mu_2, \sigma_1^2, \sigma_2^2, \rho)$, 则

$$EX_i = \mu_i, \quad DX_i = \sigma_i^2 (i = 1, 2),$$

$$\rho_{X_1 X_2} = \rho,$$

并且, X_1, X_2 相互独立的充要条件是 $\rho = 0$.

(5)　分位点　　设 $X \sim N(0, 1)$, 对给定的 $\alpha (0 < \alpha < 1)$, 满足

$$P\{X > U_\alpha\} = \alpha$$

的数值 U_α 称为标准正态分布的上 α 分位点. 因为标准正态分布是对称分布, 所以在统计推断中常常要用双侧 α 分位点 $U_{\alpha/2}$, 它满足

$$P\{\mid X \mid > U_{\alpha/2}\} = \alpha.$$

2. χ^2 分布

（1） **定义**　设 $X_1, X_2, \cdots, X_n$ 相互独立，且均服从 $N(0,1)$ 分布，则

$$\chi^2 = \sum_{i=1}^{n} X_i^2 \sim \chi^2(n).$$

（2） **期望与方差**　若 $\chi^2 \sim \chi^2(n)$，则

$$E\chi^2 = n, \quad D\chi^2 = 2n.$$

（3） **可加性**　若 $X_i \sim \chi^2(n_i)(i = 1,2)$，且 X_1 与 X_2 相互独立，则

$$X_1 + X_2 \sim \chi^2(n_1 + n_2).$$

（4） **分位点**　设 $\chi^2 \sim \chi^2(n)$，对给定的 $\alpha(0 < \alpha < 1)$，满足 $P\{\chi^2 > \chi_\alpha^2(n)\} = \alpha$ 的数值 $\chi_\alpha^2(n)$ 称为 $\chi^2(n)$ 分布的上 α 分位点.

3. t 分布

（1） **定义**　设 $X \sim N(0,1), Y \sim \chi^2(n)$，且 X 与 Y 相互独立，则

$$T = \frac{X}{\sqrt{Y/n}} \sim t(n).$$

（2） **分位点**　设 $T \sim t(n)$，对给定的 $\alpha(0 < \alpha < 1)$，满足

$$P\{T > t_\alpha(n)\} = \alpha$$

的数值 $t_\alpha(n)$ 称为 $t(n)$ 分布的上 α 分位点. 因为 $t(n)$ 分布也是对称分布，其双侧 α 分位点为 $t_{\alpha/2}(n)$，满足

$$P\{\mid T \mid > t_{\alpha/2}(n)\} = \alpha.$$

4. F 分布

（1） **定义**　设 $X_i \sim \chi^2(n_i), i = 1,2$，且 X_1 与 X_2 相互独立，则

$$F = \frac{X_1/n_1}{X_2/n_2} \sim F(n_1, n_2).$$

（2） **分位点**　设 $F \sim F(n_1, n_2)$，对给定的 $\alpha(0 < \alpha < 1)$，满足

$$P\{F > F_\alpha(n_1, n_2)\} = \alpha$$

的数值 $F_\alpha(n_1, n_2)$ 称为 $F(n_1, n_2)$ 分布的上 α 分位点. 由于 $\dfrac{1}{F} \sim F(n_2, n_1)$，因此有

$$F_{1-\alpha}(n_1, n_2) = \frac{1}{F_\alpha(n_2, n_1)}.$$

6.4　一个正态总体的抽样分布

设总体 $X \sim N(\mu, \sigma^2), X_1, X_2, \cdots, X_n$ 是 X 的样本，$\overline{X}, S^2$ 分别是样本均值和样本

方差,则有:

(1) $\overline{X} \sim N\left(\mu, \dfrac{\sigma^2}{n}\right)$,进而 $U = \dfrac{\overline{X} - \mu}{\sqrt{\sigma^2/n}} \sim N(0,1)$.

(2) $\dfrac{(n-1)S^2}{\sigma^2} \sim \chi^2(n-1)$.

(3) $\overline{X}$ 与 S^2 相互独立.

(4) $\dfrac{\overline{X} - \mu}{\sqrt{S^2/n}} \sim t(n-1)$.

6.5   两个正态总体的抽样分布

设 $X_i \sim N(\mu_i, \sigma_i^2)(i = 1,2)$ 是两个相互独立的总体,$X_{i1}, X_{i2}, \cdots, X_{in}$ 是 X_i 的样本,$\overline{X}_i, S_i^2$ 是 X_i 的样本均值和样本方差,则有:

(1) $\overline{X}_1 - \overline{X}_2 \sim N\left(\mu_1 - \mu_2, \dfrac{\sigma_1^2}{n_1} + \dfrac{\sigma_2^2}{n_2}\right)$,进而

$$U = \frac{(\overline{X}_1 - \overline{X}_2) - (\mu_1 - \mu_2)}{\sqrt{\dfrac{\sigma_1^2}{n_1} + \dfrac{\sigma_2^2}{n_2}}} \sim N(0,1).$$

(2) 当 $\sigma_1^2 = \sigma_2^2 = \sigma^2$ 时,

$$\frac{(n_1 + n_2 - 2)S_\omega^2}{\sigma^2} \sim \chi^2(n_1 + n_2 - 2),$$

其中 $S_\omega^2 = \dfrac{(n_1-1)S_1^2 + (n_2-1)S_2^2}{n_1 + n_2 - 2}$ 称为联合样本方差.

(3) 当 $\sigma_1^2 = \sigma_2^2 = \sigma^2$ 时,

$$\frac{(\overline{X}_1 - \overline{X}_2) - (\mu_1 - \mu_2)}{\sqrt{\left(\dfrac{1}{n_1} + \dfrac{1}{n_2}\right)S_\omega^2}} \sim t(n_1 + n_2 - 2).$$

(4) $\dfrac{S_1^2/\sigma_1^2}{S_2^2/\sigma_2^2} \sim F(n_1 - 1, n_2 - 1)$.

习题详解

习 题 六

（A）

1. 设 $X_1, X_2, \cdots, X_9$ 是来自正态总体 $N(\mu, 4)$ 的简单随机样本, $\overline{X}$ 是样本均值, 已知 $P\{|\overline{X} - \mu| < \mu\} = 0.95$, 试确定 μ 的数值.

解 因为 $X \sim N(\mu, 4)$, 故 $\overline{X} \sim N\left(\mu, \dfrac{4}{9}\right)$, 所以

$$P\{|\overline{X} - \mu| < \mu\} = 2\Phi\left(\frac{\mu}{2/3}\right) - 1 = 0.95,$$

即 $\Phi\left(\dfrac{3\mu}{2}\right) = 0.975$, 查表得, $\dfrac{3\mu}{2} = 1.96$, 从而解得 $\mu = 1.3067$.

2. 在天平上重复称量一个重为 a 的物品, 假设各次称量结果相互独立且均服从正态分布 $N(a, 0.2^2)$, 若以 $\overline{X}_n$ 表示 n 次称量结果的算术平均值, 则为使 $P\{|\overline{X}_n - a| < 0.1\} \geqslant 0.95$, n 至少应等于多少?

分析 将对该物品进行独立重复称量的所有可能结果看成总体 X, 则 n 次称量结果 $X_1, X_2, \cdots, X_n$ 就是 X 的一容量为 n 的样本, $\overline{X}_n$ 即样本均值.

解 由题意可知 $\dfrac{\overline{X}_n - a}{0.2/\sqrt{n}} \sim N(0, 1)$, 又

$$0.95 \leqslant P\{|\overline{X}_n - a| < 0.1\} = P\left\{\left|\frac{\overline{X}_n - a}{0.2/\sqrt{n}}\right| < \frac{0.1}{0.2/\sqrt{n}}\right\} = 2\Phi\left(\frac{\sqrt{n}}{2}\right) - 1,$$

故有 $\Phi\left(\dfrac{\sqrt{n}}{2}\right) \geqslant 0.975$, 查标准正态分布表, 得 $\dfrac{\sqrt{n}}{2} \geqslant 1.96$, 从而 $n \geqslant 15.3664$, 因此 n 至少应等于 16.

3. 设 X_1, X_2, X_3, X_4 是取自正态总体 $N(0, 2^2)$ 的容量为 4 的简单随机样本, $X = a(X_1 - 2X_2)^2 + b(3X_3 - 4X_4)^2$, 则当 a, b 各取什么值时, 统计量 X 服从自由度为 2 的 χ^2 分布?

分析 统计量 X 服从 χ^2 分布, 自由度只能为 2, 且要求 $\sqrt{a}(X_1 - 2X_2)$ 与 $\sqrt{b}(3X_3 - 4X_4)$ 相互独立, 均服从 $N(0, 1)$.

解 由正态分布的性质及样本的独立性知,$X_1 - 2X_2$ 和 $3X_3 - 4X_4$ 均服从正态分布且相互独立. 由于

$$E(X_1 - 2X_2) = 0, \quad D(X_1 - 2X_2) = D(X_1) + 4D(X_2) = 20,$$

以及

$$E(3X_3 - 4X_4) = 0, \quad D(3X_3 - 4X_4) = 9D(X_3) + 16D(X_4) = 100,$$

故有

$$X_1 - 2X_2 \sim N(0,20), \quad 3X_3 - 4X_4 \sim N(0,100),$$

从而

$$\frac{X_1 - 2X_2}{\sqrt{20}} \sim N(0,1), \quad \frac{3X_3 - 4X_4}{\sqrt{100}} \sim N(0,1),$$

于是由 χ^2 分布的定义知,当 $a = \dfrac{1}{20}, b = \dfrac{1}{100}$ 时,有

$$X = a\ (X_1 - 2X_2)^2 + b\ (3X_3 - 4X_4)^2 = \left(\frac{X_1 - 2X_2}{\sqrt{20}}\right)^2 + \left(\frac{3X_3 - 4X_4}{10}\right)^2$$
$$\sim \chi^2(2).$$

4. 在总体 $X \sim N(5, 2^2)$ 中随机抽取一容量为 25 的样本,求:(1) 样本均值 $\overline{X}$ 落在 4.2 到 5.8 之间的概率;(2) 样本方差 S^2 大于 6.07 的概率.

解 (1) 因为总体 $X \sim N(5, 2^2)$,则

$$\overline{X} \sim N\left(5, \frac{4}{25}\right), \frac{\overline{X} - 5}{2/5} \sim N(0,1),$$

因此所求的概率为

$$P\{4.2 < \overline{X} < 5.8\} = P\left\{\frac{4.2 - 5}{2/5} < \frac{\overline{X} - 5}{2/5} < \frac{5.8 - 5}{2/5}\right\}$$
$$= P\left\{-2 < \frac{\overline{X} - 5}{2/5} < 2\right\} = 2\Phi(2) - 1 = 0.908.$$

(2) 又知 $\dfrac{(25-1)S^2}{2^2} \sim \chi^2(24)$,故

$$P\{S^2 > 6.07\} = P\left\{\frac{24S^2}{4} > \frac{6.07 \times 24}{4}\right\} = P\left\{\frac{24S^2}{4} > 36.42\right\} = 0.05.$$

注 上式最后一步是查 χ^2 分布上侧分位值表得到的,本章及其后章节的一些数值需要查相应的分位值表或分布表得到,此后题解中不再叙述.

5. 设总体 $X \sim N(\mu, \sigma^2)$,从中抽取一样本 $X_1, X_2, \cdots, X_n, X_{n+1}$,记 $\overline{X}_n = \dfrac{1}{n}\sum_{i=1}^{n} X_i, S_n^2 = \dfrac{1}{n-1}\sum_{i=1}^{n}(X_i - \overline{X}_n)^2$,试证:$\sqrt{\dfrac{n}{n+1}} \cdot \dfrac{X_{n+1} - \overline{X}_n}{S_n} \sim t(n-1)$.

证 首先对所给统计量作变换,在统计量的表达式中将分子和分母同除以 σ,得

$$\sqrt{\frac{n}{n+1}} \cdot \frac{X_{n+1} - \overline{X}_n}{S_n} = \frac{U}{\sqrt{\chi^2/n-1}},$$

其中 $U = \frac{X_{n+1} - \overline{X}_n}{\sigma} \sqrt{\frac{n}{n+1}}$, $\chi^2 = \frac{(n-1)S_n^2}{\sigma^2}$. 由于总体 $X \sim N(\mu, \sigma^2)$, 可见 $X_{n+1} \sim N(\mu, \sigma^2)$, $\overline{X}_n \sim N\left(\mu, \frac{\sigma^2}{n}\right)$, 从而

$$X_{n+1} - \overline{X}_n \sim N\left(0, \left(1 + \frac{1}{n}\right)\sigma^2\right), \quad U = \frac{X_{n+1} - \overline{X}}{\sigma} \sqrt{\frac{n}{n+1}} \sim N(0,1).$$

对于正态总体, $\overline{X}_n$ 和 S_n^2 独立, 随机变量 $\chi^2 = \frac{(n-1)S_n^2}{\sigma^2}$ 服从自由度为 $n-1$ 的 χ^2 分布.

现在证明, X_{n+1}, $\overline{X}_n$ 和 S_n^2 独立. 首先它们显然两两独立, 其次对于任意实数 u, v, w, 有

$$P\{X_{n+1} \leqslant u, \overline{X}_n \leqslant v, S_n^2 \leqslant w\} = P\{X_{n+1} \leqslant u\} P\{\overline{X}_n \leqslant v, S_n^2 \leqslant w\}$$

$$= P\{X_{n+1} \leqslant u\} P\{\overline{X}_n \leqslant v\} P\{S_n^2 \leqslant w\},$$

其中第一个等式成立, 因为 $X_1, \cdots, X_n$ 和 X_{n+1} 独立; 第二个等式成立, 因为正态总体的样本均值和样本方差独立. 从而 X_{n+1}, $\overline{X}_n$ 和 S_n^2 独立.

于是, 由服从 t 分布的随机变量的典型模式, 知统计量

$$\sqrt{\frac{n}{n+1}} \cdot \frac{X_{n+1} - \overline{X}_n}{S_n} \sim t(n-1).$$

6. 设总体 X 服从正态分布 $N(\mu, \sigma^2)(\sigma > 0)$, 从该总体中抽取简单随机样本 X_1, $X_2, \cdots, X_{2n}(n \geqslant 2)$, 其样本均值为 $\overline{X} = \frac{1}{2n} \sum_{i=1}^{2n} X_i$, 求统计量 $Y = \sum_{i=1}^{n} (X_i + X_{n+i} - 2\overline{X})^2$ 的数学期望 $E(Y)$.

解法 1 考虑 $X_1 + X_{n+1}, X_2 + X_{n+2}, \cdots, X_n + X_{2n}$, 将其视为取自正态总体 $N(2\mu, 2\sigma^2)$ 的简单随机样本, 则其样本均值为

$$\frac{1}{n} \sum_{i=1}^{n} (X_i + X_{n+i}) = \frac{1}{n} \sum_{i=1}^{2n} X_i = 2\overline{X},$$

样本方差为 $\frac{1}{n-1}Y$. 由于 $E\left(\frac{1}{n-1}Y\right) = 2\sigma^2$, 所以

$$E(Y) = (n-1)(2\sigma^2) = 2(n-1)\sigma^2.$$

解法 2　记 $\overline{X}' = \dfrac{1}{n}\sum\limits_{i=1}^{n} X_i$，$\overline{X}'' = \dfrac{1}{n}\sum\limits_{i=1}^{n} X_{n+i}$，显然有 $2\overline{X} = \overline{X}' + \overline{X}''$，因此

$$E(Y) = E\Big[\sum_{i=1}^{n}(X_i + X_{n+i} - 2\overline{X})^2\Big] = E\Big\{\sum_{i=1}^{n}\big[(X_i - \overline{X}') + (X_{n+i} - \overline{X}'')\big]^2\Big\}$$

$$= E\Big\{\sum_{i=1}^{n}\big[(X_i - \overline{X}')^2 + 2(X_i - \overline{X}')(X_{n+i} - \overline{X}'') + (X_{n+i} - \overline{X}'')^2\big]\Big\}$$

$$= (n-1)\sigma^2 + 0 + (n-1)\sigma^2 = 2(n-1)\sigma^2.$$

7. $X_1, X_2, \cdots, X_9$ 是取自正态总体 X 的简单随机样本，

$$Y_1 = \frac{1}{6}(X_1 + X_2 + \cdots + X_6), \quad Y_2 = \frac{1}{3}(X_7 + X_8 + X_9),$$

$$S^2 = \frac{1}{2}\sum_{i=7}^{9}(X_i - Y_2)^2, \quad Z = \frac{\sqrt{2}\,(Y_1 - Y_2)}{S},$$

证明:统计量 Z 服从自由度为 2 的 t 分布.

证　记 $D(X) = \sigma^2$（未知），易见 $E(Y_1) = E(Y_2)$，$D(Y_1) = \dfrac{\sigma^2}{6}$，$D(Y_2) = \dfrac{\sigma^2}{3}$. 由于 Y_1, Y_2 相互独立,故有

$$E(Y_1 - Y_2) = 0, \quad D(Y_1 - Y_2) = \frac{\sigma^2}{6} + \frac{\sigma^2}{3} = \frac{\sigma^2}{2}.$$

从而 $U = \dfrac{Y_1 - Y_2}{\sigma/\sqrt{2}} \sim N(0,1)$. 又 $\chi^2 = \dfrac{2S^2}{\sigma^2} \sim \chi^2(2)$，由于 Y_1 与 Y_2 相互独立,Y_1 与 S^2 独立,Y_2 与 S^2 独立,所以 $Y_1 - Y_2$ 与 S^2 独立,于是由 t 分布的定义,知

$$Z = \frac{\sqrt{2}\,(Y_1 - Y_2)}{S} = \frac{U}{\sqrt{\chi^2/2}} \sim t(2).$$

8. 设 X, Y 为两个正态总体,又 $X \sim N(\mu_1, \sigma_1^2)$，$(X_1, X_2, \cdots, X_n)$ 为取自 X 的样本,$\overline{X}, S_1^2$ 分别为其样本均值和样本方差,$Y \sim N(\mu_2, \sigma_2^2)$，$(Y_1, Y_2, \cdots, Y_n)$ 为取自 Y 的样本,$\overline{Y}, S_2^2$ 分别为其样本均值和样本方差,且两样本独立,求统计量

$$U = \frac{(\overline{X} - \overline{Y}) - (\mu_1 - \mu_2)}{\sqrt{S_1^2 + S_2^2 - 2S_{12}}}\sqrt{n}$$

所服从的分布. 其中 $S_{12} = \dfrac{1}{n}\sum\limits_{i=1}^{n}(X_i - \overline{X})(Y_i - \overline{Y})$.

解　令 $Z = X - Y$，则 $Z \sim N(\mu_1 - \mu_2, \sigma_1^2 + \sigma_2^2)$，视 Z 为样本,则 $Z_i = X_i - Y_i$（$i = 1, 2, \cdots, n$）是取自总体 Z 的样本,则其样本均值为 $\overline{Z} = \overline{X} - \overline{Y}$，样本方差为

$$S^2 = \frac{1}{n}\sum_{i=1}^{n}(Z_i - \overline{Z}) = \frac{1}{n}\sum_{i=1}^{n}[X_i - Y_i - (\overline{X} - \overline{Y})] = S_1^2 + S_2^2 - 2S_{12},$$

故

$$U = \frac{(\overline{X} - \overline{Y}) - (\mu_1 - \mu_2)}{\sqrt{S_1^2 + S_2^2 - 2S_{12}}}\sqrt{n} = \frac{\overline{Z} - (\mu_1 - \mu_2)}{S/\sqrt{n}} \sim t(n-1).$$

9. 设 $(X_1, X_2, \cdots, X_5)$ 是取自正态总体 $N(0, \sigma^2)$ 的一个样本,试问当 k 为何值时, $\dfrac{k(X_1 + X_2)^2}{X_3^2 + X_4^2 + X_5^2}$ 服从 F 分布?

解 因为 $X_1 + X_2 \sim N(0, 2\sigma^2)$,所以

$$\frac{X_1 + X_2}{\sqrt{2}\sigma} \sim N(0,1), \quad \left(\frac{X_1 + X_2}{\sqrt{2}\sigma}\right)^2 \sim \chi^2(1),$$

又由于 $\dfrac{X}{\sigma} \sim N(0,1)$,故

$$\left(\frac{X_3}{\sigma}\right)^2 + \left(\frac{X_4}{\sigma}\right)^2 + \left(\frac{X_5}{\sigma}\right)^2 \sim \chi^2(3),$$

而 $(X_1 + X_2)^2$ 与 $X_3^2 + X_4^2 + X_5^2$ 独立,故

$$\frac{\left(\dfrac{X_1 + X_2}{\sqrt{2}\sigma}\right)^2}{1} \Bigg/ \frac{\left(\dfrac{X_3}{\sigma}\right)^2 + \left(\dfrac{X_4}{\sigma}\right)^2 + \left(\dfrac{X_5}{\sigma}\right)^2}{3} = \frac{3}{2}\cdot\frac{(X_1+X_2)^2}{X_3^2+X_4^2+X_5^2} \sim F(1,3),$$

从而应取 $k = \dfrac{3}{2}$.

10. 从两个正态总体中分别抽取容量为 25 和 20 的两独立样本,算得样本方差依次为 $s_1^2 = 62.7, s_2^2 = 25.6$,若两总体方差相等,则随机抽取的样本方差比 $\dfrac{S_1^2}{S_2^2}$ 大于 $\dfrac{62.7}{25.6}$ 的概率是多少?

解 由于正态总体的方差相等,且 $n_1 = 25, n_2 = 20$,故有 $\dfrac{S_1^2}{S_2^2} \sim F(24,19)$,从而查 F 分布表可得

$$P\left\{\frac{S_1^2}{S_2^2} > \frac{62.7}{25.6}\right\} = P\left\{\frac{S_1^2}{S_2^2} > 2.45\right\} = 0.025.$$

注 用 F 分布表求相应事件的概率,在查表时应先按自由度找出上分位数 $F_\alpha(n_1, n_2)$,再反查概率 $\alpha = P\{F > F_\alpha(n_1, n_2)\}$. 类似的问题,用 t 分布表或 χ^2 分布表

的方法亦一样. 有时可能在表中只能找出邻近的两个分位点 $F_{a_1}(n_1,n_2),F_{a_2}(n_1,n_2)$, 即 $F_{a_1}(n_1,n_2)<F_a(n_1,n_2)<F_{a_2}(n_1,n_2)$, 则应在 α_1,α_2 之间用（线性）插值的方法, 求得概率 α 近似值.

11. 设总体 $X \sim N(12,2^2)$, 先抽取容量为 5 的样本 $X_1,\cdots,X_5$, 求：(1) 样本的最小次序统计量小于 10 的概率；(2) 最大次序统计量大于 15 的概率.

解 (1) 所求的概率为

$$
\begin{aligned}
P\{X_{(1)}<10\} &= 1-P\{X_{(1)}\geqslant 10\}\\
&= 1-P\{X_1\geqslant 10,X_2\geqslant 10,\cdots,X_5\geqslant 10\}\\
&= 1-P\{X_1\geqslant 10\}P\{X_2\geqslant 10\}\cdots P\{X_5\geqslant 10\}\\
&= 1-\left[P\{X\geqslant 10\}\right]^5 = 1-\left[P\left(\frac{X-12}{2}>\frac{10-12}{2}\right)\right]^5\\
&= 1-\left[1-\Phi(-1)\right]^5 = 1-\left[\Phi(1)\right]^5\\
&= 1-(0.8413)^5 \approx 0.5785.
\end{aligned}
$$

(2) 所求的概率为

$$
\begin{aligned}
P\{X_{(5)}>15\} &= 1-P\{X_{(5)}\leqslant 15\}\\
&= 1-P\{X_1\leqslant 15,X_2\leqslant 15,\cdots,X_5\leqslant 15\}\\
&= 1-P\{X_1\leqslant 15\}P\{X_2\leqslant 15\}\cdots P\{X_5\leqslant 15\}\\
&= 1-\left[P\{X\leqslant 15\}\right]^2 = 1-\left[P\left(\frac{X-12}{2}\leqslant\frac{15-12}{2}\right)\right]^5\\
&= 1-\left[\Phi(1.5)\right]^5 = 1-(0.9332)^5 \approx 0.2923.
\end{aligned}
$$

注 关于样本最小顺序统计量 $X_{(1)}$ 与样本最大顺序统计量 $X_{(n)}$ 的分布, 可作如下推导。

设总体 X 的分布函数为 $F(x)$, 因为

$$P\{X_{(1)}>a\} = P\{X_1>a,X_2>a,\cdots,X_n>a\} = [1-F(a)]^n,$$

$$P\{X_{(n)}\leqslant a\} = P\{X_1\leqslant a,X_2\leqslant a,\cdots,X_n\leqslant a\} = [F(a)]^n,$$

所以, $X_{(1)}$ 的分布函数为

$$F_1(x) = P\{X_{(1)}\leqslant x\} = 1-[1-F(x)]^n.$$

$X_{(n)}$ 的分布函数为

$$F_2(x) = P\{X_{(n)}\leqslant x\} = [F(x)]^n.$$

12. 设 X_1,X_2 为取自正态总体 $N(\mu,\sigma^2)$ 的样本. (1) 证明 X_1+X_2 与 X_1-X_2 相互独立；(2) 假定 $\mu=0$, 求 $\dfrac{(X_1+X_2)^2}{(X_1-X_2)^2}$ 的分布, 并求 $P\left\{\dfrac{(X_1+X_2)^2}{(X_1-X_2)^2}<4\right\}$.

分析 根据正态分布的性质,$X_1 + X_2$ 与 $X_1 - X_2$ 服从二维正态分布,所以要证明它们相互独立,只需证明它们不相关即可.

解 (1) 由于

$$E[(X_1 + X_2)(X_1 - X_2)] = E(X_1^2) - E(X_2^2) = 0,$$

$$E(X_1 + X_2)E(X_1 - X_2) = 0,$$

所以

$$\mathrm{Cov}\,(X_1 + X_2, X_1 - X_2) = 0,$$

即 $X_1 + X_2$ 与 $X_1 - X_2$ 相互独立.

(2) 由于 $\mu = 0$,所以

$$X_1 + X_2 \sim N(0, 2\sigma^2) \Rightarrow \frac{X_1 + X_2}{\sqrt{2}\,\sigma} \sim N(0, 1),$$

$$X_1 - X_2 \sim N(0, 2\sigma^2) \Rightarrow \frac{X_1 - X_2}{\sqrt{2}\,\sigma} \sim N(0, 1),$$

从而

$$\frac{1}{2}\left(\frac{X_1 + X_2}{\sigma}\right)^2 \sim \chi^2(1), \quad \frac{1}{2}\left(\frac{X_1 - X_2}{\sigma}\right)^2 \sim \chi^2(1),$$

由上面证明的独立性,再由 F 分布的定义知

$$F = \frac{(X_1 + X_2)^2}{(X_1 - X_2)^2} = \frac{\left(\dfrac{X_1 + X_2}{\sigma}\right)^2 \big/ 2}{\left(\dfrac{X_1 - X_2}{\sigma}\right) \big/ 2} \sim F(1, 1),$$

所以

$$P\left\{\frac{(X_1 + X_2)^2}{(X_1 - X_2)^2} < 4\right\} = P\{F < 4\} < P\{F < 5.83\} = 0.25.$$

(B)

一、填空题

1. 设总体 $X \sim N(0, 1)$,$(X_1, X_2, \cdots, X_n)$ 是取自总体 X 的容量为 n 的简单随机样本,则 $\sum\limits_{i=1}^{n} X_i \sim$ _____.

解 由于 $X_1, X_2, \cdots, X_n$ 相互独立,且 $X_i \sim N(0, 1)(i = 1, 2, \cdots, n)$,则根据第 3 章正态分布的可加性定理知,$\sum\limits_{i=1}^{n} X_i \sim N(0, n)$.

2. 设 $(X_1, X_2, \cdots, X_n)$ 是取自总体 X 的一个样本. 若 $X \sim B(1, p)$,则 $E(\overline{X}) =$

_____ ,$D(\overline{X}) =$ _____ ,$E(S^2) =$ _____ .

解 由于 X 服从 0—1 分布,则 $E(X) = p,D(X) = p(1-p)$,再根据 $\overline{X}$ 与 S^2 的性质,有

$$E(\overline{X}) = E(X) = p,$$

$$D(\overline{X}) = \frac{1}{n}D(X) = \frac{p(1-p)}{n},$$

$$E(S^2) = D(X) = p(1-p).$$

3. 设随机变量 $X \sim t(n),t_\alpha(n)$ 为 t 分布上 α 分位点,则 $P\{\mid X \mid < t_\alpha(n)\} =$ _____ .

解 $P\{\mid X \mid < t_\alpha(n)\} = 1 - P\{\mid X \mid \geqslant t_\alpha(n)\} = 1 - 2P\{X \geqslant t_\alpha(n)\} = 1 - 2\alpha.$

4. 设随机变量 X 与 Y 相互独立,且 $X \sim N(0,4),Y \sim N(1,9)$,当 $C =$ _____ 时,$\dfrac{CX^2}{(Y-1)^2}$ 服从 F 分布,自由度为 _____ .

解 由 X 与 Y 的独立性及其分布知,$\left(\dfrac{X}{2}\right)^2,\left(\dfrac{Y-1}{3}\right)^2$ 相互独立,且均服从 $\chi^2(1)$ 分布,再由 F 分布的定义知 $\dfrac{\left(\dfrac{X}{2}\right)^2}{\left(\dfrac{Y-1}{3}\right)^2} = \dfrac{9X^2}{4(Y-1)^2} \sim F(1,1)$,从而 $C = \dfrac{9}{4}$,自由度为 1 和 1.

5. 已知某种能力测试的得分服从正态分布 $N(\mu,\sigma^2)$,随机取 10 个人参与这一测试,则他们得分的平均值小于 μ 的概率为 _____ .

解 设 X_i 表示能力测试中第 i 人的得分,则 $X_i \sim N(\mu,\sigma^2)(i = 1,2,\cdots,n)$,他们的平均分为 $\overline{X} = \dfrac{1}{n}\sum\limits_{i=1}^{n} X_i \sim N\left(\mu,\dfrac{\sigma^2}{n}\right)$,故所求概率为 $P\{\overline{X} < \mu\} = 0.5$.

6. 设随机变量 X 和 Y 相互独立且都服从正态分布 $N(0,3^2)$,而 $X_1,X_2,\cdots,X_9$ 和 $Y_1,Y_2,\cdots,Y_9$ 分别是来自总体 X 和 Y 的样本,则统计量 $U = \dfrac{X_1 + X_2 + \cdots + X_9}{\sqrt{Y_1^2 + Y_2^2 + \cdots + Y_9^2}}$ 服从 _____ 分布,参数为 _____ .

解 由于 $X_1,X_2,\cdots,X_9$ 是来自正态总体的样本,且都服从 $N(0,3^2)$,故样本均值

$$\overline{X} = \frac{1}{9}(X_1 + X_2 + \cdots + X_9) \sim N(0,1).$$

由于 $Y_1,Y_2,\cdots,Y_9$ 相互独立,且都服从 $N(0,3^2)$,则

$$\frac{Y_i}{3} \sim N(0,1)(i=1,2,\cdots,9).$$

故

$$\chi^2 = \left(\frac{Y_1}{3}\right)^2 + \left(\frac{Y_2}{3}\right)^2 + \cdots + \left(\frac{Y_9}{3}\right)^2 = \frac{1}{9}(Y_1^2 + Y_2^2 + \cdots + Y_9^2) \sim \chi^2(9).$$

又因为 $\overline{X}$ 与 χ^2 相互独立,由 t 分布的定义知,

$$\frac{\overline{X}}{\sqrt{\frac{\chi^2}{9}}} = \frac{\frac{1}{9}(X_1 + X_2 + \cdots + X_9)}{\sqrt{\frac{1}{9^2}(Y_1^2 + Y_2^2 + \cdots + Y_9^2)}} = U \sim t(9),$$

即统计量 U 服从自由度为 9 的 t 分布.

7. 设 $X_1, X_2, \cdots, X_n$ 是来自总体 $N(\mu, \sigma^2)(\sigma > 0)$ 的简单随机样本. 记统计量 $T = \frac{1}{n} \sum_{i=1}^{n} X_i^2$,则 $E(T) = $ _____.

解 因为 $E(X_i^2) = D(X_i) + [E(X_i)]^2 = \sigma^2 + \mu^2$,所以

$$E(T) = E\left(\frac{1}{n} \sum_{i=1}^{n} X_i^2\right) = \frac{1}{n} \sum_{i=1}^{n} (EX_i^2) = \sigma^2 + \mu^2.$$

二、单项选择题

1. 设总体 $X \sim U(0,1)$,$(X_1, X_2, \cdots, X_n)$ 是取自总体 X 的容量为 n 的简单随机样本,则 $\max(X_1, X_2, \cdots, X_n)$ 的概率密度为( ).

A. $f(x) = \begin{cases} x^n, & 0 < x < 1, \\ 0, & \text{其他} \end{cases}$ 　　　　 B. $f(x) = \begin{cases} nx^{n-1}, & 0 < x < 1, \\ 0, & \text{其他} \end{cases}$

C. $f(x) = \begin{cases} nx^n, & 0 < x < 1, \\ 0, & \text{其他} \end{cases}$ 　　　　 D. $f(x) = \begin{cases} nx^{n+1}, & 0 < x < 1, \\ 0, & \text{其他} \end{cases}$

解 由于 $X_1, X_2, \cdots, X_n$ 独立同分布,且与总体 X 的分布相同. X 的分布函数及密度函数分别为

$$G(x) = \begin{cases} 1, & x \geqslant 1, \\ x, & 0 < x < 1, \\ 0, & x \leqslant 0, \end{cases} \qquad g(x) = \begin{cases} 1, & 0 < x < 1, \\ 0, & \text{其他}, \end{cases}$$

则由第 3 章最大值和最小值的分布定理知 $F(x) = [G(x)]^n$,从而其密度函数为

$$f(x) = n[G(x)]^{n-1} g(x) = \begin{cases} nx^{n-1}, & 0 < x < 1, \\ 0, & \text{其他}, \end{cases}$$

故本题应选 B.

2. 用 X_n 表示将一枚硬币随意投掷 n 次"正面"出现的次数,则(   ).

A. $X+Y$ 服从正态分布

B. X^2+Y^2 服从 χ^2 分布

C. X^2 与 Y^2 均服从 χ^2 分布

D. X^2/Y^2 服从 F 分布

解 标准正态分布变量的平方服从自由度为1的 χ^2 分布. 当随机变量 X 和 Y 独立时可以保证选项 A,B,D 成立,但是题中并未要求随机变量 X 和 Y 独立,选项 A,B,D 未必成立. 故本题应选 C.

3. 设随机变量 $X \sim t(n)$,$Y = \dfrac{1}{X^2}$,则(   ).

A. $Y \sim \chi^2(n)$

B. $Y \sim \chi^2(n-1)$

C. $Y \sim F(n,1)$

D. $Y \sim F(1,n)$

解 设 $X = \dfrac{Y}{\sqrt{Z/n}} \sim t(n)$,其中 $Y \sim N(0,1)$,$Z \sim \chi^2(n)$,则 $Y^2 \sim \chi^2(1)$,从而由 F 分布的定义知 $\dfrac{1}{X^2} = \dfrac{Z/n}{Y^2} \sim F(n,1)$,故本题应选 C.

4. 假设 $(X_1,X_2,\cdots,X_n)$ 是来自正态总体 $X \sim N(0,\sigma^2)$ 的样本,$\overline{X}$ 与 S^2 分别是样本均值和样本方差,则(   ).

A. $\dfrac{\overline{X}^2}{\sigma^2} \sim \chi^2(1)$

B. $\dfrac{S^2}{\sigma^2} \sim \chi^2(n-1)$

C. $\dfrac{\overline{X}}{S} \sim t(n-1)$

D. $\dfrac{S^2}{n\overline{X}^2} \sim F(n-1,1)$

解 由正态总体的抽样分布相关定理及常见分布的定义知,本题应选 D.

5. 假设 $(X_1,X_2,\cdots,X_n)$ 是来自正态总体 $X \sim N(\mu,\sigma^2)$ 的样本,$\overline{X}$ 是样本均值,记

$$S_1^2 = \frac{1}{n-1}\sum_{i=1}^{n}(X_i-\overline{X})^2, \qquad S_2^2 = \frac{1}{n}\sum_{i=1}^{n}(X_i-\overline{X})^2,$$

$$S_3^2 = \frac{1}{n-1}\sum_{i=1}^{n}(X_i-\mu)^2, \qquad S_4^2 = \frac{1}{n}\sum_{i=1}^{n}(X_i-\mu)^2,$$

则服从 $t(n)$ 的随机变量是(   ).

A. $t = \dfrac{\overline{X}-\mu}{S_1/\sqrt{n-1}}$

B. $t = \dfrac{\overline{X}-\mu}{S_2/\sqrt{n-1}}$

C. $t = \dfrac{\overline{X}-\mu}{S_3/\sqrt{n}}$

D. $t = \dfrac{\overline{X}-\mu}{S_4/\sqrt{n}}$

解 $\dfrac{\overline{X}-\mu}{\sigma/\sqrt{n}} \sim N(0,1)$,$\dfrac{1}{\sigma^2}\sum_{i=1}^{n}(X_i-\mu)^2 \sim \chi^2(n)$,再由 t 分布的定义知,本题应选 D.

注　注意正态总体的两个样本

$$\frac{\sum_{i=1}^{n}(X_i-\mu)^2}{\sigma^2}\quad与\quad\frac{\sum_{i=1}^{n}(X_i-\overline{X})^2}{\sigma^2}$$

的区别,它们分别服从自由度为 n 与 $n-1$ 的 χ^2 分布.

6. 设 $X_1,X_2,\cdots,X_n(n\geqslant2)$ 为来自总体 $N(\mu,1)$ 的简单随机样本,记 $\overline{X}=\dfrac{1}{n}\sum_{i=1}^{n}X_i$,则下列结论中不正确的是(　　).

A. $\sum_{i=1}^{n}(X_i-\mu)^2$ 服从 χ^2 分布　　　　B. $2(X_n-X_1)^2$ 服从 χ^2 分布

C. $\sum_{i=1}^{n}(X_i-\overline{X})^2$ 服从 χ^2 分布　　　D. $n(\overline{X}-\mu)^2$ 服从 χ^2 分布

解　由 $X\sim N(\mu,1)$ 知,$\sum_{i=1}^{n}(X_i-\mu)^2\sim\chi^2(n)$,$\sum_{i=1}^{n}(X_i-\overline{X})^2\sim\chi^2(n-1)$,即选项 A、C 的结论正确.

再由 $\overline{X}\sim N\left(\mu,\dfrac{1}{n}\right)$ 知,$\dfrac{\overline{X}-\mu}{\dfrac{1}{\sqrt{n}}}=\sqrt{n}(\overline{X}-\mu)\sim N(0,1)$,从而 $n(\overline{X}-\mu)^2\sim\chi^2(1)$,

亦即选项 D 的结论正确.

由 $X_n-X_1\sim N(0,2)$ 得,$\dfrac{X_n-X_1}{\sqrt{2}}\sim N(0,1)$,进而

$$\left(\frac{X_n-X_1}{\sqrt{2}}\right)\sim\chi^2(1),即\frac{(X_n-X_1)^2}{2}\sim\chi^2(1),$$

即选项 B 的结论不正确,从而本题应选 B.

7. 设总体 $X\sim B(m,\theta),X_1,X_2,\cdots,X_n$ 为来自总体的简单随机样本,$\overline{X}$ 为样本均值,则 $E\Big[\sum_{i=1}^{n}(X_i-\overline{X})^2\Big]=$(　　).

A. $(m-1)n\theta(1-\theta)$　　　　　　B. $m(n-1)\theta(1-\theta)$

C. $(m-1)(n-1)\theta(1-\theta)$　　　　D. $mn\theta(1-\theta)$

解　由样本方差 $S^2=\dfrac{1}{n-1}\sum_{i=1}^{n}(X_i-\overline{X})^2$ 的性质知,

$$E(S^2)=D(X),D(X)=m\theta(1-\theta).$$

所以

$$E\left[\sum_{i=1}^{n}(X_i-\overline{X})^2\right]=(n-1)E(S^2)=m(n-1)\theta(1-\theta),$$

从而本题应选 B.

8. 设 X_1,X_2,X_3 为来自正态总体 $N(0,\sigma^2)$ 的简单随机样本，则统计量 $S=\dfrac{X_1-X_2}{\sqrt{2}\mid X_3\mid}$ 服从的分布为（　　）.

A. $F(1,1)$ 　　　　B. $F(2,1)$ 　　　　C. $t(1)$ 　　　　D. $t(2)$

解　由于 X_1,X_2,X_3 相互独立且均服从正态分布 $(0,\sigma^2)$，则

$$X_1-X_2\sim N(0,2\sigma^2),\frac{X_1-X_2}{\sqrt{2}\sigma}\sim N(0,1),\left(\frac{X_3}{\sigma}\right)^2\sim\chi^2(1).$$

依 t 分布的定义，有

$$S=\frac{X_1-X_2}{\sqrt{2}\mid X_3\mid}=\frac{\dfrac{X_1-X_2}{\sqrt{2}\sigma}}{\sqrt{\left(\dfrac{X_3}{\sigma}\right)^2}}\sim t(1),$$

所以本题应选 C.

第 7 章　参 数 估 计

📖 *内容提要*

7.1　点估计

1. 参数的估计量与估计值

设总体 X 的分布函数为 $F(x;\theta)$，$\theta \in \Theta$，θ 是未知参数，$X_1, X_2, \cdots, X_n$ 是来自 X 的样本，$x_1, x_2, \cdots, x_n$ 是样本观察值。选取一个统计量 $\hat{\theta} = \hat{\theta}(X_1, X_2, \cdots, X_n)$，以数值 $\hat{\theta}(x_1, x_2, \cdots, x_n)$ 估计 θ 的真值，则称 $\hat{\theta}(X_1, X_2, \cdots, X_n)$ 是 θ 的估计量，称 $\hat{\theta}(x_1, x_2, \cdots, x_n)$ 是 θ 的估计值。这种对未知参数进行估计的方法，称为点估计。

常用的点估计方法有两种：矩估计法和极大似然估计法。

2. 矩估计法

用样本矩估计总体矩，用样本矩的相应连续函数估计总体矩的连续函数，这种估计方法称作矩估计法。

设有 k 个未知参数 $\theta_1, \theta_2, \cdots, \theta_k$，求它们的矩法估计量的基本步骤如下。

第一步：计算出 $E(X), E(X^2), \cdots, E(X^k)$，可记

$$E(X^j) = g_j(\theta_1, \theta_2, \cdots, \theta_k) \quad (j = 1, 2, \cdots, k).$$

第二步：用 $E(X), E(X^2), \cdots, E(X^k)$ 表示参数 $\theta_1, \theta_2, \cdots, \theta_k$，

$$\theta_j = h_j(E(X), E(X^2), \cdots, E(X^k)) \quad (j = 1, 2, \cdots, k).$$

第三步：用 $\overline{X^j} = \dfrac{1}{n}\sum_{i=1}^{n} X_i^j$ 估计 $E(X^j)$，得参数 $\theta_1, \theta_2, \cdots, \theta_k$ 的矩法估计量为

$$\hat{\theta}_j = h_j(\overline{X}, \overline{X^2}, \cdots, \overline{X^k}) \quad (j = 1, 2, \cdots, k).$$

使用矩估计法进行点估计的时候，要注意以下几点：

(1) 可用样本的各阶中心矩作为总体各阶中心矩的估计，求得的参数估计量也

是参数的矩估计量；

（2）　矩估计量不是唯一的；

（3）　若总体矩不存在，则矩估计法失效.

3. 极大似然估计法

极大似然估计法是指用似然函数在参数空间内的最大值来估计未知参数.

设 $(X_1, X_2, \cdots, X_n)$ 是 X 的样本，$(x_1, x_2, \cdots, x_n)$ 是样本观察值. 称

$$L(\theta) = L(\theta; x_1, x_2, \cdots, x_n)$$

$$= \begin{cases} \prod\limits_{i=1}^{n} p(x_i; \theta), & X \text{ 是离散型且其分布律为 } p(x; \theta), \\ \prod\limits_{i=1}^{n} f(x_i; \theta), & X \text{ 是连续型且其概率密度为 } f(x; \theta) \end{cases}$$

为似然函数. 对于似然函数 $L(\theta) = L(\theta; x_1, x_2, \cdots, x_n)$，若存在 $\hat{\theta} = \hat{\theta}(x_1, x_2, \cdots, x_n)$ 使得

$$L(\hat{\theta}) = \max_{\theta \in \Theta} L(\theta),$$

则称 $\hat{\theta}(x_1, x_2, \cdots, x_n)$ 是未知参数 θ 的极大似然估计值，称 $\hat{\theta}(X_1, X_2, \cdots, X_n)$ 是未知参数 θ 的极大似然估计量.

求极大似然估计只要两步就可完成，第一步写出似然函数 $L(\theta)$，第二步求使 $L(\theta)$ 达到最大值的点. 这里 θ 可以是单个参数，也可以是多个参数（向量形式）.

在用极大似然估计法估计参数时，须注意以下几点：

（1）　一般情况下可通过求解方程 $\dfrac{\partial \ln L(\theta)}{\partial \theta} = 0$ 来得到未知参数 θ 的极大似然估计值. 如果在参数空间中解存在且唯一，则可断定该解即为所求. 但是有时似然方程可能无解，此时就要根据定义来确定似然函数在何处取得最大值.

（2）　一个参数的极大似然估计值也有可能不是唯一的.

4. 极大似然估计的不变性

设 $\hat{\theta}$ 是未知参数 θ 的极大似然估计量，$g(\theta)$ 是 θ 的连续函数，则 $g(\hat{\theta})$ 是参数 $g(\theta)$ 的极大似然估计量.

7.2 估计量的评价标准

1. 无偏性

设 $\hat{\theta} = \hat{\theta}(X_1, X_2, \cdots, X_n)$ 是未知参数 θ 的估计量, $\theta \in \Theta$, 若

$$E(\hat{\theta}) = \theta (对一切 \theta \in \Theta),$$

则称 $\hat{\theta} = \hat{\theta}(X_1, X_2, \cdots, X_n)$ 是 θ 的无偏估计量; 若

$$\lim_{n \to \infty} E(\hat{\theta}) = \theta (对一切 \theta \in \Theta),$$

则称 $\hat{\theta} = \hat{\theta}(X_1, X_2, \cdots, X_n)$ 是 θ 的渐近无偏估计量.

样本均值与样本方差分别为总体均值和总体方差的无偏估计.

2. 有效性及 C—R 不等式

设 $\hat{\theta}_1 = \hat{\theta}_1(X_1, X_2, \cdots, X_n)$ 和 $\hat{\theta}_2 = \hat{\theta}_2(X_1, X_2, \cdots, X_n)$ 都是未知参数 θ 的无偏估计量, 若有 $D(\hat{\theta}_1) < D(\hat{\theta}_2)$, 则称 $\hat{\theta}_1$ 较 $\hat{\theta}_2$ 有效.

Cramer—Rao 不等式(简称 C—R 不等式): 设总体 X 为具有概率密度函数 $f(x; \theta)$ 的连续型随机变量, 未知参数 $\theta \in \Theta$, $(X_1, X_2, \cdots, X_n)$ 是 X 的样本, $\hat{\theta} = \hat{\theta}(X_1, \cdots, X_n)$ 是 θ 的无偏估计量. 如果

(1) Θ 是实数域 **R** 中的开区间, 且集合 $\{x: f(x; \theta) > 0\}$ 与 θ 无关.

(2) $\frac{\partial}{\partial \theta} \ln f(x; \theta)$ 对一切 x, θ 都存在, 且

$$\frac{\partial}{\partial \theta} \int_{-\infty}^{+\infty} f(x, \theta) dx = \int_{-\infty}^{+\infty} \frac{\partial}{\partial \theta} f(x, \theta) dx,$$

即可以在积分号下求导数.

(3) $0 < I(\theta) = E\left[\frac{\partial}{\partial \theta} \ln f(X, \theta)\right]^2 < +\infty,$

则有 $D(\hat{\theta}) \geqslant \frac{1}{nI(\theta)}$, 对一切 $\theta \in \Theta$ 均成立, 且等号成立的充分必要条件是以概率 1 有关系式

$$\frac{\partial}{\partial \theta}\left[\ln \prod_{i=1}^{n} f(X_i; \theta)\right] = C(\theta)(\hat{\theta} - \theta)$$

成立, 其中 $C(\theta)$ 与样本无关.

如果 θ 的无偏估计量 $\hat{\theta}(X_1, X_2, \cdots, X_n)$ 使得 $D(\hat{\theta}) = \frac{1}{nI(\theta)}$ 对任意 $\theta \in \Theta$ 成立, 则

称 $\hat{\theta}$ 是 θ 的有效估计量.

3. 一致性(相合性)

设 $\hat{\theta}(X_1,X_2,\cdots,X_n)$ 是 θ 的估计量,若对任意给定的正数 ε,有

$$\lim_{n\to\infty}P\{\mid\hat{\theta}(X_1,X_2,\cdots,X_n)-\theta\mid\geqslant\varepsilon\}=0$$

对一切 $\theta\in\Theta$ 成立,即当 $n\to\infty$ 时,$\hat{\theta}(X_1,X_2,\cdots,X_n)$ 依概率收敛于 θ,则称 $\hat{\theta}(X_1,X_2,\cdots,X_n)$ 是 θ 的一致(或相合)估计量.

7.3　区间估计

1. 置信区间

设 θ 为总体分布的未知参数,$X_1,X_2,\cdots,X_n$ 是取自总体 X 的样本,$\underline{\theta}=\underline{\theta}(X_1,X_1,\cdots,X_n)$ 和 $\overline{\theta}=\overline{\theta}(X_1,X_1,\cdots,X_n)$ 是关于样本的两个统计量,若对于给定的概率 $1-\alpha$ $(0<\alpha<1)$,有

$$P\{\underline{\theta}\leqslant\theta\leqslant\overline{\theta}\}=1-\alpha,$$

则称随机区间 $(\underline{\theta},\overline{\theta})$ 为参数 θ 的置信度为 $1-\alpha$ 的置信区间,$\underline{\theta}$ 为置信下限,$\overline{\theta}$ 为置信上限,$\overline{\theta}-\underline{\theta}$ 为置信区间的长度.

2. 求置信区间的基本步骤

第一步:选取一个函数 $Z=Z(X_1,X_2,\cdots,X_n;\theta)$,它只含待估计的参数 θ,而不含有其他的未知参数,且它的分布不依赖于任何未知参数(当然也不依赖参数 θ 本身).

第二步:对于给定的置信度 $1-\alpha$,定出常数 a,b,使得

$$P\{a<Z(X_1,X_2,\cdots,X_n;\theta)<b\}=1-\alpha,$$

由于 $Z=Z(X_1,X_2,\cdots,X_n;\theta)$ 的分布是已知的,所以常数 a,b 是可以计算的,一般可利用该分布的分位点来确定.

第三步:利用不等式变形,求得未知参数 θ 的置信区间.若

$$a<Z(X_1,X_2,\cdots,X_n;\theta)<b\Leftrightarrow\underline{\theta}(X_1,X_2,\cdots,X_n)<\theta<\overline{\theta}(X_1,X_2,\cdots,X_n),$$

则有

$$P\{\underline{\theta}<\theta<\overline{\theta}\}=1-\alpha,$$

即 $(\underline{\theta},\overline{\theta})$ 就是 θ 的置信度为 $1-\alpha$ 的置信区间,其中 $\underline{\theta}=\underline{\theta}(X_1,X_2,\cdots,X_n)$,$\overline{\theta}=\overline{\theta}(X_1,$

$X_2, \cdots, X_n)$.

3. 单个正态总体 $N(\mu, \sigma^2)$ 的区间估计

(1) σ^2 已知时，μ 的置信度为 $1-\alpha$ 的置信区间为

$$\left(\overline{X} - \frac{\sigma}{\sqrt{n}} u_{\frac{\alpha}{2}}, \overline{X} + \frac{\sigma}{\sqrt{n}} u_{\frac{\alpha}{2}} \right).$$

(2) σ^2 未知时，μ 的置信度为 $1-\alpha$ 的置信区间为

$$\left(\overline{X} - \frac{S}{\sqrt{n}} t_{\frac{\alpha}{2}}(n-1), \overline{X} + \frac{S}{\sqrt{n}} t_{\frac{\alpha}{2}}(n-1) \right).$$

(3) μ 已知时，σ^2 的置信度为 $1-\alpha$ 的置信区间为

$$\left[\frac{\sum\limits_{i=1}^{n} (X_i - \mu)^2}{\chi_{\frac{\alpha}{2}}^{2}(n)}, \frac{\sum\limits_{i=1}^{n} (X_i - \mu)^2}{\chi_{1-\frac{\alpha}{2}}^{2}(n)} \right].$$

(4) μ 未知时，σ^2 的置信度为 $1-\alpha$ 的置信区间为

$$\left(\frac{(n-1)S^2}{\chi_{\frac{\alpha}{2}}^{2}(n-1)}, \frac{(n-1)S^2}{\chi_{1-\frac{\alpha}{2}}^{2}(n-1)} \right).$$

4. 两个正态总体 $N(\mu_1, \sigma_1^2)$ 和 $N(\mu_2, \sigma_2^2)$ 的情形

设 $X_1, X_2, \cdots, X_{n_1}$ 是正态总体 $X \sim N(\mu_1, \sigma_1)$ 的样本，$Y_1, Y_2, \cdots, Y_{n_2}$ 是正态总体 $Y \sim N(\mu_2, \sigma_2)$ 的样本，且两组样本相互独立，记

$$\overline{X} = \frac{1}{n_1} \sum_{i=1}^{n_1} X_i, \quad S_1^2 = \frac{1}{n_1 - 1} \sum_{i=1}^{n_1} (X_i - \overline{X})^2,$$

$$\overline{Y} = \frac{1}{n_2} \sum_{i=1}^{n_2} Y_i, \quad S_2^2 = \frac{1}{n_2 - 1} \sum_{i=1}^{n_2} (Y_i - \overline{Y})^2.$$

(1) σ_1^2 和 σ_2^2 已知时，$\mu_1 - \mu_2$ 的置信度为 $1-\alpha$ 的置信区间为

$$\left(\overline{X} - \overline{Y} - u_{\frac{\alpha}{2}} \sqrt{\frac{\sigma_1^2}{n_1} + \frac{\sigma_2^2}{n_2}}, \overline{X} - \overline{Y} + u_{\frac{\alpha}{2}} \sqrt{\frac{\sigma_1^2}{n_1} + \frac{\sigma_2^2}{n_2}} \right).$$

(2) $\sigma_1^2 = \sigma_2^2 = \sigma^2$ 未知时，$\mu_1 - \mu_2$ 的置信度为 $1-\alpha$ 的置信区间为

$$\left(\overline{X} - \overline{Y} - S_\omega \sqrt{\frac{1}{n_1} + \frac{1}{n_2}} t_{\frac{\alpha}{2}}(n_1 + n_2 - 2), \overline{X} - \overline{Y} + S_\omega \sqrt{\frac{1}{n_1} + \frac{1}{n_2}} t_{\frac{\alpha}{2}}(n_1 + n_2 - 2) \right),$$

其中 $S_\omega^2 = \dfrac{(n_1 - 1)S_1^2 + (n_2 - 1)S_2^2}{n_1 + n_2 - 2}$.

(3) σ_1^2 和 σ_2^2 未知，$\sigma_1^2 \neq \sigma_2^2$，但 $n_1 = n_2$ 时，$\mu_1 - \mu_2$ 的置信度为 $1-\alpha$ 的置信区间为

$$\left(\overline{X}-\overline{Y}-\frac{S}{\sqrt{n}}t_{\frac{\alpha}{2}}(n-1),\overline{X}-\overline{Y}+\frac{S}{\sqrt{n}}t_{\frac{\alpha}{2}}(n-1)\right),$$

其中 $S^2=\dfrac{1}{n-1}\sum\limits_{i=1}^{n}(Z_i-Z)^2=\dfrac{1}{n-1}\sum\limits_{i=1}^{n}[(X_i-Y_i)-(\overline{X}-\overline{Y})]^2$.

(4) σ_1^2 和 σ_2^2 未知，$\sigma_1^2\neq\sigma_2^2$，且 $n_1\neq n_2$ 时，$\mu_1-\mu_2$ 的置信度为 $1-\alpha$ 的置信区间为

$$\left(\overline{X}-\overline{Y}-u_{\frac{\alpha}{2}}\sqrt{\frac{S_1^2}{n_1}+\frac{S_2^2}{n_2}},\overline{X}-\overline{Y}+u_{\frac{\alpha}{2}}\sqrt{\frac{S_1^2}{n_1}+\frac{S_2^2}{n_2}}\right).$$

(5) μ_1 和 μ_2 未知时，σ_1^2/σ_2^2 的置信度为 $1-\alpha$ 的置信区间为

$$\left(\frac{S_1^2/S_2^2}{F_{\frac{\alpha}{2}}(n_1-1,n_2-1)},\frac{S_1^2/S_2^2}{F_{1-\frac{\alpha}{2}}(n_1-1,n_2-1)}\right).$$

习题详解

习　题　七

（A）

1. 设 $X_1,X_2,\cdots,X_n$ 是来自总体的一个样本，求下述各总体的概率密度或分布律中未知参数的矩估计量：

(1) $f(x)=\begin{cases}(\theta+1)x^{\theta}, & 0<x<1,\\ 0, & 其他,\end{cases}$ 其中 $\theta>-1$，为未知参数；

(2) $P\{X=x\}=p(1-p)^{x-1}(x=1,2,\cdots)$，其中 $0<p<1$，为未知参数；

(3) $f(x)=\begin{cases}2\mathrm{e}^{-2(x-\theta)}, & x\geqslant\theta,\\ 0, & x<\theta,\end{cases}$ 其中 $\theta>0$，为未知参数；

(4) $f(x,\theta)=\begin{cases}\sqrt{\theta}x^{\sqrt{\theta}-1}, & 0\leqslant x\leqslant 1,\\ 0, & 其他,\end{cases}$ 其中 $\theta>0$，为未知参数；

(5) $f(x)=\begin{cases}\dfrac{\theta}{x^{\theta+1}}, & x>1,\\ 0, & x\leqslant 1,\end{cases}$ 其中 $\theta>1$，为未知参数；

(6) $f(x,\sigma)=\dfrac{1}{2\sigma}\mathrm{e}^{-\frac{|x|}{\sigma}}$，其中 $\sigma>0$，为未知参数.

解 (1) 总体的一阶原点矩为

$$E(X) = \int_{-\infty}^{+\infty} x f(x) \mathrm{d}x = \int_0^1 (\theta + 1) x^{\theta+1} \mathrm{d}x = \frac{\theta+1}{\theta+2} x^{\theta+2} \Big|_0^1 = \frac{\theta+1}{\theta+2},$$

根据矩估计原理,令

$$E(X) = \frac{\theta+1}{\theta+2} = \overline{X},$$

解得参数 θ 的矩估计量为 $\hat{\theta} = \dfrac{2\overline{X} - 1}{1 - \overline{X}}$.

(2) 因为

$$E(X) = \sum_{n=1}^{+\infty} np (1-p)^{n-1} = p \sum_{n=1}^{+\infty} n (1-p)^{n-1} = p \times \frac{1}{p^2} = \frac{1}{p},$$

根据矩估计原理,令

$$E(X) = \frac{1}{p} = \overline{X},$$

解得参数 p 的矩估计量为 $\hat{p} = \dfrac{1}{\overline{X}}$.

(3) 因为

$$E(X) = \int_{-\infty}^{+\infty} x f(x) \mathrm{d}x = \int_{\theta}^{+\infty} 2x \mathrm{e}^{-2(x-\theta)} \mathrm{d}x = \theta + \frac{1}{2},$$

根据矩估计原理,令

$$E(X) = \theta + \frac{1}{2} = \overline{X},$$

解得参数 θ 的矩估计量为 $\hat{\theta} = \overline{X} - \dfrac{1}{2}$.

(4) 因为

$$E(X) = \int_{-\infty}^{+\infty} x f(x) \mathrm{d}x = \int_0^1 \sqrt{\theta} \, x^{\sqrt{\theta}} \mathrm{d}x = \frac{\sqrt{\theta}}{\sqrt{\theta}+1},$$

根据矩估计原理,令

$$E(X) = \frac{\sqrt{\theta}}{\sqrt{\theta}+1} = \overline{X},$$

解得参数 θ 的矩估计量为 $\hat{\theta} = \left(\dfrac{\overline{X}}{\overline{X}-1}\right)^2$.

(5) 因为

$$E(X) = \int_{-\infty}^{+\infty} x f(x) \mathrm{d}x = \int_1^{+\infty} \theta \, x^{-\theta} \mathrm{d}x = \frac{\theta}{\theta-1},$$

根据矩估计原理,令

$$E(X) = \frac{\theta}{\theta - 1} = \overline{X},$$

解得参数 θ 的矩估计量为 $\hat{\theta} = \dfrac{\overline{X}}{\overline{X} - 1}$.

（6）　因为总体的一阶原点矩

$$E(X) = \int_{-\infty}^{+\infty} x f(x, \sigma) \mathrm{d}x = \int_{-\infty}^{+\infty} \frac{x}{2\sigma} \mathrm{e}^{-\frac{|x|}{\sigma}} \mathrm{d}x = 0,$$

它与参数 σ 无关,所以须用二阶原点矩. 又

$$E(X^2) = \int_{-\infty}^{+\infty} x^2 f(x, \sigma) \mathrm{d}x = \int_{-\infty}^{+\infty} \frac{x^2}{2\sigma} \mathrm{e}^{-\frac{|x|}{\sigma}} \mathrm{d}x = 2 \int_{0}^{+\infty} \frac{x^2}{2\sigma} \mathrm{e}^{-\frac{x}{\sigma}} \mathrm{d}x = 2\sigma^2,$$

根据矩估计的原理,令总体的二阶原点矩等于样本的二阶原点矩,即

$$E(X^2) = 2\sigma^2 = \frac{1}{n} \sum_{i=1}^{n} X_i^2,$$

从而参数 σ 的矩估计量为 $\hat{\sigma} = \sqrt{\dfrac{1}{2n} \sum_{i=1}^{n} X_i^2}$.

注　由于可用样本的各阶中心矩作为总体各阶中心矩的估计,因此当用样本的一阶原点矩替代总体的一阶原点矩无法求出未知参数时,可以考虑采用样本的二阶甚至更高阶的矩来替代总体的矩.

2. 求上题中各未知参数的极大似然估计量.

解　（1）设 $x_1, x_2, \cdots, x_n$ 是样本 $X_1, X_2, \cdots, X_n$ 的观察值,则似然函数为

$$L(\theta) = \prod_{i=1}^{n} f(x_i) = \begin{cases} (\theta + 1)^n \left(\prod_{i=1}^{n} x_i \right)^{\theta}, & 0 < x_i < 1, i = 1, 2, \cdots, n, \\ 0, & \text{其他.} \end{cases}$$

当 $0 < x_i < 1, i = 1, 2, \cdots, n$ 时,$L(\theta) > 0$,并且有

$$\ln L(\theta) = n \ln (\theta + 1) + \theta \sum_{i=1}^{n} \ln x_i.$$

令

$$\frac{\mathrm{d} \ln L}{\mathrm{d}\theta} = \frac{n}{\theta + 1} + \sum_{i=1}^{n} \ln x_i = 0,$$

解得 θ 的极大似然估计值为

$$\hat{\theta} = -1 - \frac{n}{\sum_{i=1}^{n} \ln x_i}.$$

从而 θ 的极大似然估计量为

$$\hat{\theta} = -1 - \frac{n}{\sum\limits_{i=1}^{n} \ln X_i}.$$

（2）设 $x_1, x_2, \cdots, x_n$ 是样本 $X_1, X_2, \cdots, X_n$ 的观察值，则似然函数为

$$L(p) = \prod_{i=1}^{n} p(1-p)^{x_i-1} = p^n (1-p)^{\sum\limits_{i=1}^{n} x_i - n}.$$

等式两边取对数，得到

$$\ln L(p) = n\ln p + \left(\sum_{i=1}^{n} x_i - n\right)\ln(1-p).$$

令

$$\frac{\mathrm{d}\ln L}{\mathrm{d}p} = \frac{n}{p} + \frac{n - \sum\limits_{i=1}^{n} x_i}{1-p} = 0,$$

解得 p 的极大似然估计值为 $\hat{p} = \dfrac{1}{X}$，从而 θ 的极大似然估计量为 $\hat{p} = \dfrac{1}{X}$.

（3）设 $x_1, x_2, \cdots, x_n$ 是样本 $X_1, X_2, \cdots, X_n$ 的观察值，则似然函数为

$$L(\theta) = \prod_{i=1}^{n} f(x_i) = \begin{cases} 2^n \mathrm{e}^{-2\sum\limits_{i=1}^{n}(x_i-\theta)}, & x_i \geqslant \theta, i = 1, 2, \cdots, n, \\ 0, & \text{其他}. \end{cases}$$

等式两边取对数，得到

$$\ln L(\theta) = n\ln 2 - 2\sum_{i=1}^{n}(x_i - \theta) = n\ln 2 - 2\sum_{i=1}^{n} x_i + 2n\theta,$$

对 θ 求导，有

$$\frac{\mathrm{d}\ln L}{\mathrm{d}\theta} = 2n > 0,$$

即似然函数是单调递增函数，于是欲使似然函数达到最大值，参数 θ 应该取所有可能值中的最大值. 又因为 $\theta \leqslant x_i$，所以 $\hat{\theta} = \min\{x_1, x_2, \cdots, x_n\} = X_{(1)}$，即 θ 的极大似然估计量为 $\hat{\theta} = X_{(1)}$.

（4）设 $x_1, x_2, \cdots, x_n$ 是样本 $X_1, X_2, \cdots, X_n$ 的观察值，则似然函数为

$$L(\theta) = \prod_{i=1}^{n} f(x_i, \theta) = (\theta)^{\frac{n}{2}} x_1^{\sqrt{\theta}-1} x_2^{\sqrt{\theta}-1} \cdots x_n^{\sqrt{\theta}-1}.$$

等式两边取对数，得到

$$\ln L(\theta) = \frac{n}{2}\ln\theta + (\sqrt{\theta} - 1)\sum_{i=1}^{n} \ln x_i.$$

令 $$\frac{\mathrm{d}\ln L}{\mathrm{d}\theta} = \frac{n}{2\theta} + \frac{1}{2\sqrt{\theta}}\sum_{i=1}^{n}\ln x_i = 0,$$

解得 θ 的极大似然估计值为 $\hat{\theta} = \dfrac{n^2}{\left(\sum\limits_{i=1}^{n}\ln x_i\right)^2}$，所以 θ 的极大似然估计量为 $\hat{\theta} = \dfrac{n^2}{\left(\sum\limits_{i=1}^{n}\ln X_i\right)^2}$.

（5）设 $x_1, x_2, \cdots, x_n$ 是样本 $X_1, X_2, \cdots, X_n$ 的观察值，则似然函数为

$$L(\theta) = \prod_{i=1}^{n} f(x_i, \theta) = \theta^n \frac{1}{x_1^{\theta+1}} \frac{1}{x_2^{\theta+1}} \cdots \frac{1}{x_n^{\theta+1}}.$$

等式两边取对数，得

$$\ln L(\theta) = n\ln\theta - (\theta+1)\sum_{i=1}^{n}\ln x_i.$$

令 $$\frac{\mathrm{d}\ln L}{\mathrm{d}\theta} = \frac{n}{\theta} - \sum_{i=1}^{n}\ln x_i = 0,$$

解得 θ 的极大似然估计值为 $\hat{\theta} = \dfrac{n}{\sum\limits_{i=1}^{n}\ln x_i}$，所以 θ 的极大似然估计量为 $\hat{\theta} = \dfrac{n}{\sum\limits_{i=1}^{n}\ln X_i}$.

（6）设 $x_1, x_2, \cdots, x_n$ 是样本 $X_1, X_2, \cdots, X_n$ 的观察值，则似然函数为

$$L(\sigma) = \prod_{i=1}^{n} f(x_i, \sigma) = \frac{1}{2}\sigma^{-n}\mathrm{e}^{-\frac{1}{\sigma}\sum_{i=1}^{n}|x_1|}.$$

等式两边取对数，得

$$\ln L(\sigma) = \frac{-n}{2}\ln\sigma - \frac{1}{\sigma}\sum_{i=1}^{n}|x_i|.$$

令 $$\frac{\mathrm{d}\ln L}{\mathrm{d}\sigma} = \frac{-n}{2\sigma} + \frac{1}{\sigma^2}\sum_{i=1}^{n}|x_i| = 0,$$

解得 σ 的极大似然估计值为 $\hat{\sigma} = \dfrac{1}{n}\sum\limits_{i=1}^{n}|x_i|.$

所以 σ 的极大似然估计量为 $\hat{\sigma} = \dfrac{1}{n}\sum\limits_{i=1}^{n}|X_i|.$

3. 设总体 X 服从参数为 m, p 的二项分布：

$$P\{X = x\} = \mathrm{C}_x^m p^x (1-p)^{m-x} \quad (x = 0, 1, 2, \cdots, m, 0 < p < 1).$$

$X_1, \cdots, X_n$ 是来自该总体的一个样本，求未知参数 p 的极大似然估计量.

解 设 $x_1, x_2, \cdots, x_n$ 是样本 $X_1, X_2, \cdots, X_n$ 的观察值，则似然函数为

$$L(p) = \prod_{i=1}^{n}\begin{bmatrix} m \\ x_i \end{bmatrix} p^{x_i}(1-p)^{m-x_i}.$$

等式两边取对数,得

$$\ln L(p) = \ln \left[\binom{m}{x_1} \binom{m}{x_2} \cdots \binom{m}{x_n} \right] + \left(\sum_{i=1}^{n} x_i \right) \ln p + \left(nm - \sum_{i=1}^{n} x_i \right) \ln (1-p).$$

令

$$\frac{\mathrm{d}\ln L}{\mathrm{d}p} = \frac{1}{p} \sum_{i=1}^{n} x_i - \left(nm - \sum_{i=1}^{n} x_i \right) / (1-p) = 0,$$

解得 p 的极大似然估计值为 $\hat{p} = \dfrac{\bar{x}}{m}$,所以 p 的极大似然估计量为 $\hat{p} = \dfrac{\bar{x}}{m}$.

4. (1) 设总体 X 服从参数为 λ 的泊松分布,$X_1, X_2, \cdots, X_n$ 是来自总体 X 的一个样本,求 $P\{X=0\}$ 的极大似然估计;

(2) 某铁路局证实一个扳道员在 5 年内所引起的严重事故的次数服从泊松分布. 求一个扳道员在 5 年内未引起严重事故的概率 p 的极大似然估计值. 使用下面 122 个观察值. 下表中,r 表示一扳道员五年内引起严重事故的次数,s 表示观察到的扳道员人数.

r	0	1	2	3	4	5
s	44	42	21	9	4	2

解 (1) 因为泊松分布参数 λ 的极大似然估计值为 $\hat{\lambda} = \bar{x}$,而 $P\{X=0\} = \mathrm{e}^{-\lambda}$,所以由极大似然估计的不变性知:$P\{X=0\}$ 的极大似然估计值为 $\mathrm{e}^{-\bar{x}}$.

(2) 观察到的 5 年内每一扳道员引起的严重事故的平均次数为

$$\bar{x} = \frac{1}{122}(0 \times 44 + 1 \times 42 + 2 \times 21 + 3 \times 9 + 4 \times 4 + 5 \times 2) = \frac{137}{122} = 1.123,$$

所以一个扳道员在五年内未引起严重事故的概率 p 的极大似然估计值为

$$\hat{p} = \mathrm{e}^{-1.123} \approx 0.3253.$$

5. 设总体 X 的概率分布为

$$X \sim \begin{bmatrix} 0 & 1 & 2 & 3 \\ \theta^2 & 2\theta(1-\theta) & \theta^2 & 1-2\theta \end{bmatrix}.$$

其中 $\theta \left(0 < \theta < \dfrac{1}{2} \right)$ 是未知参数,利用总体 X 的如下样本值

$$3, \quad 1, \quad 3, \quad 0, \quad 3, \quad 1, \quad 2, \quad 3,$$

求 θ 的矩估计值和最大似然估计值.

解 因为

$$E(X) = \sum_{i=1}^{n} x_i p_i = 0 \times \theta^2 + 1 \times 2\theta(1-\theta) + 2 \times \theta^2 + 3 \times (1-2\theta) = 3 - 4\theta,$$

根据矩估计的原理,令

$$E(X) = 3 - 4\theta = \overline{X},$$

解得参数 θ 的矩估计量为 $\hat{\theta} = \dfrac{3 - \overline{X}}{4}$.

由已知的样本值计算得到 $\overline{x} = 2$,因此 θ 的矩估计值为 $\hat{\theta} = \dfrac{3 - \overline{x}}{4} = \dfrac{1}{4}$.

又根据题设的样本确立似然函数

$$L(\theta; x_1, x_2, \cdots, x_8) = p(0; \theta) p^2(1; \theta) p(2; \theta) p^4(3; \theta) = 4\theta^6 (1-\theta)^2 (1-2\theta)^4,$$

等式两边取对数,得

$$\ln L(\theta) = \ln 4 + 6\ln \theta + 2\ln (1-\theta) + 4\ln (1-2\theta).$$

令

$$\frac{\mathrm{d}\ln L}{\mathrm{d}\theta} = \frac{3}{\theta} - \frac{1}{1-\theta} - \frac{4}{1-2\theta} = 0,$$

解得 $\hat{\theta} = \dfrac{7 \pm \sqrt{13}}{12}$. 又因为 $0 < \theta < \dfrac{1}{2}$,所以 θ 的极大似然估计值为 $\hat{\theta} = \dfrac{7 - \sqrt{13}}{12}$.

6. 设总体 X 的概率密度为

$$f(x, \lambda) = \begin{cases} \lambda \mathrm{e}^{-\lambda(x-2)}, & x > 2, \\ 0, & x \leqslant 2, \end{cases}$$

其中 λ 是未知参数($\lambda > 0$),$X_1, X_2, \cdots, X_n$ 是来自总体 X 的一个样本,求:(1) λ 的矩估计量;(2) λ 的极大似然估计量.

解 (1) 总体 X 的数学期望为

$$E(X) = \int_2^{+\infty} \lambda x \mathrm{e}^{-\lambda(x-2)} \mathrm{d}x = 2 + \frac{1}{\lambda}.$$

令 $2 + \dfrac{1}{\lambda} = \overline{X}$,解得 λ 的矩估计量为 $\hat{\theta} = \dfrac{1}{\overline{X} - 2}$.

(2) 似然函数为

$$L(\lambda) = \prod_{i=1}^n f(x_i, \lambda) = \lambda^n \mathrm{e}^{-\lambda \sum_{i=1}^n x_i + 2n\lambda},$$

等式两边取对数,有

$$\ln L(\lambda) = n\ln \lambda - \lambda \sum_{i=1}^n x_i + 2n\lambda.$$

令

$$\frac{\mathrm{d}\ln L(\lambda)}{\mathrm{d}\lambda} = \frac{n}{\lambda} - \sum_{i=1}^n x_i + 2n = 0,$$

解得 λ 的极大似然估计值为 $\hat{\lambda} = \dfrac{1}{\overline{x} - 2}$,则 λ 的极大似然估计量为 $\hat{\lambda} = \dfrac{1}{\overline{X} - 2}$.

7. 设总体 X 的概率密度为

$$f(x,\theta) = \begin{cases} \dfrac{1}{2\theta}, & 0 < x < \theta, \\[2mm] \dfrac{1}{2(1-\theta)}, & \theta \leqslant x < 1, \\[2mm] 0, & \text{其他}, \end{cases}$$

其中 θ 是未知参数$(0<\theta<1)$,$X_1,X_2,\cdots,X_n$ 是来自总体 X 的一个样本.(1) 求参数 θ 的矩估计量;(2) 判断 $4\,(\overline{X})^2$ 是否为 θ^2 的无偏估计量.

解 (1) 总体 X 的数学期望为

$$E(X) = \int_0^\theta \frac{x}{2\theta}\mathrm{d}x + \int_\theta^1 \frac{x}{2(1-\theta)}\mathrm{d}x = \frac{1+2\theta}{4}.$$

令 $\dfrac{1+2\theta}{4} = \overline{X}$,解得参数 θ 的矩估计量 $\hat{\theta} = 2\,\overline{X} - \dfrac{1}{2}$.

(2) 因为 $E(X^2) = \displaystyle\int_0^\theta \frac{x^2}{2\theta}\mathrm{d}x + \int_\theta^1 \frac{x^2}{2(1-\theta)}\mathrm{d}x = \frac{2\theta^2+\theta+1}{6}$,所以

$$D(X) = E(X^2) - [E(X)]^2 = \frac{2\theta^2+\theta+1}{6} - \left(\frac{1+2\theta}{4}\right)^2 = \frac{4\theta^2-4\theta+5}{48},$$

于是 $E(\overline{X}^2) = [E(\overline{X})]^2 + D(\overline{X}) = [E(X)]^2 + \dfrac{1}{n}D(X)$

$$= \frac{(12n+4)\theta^2 + (12n-4)\theta + 3n+5}{48n}.$$

从而 $E(4\,\overline{X}^2) = 4E(\overline{X}^2) = \dfrac{(12n+4)\theta^2 + (12n-4)\theta + 3n+5}{12n} \neq \theta^2$,

所以 $4\,(\overline{X})^2$ 不是 θ^2 的无偏估计量.

8. 设总体 $X \sim N(\mu,\sigma^2)$,$X_1,X_2,\cdots,X_n$ 是来自总体 X 的一个样本,试确定常数 c,使统计量 $c\displaystyle\sum_{i=1}^{n-1}(X_{i+1}-X_i)^2$ 为 σ^2 的无偏估计.

解 由正态分布的性质以及样本的独立性,可知 $X_{i+1}-X_i \sim N(0,2\sigma^2)$,故

$$E(X_{i+1}-X_i)^2 = D(X_{i+1}-X_i) + [E(X_{i+1}-X_i)]^2 = 2\sigma^2.$$

又因为

$$\sigma^2 = E\left[c\sum_{i=1}^{n-1}(X_{i+1}-X_i)^2\right] = c\sum_{i=1}^{n-1}E(X_{i+1}-X_i)^2 = 2(n-1)c\,\sigma^2,$$

故当 $c = \dfrac{1}{2(n-1)}$ 时,统计量 $c\displaystyle\sum_{i=1}^{n-1}(X_{i+1}-X_i)^2$ 为 σ^2 的无偏估计.

9. 设 $\hat{\theta}_1$ 和 $\hat{\theta}_2$ 相互独立且均为参数 θ 的无偏估计,并且 $\hat{\theta}_1$ 的方差是 $\hat{\theta}_2$ 的方差的 2 倍,试求出常数 a,b,使得 $a\hat{\theta}_1 + b\hat{\theta}_2$ 是 θ 的无偏估计,并且在所有这样的无偏估计中方差最小.

解 由于 $\hat{\theta}_1$ 和 $\hat{\theta}_2$ 均为参数 θ 的无偏估计,所以

$$E(a\hat{\theta}_1 + b\hat{\theta}_2) = aE(\hat{\theta}_1) + bE(\hat{\theta}_2) = (a+b)\theta.$$

为了使 $a\hat{\theta}_1 + b\hat{\theta}_2$ 是 θ 的无偏估计,必须 $a+b=1$,即 $b=1-a$. 又由 $\hat{\theta}_1$ 和 $\hat{\theta}_2$ 的独立性以及题设条件,可得

$$D(a\hat{\theta}_1 + b\hat{\theta}_2) = a^2 D(\hat{\theta}_1) + b^2 D(\hat{\theta}_2)$$
$$= 2a^2 D(\hat{\theta}_2) + (1-a)^2 D(\hat{\theta}_2) = (3a^2 - 2a + 1)D(\hat{\theta}_2).$$

上式右边当 $a = \dfrac{1}{3}$ 时达到最小,即当 $a = \dfrac{1}{3}, b = \dfrac{2}{3}$ 时,$a\hat{\theta}_1 + b\hat{\theta}_2$ 是 θ 的无偏估计,并且在所有这样的无偏估计中方差最小.

10. 设总体 X 服从参数为 λ 的泊松分布,$X_1, X_2, \cdots, X_n$ 是来自总体 X 的一个样本,$\overline{X}, S^2$ 分别为样本均值和样本方差.(1) 试证对一切 $\alpha(0 \leqslant \alpha \leqslant 1)$,统计量 $\alpha\overline{X} + (1-\alpha)S^2$ 均为 λ 的无偏估计量;(2) 试求 λ, λ^2 的极大似然估计量 $\hat{\lambda}_M, \hat{\lambda}_M^2$;(3) 讨论 $\hat{\lambda}_M^2$ 的无偏性,并给出 λ^2 的一个无偏估计量.

解 (1) 由于总体 X 服从参数为 λ 的泊松分布,所以

$$E(X) = D(X) = \lambda.$$

又因为样本均值和样本方差是总体均值和方差的无偏估计,于是有

$$E(\overline{X}) = E(S^2) = \lambda.$$

进而 $\qquad E[\alpha\overline{X} + (1-\alpha)S^2] = \alpha E(\overline{X}) + (1-\alpha)E(S^2) = \lambda,$

即 $\alpha\overline{X} + (1-\alpha)S^2$ 是 λ 的无偏估计量.

(2) 由于泊松分布参数 λ 的极大似然估计量为 $\hat{\lambda}_M = \overline{X}$,所以根据极大似然估计的不变性可知,参数 λ^2 的极大似然估计量为 $\hat{\lambda}_M^2 = \overline{X}^2$.

(3) 由于 $E(\hat{\lambda}_M^2) = E(\overline{X}^2) = D(\overline{X}) + [E(\overline{X})]^2 = \dfrac{\lambda}{n} + \lambda^2 \neq \lambda^2$,所以 $\hat{\lambda}_M^2 = (\overline{X})^2$ 不是 λ^2 的无偏估计量. 若令

$$\hat{\lambda}^2 = \overline{X}^2 - \frac{\overline{X}}{n},$$

则有
$$E(\hat{\lambda}^2) = E(\overline{X}^2) - \frac{1}{n}E(\overline{X}) = \frac{\lambda}{n} + \lambda^2 - \frac{\lambda}{n} = \lambda^2,$$

因此 $\hat{\lambda}^2 = \overline{X}^2 - \dfrac{\overline{X}}{n}$ 是 λ^2 的一个无偏估计量.

注 λ^2 的无偏估计量不是唯一的,例如统计量 $\hat{\lambda}_i^2 = (\overline{X})^2 - \dfrac{X_i}{n}(i = 1, 2, \cdots, n)$ 都是 λ^2 无偏估计量.

11. 设总体 X 服从区间 $(\theta, \theta+1)$ 上的均匀分布, $X_1, \cdots, X_n$ 是来自总体 X 的一个样本,证明估计量
$$\hat{\theta}_1 = \frac{1}{n}\sum_{i=1}^{n} X_i - \frac{1}{2}, \quad \hat{\theta}_2 = X_{(n)} - \frac{n}{n+1}$$

皆为参数 θ 的无偏估计,并且 $\hat{\theta}_2$ 比 $\hat{\theta}_1$ 有效.

证 由题意可知 X 的概率密度和分布函数分别为
$$f(x) = \begin{cases} 1, & \theta < x < \theta+1, \\ 0, & \text{其他,} \end{cases} \quad F(x) = \begin{cases} 0, & x \leqslant \theta \\ x - \theta, & \theta < x < \theta+1, \\ 1, & x \geqslant \theta+1. \end{cases}$$

于是最大顺序统计量 $X_{(n)}$ 的概率密度为
$$f_{(n)}(x) = n[F(x)]^{n-1} f(x) = \begin{cases} n(x-\theta)^{n-1}, & \theta < x < \theta+1, \\ 0, & \text{其他,} \end{cases}$$

所以
$$E(X_{(n)}) = \int_{-\infty}^{+\infty} x f_{(n)}(x)\mathrm{d}x = \int_{\theta}^{\theta+1} nx(x-\theta)^{n-1}\mathrm{d}x$$
$$= n\int_0^1 (t+\theta)t^{n-1}\mathrm{d}t = \frac{n}{n+1} + \theta,$$
$$E(X_{(n)}^2) = \int_{-\infty}^{+\infty} x^2 f_{(n)}(x)\mathrm{d}x = \int_{\theta}^{\theta+1} nx^2(x-\theta)^{n-1}\mathrm{d}x$$
$$= n\int_0^1 (t+\theta)^2 t^{n-1}\mathrm{d}t = \frac{n}{n+2} + \frac{2n}{n+1}\theta + \theta^2,$$
$$D(X_{(n)}) = E(X_{(n)}^2) - [E(X_{(n)}^2)] = \frac{n}{(n+2)(n+1)^2}.$$

于是
$$E(\hat{\theta}_1) = E\left(\overline{X} - \frac{1}{2}\right) = E(X) - \frac{1}{2} = \frac{\theta + \theta+1}{2} - \frac{1}{2} = \theta,$$
$$E(\hat{\theta}_2) = E\left(X_{(n)} - \frac{n}{n+1}\right) = \frac{n}{n+1} + \theta - \frac{n}{n+1} = \theta.$$

所以 $\hat{\theta}_1, \hat{\theta}_2$ 都是参数 θ 的无偏估计. 又因为

$$D(\hat{\theta}_1) = D(\overline{X}) = \frac{1}{n}D(X) = \frac{1}{12n},$$

$$D(\hat{\theta}_2) = D(X_{(n)}) = \frac{n}{(n+2)(n+1)^2} < \frac{1}{12n} \quad (n > 1),$$

所以 $\hat{\theta}_2$ 比 $\hat{\theta}_1$ 有效.

12. 从一台机床加工的轴承中, 随机抽取 200 件, 测量其椭圆度, 得样本均值 $\overline{x} = 0.081\text{mm}$, 并由累积资料知道椭圆度服从 $N(\mu, 0.025^2)$, 试求 μ 的置信度为 0.95 的置信区间.

解　已知 $\sigma^2 = 0.025^2$, 所以参数 μ 的置信度为 $1-\alpha$ 的置信区间为

$$\left(\overline{X} - \frac{\sigma}{\sqrt{n}}u_{\frac{\alpha}{2}}, \overline{X} + \frac{\sigma}{\sqrt{n}}u_{\frac{\alpha}{2}}\right).$$

将 $\overline{x} = 0.081, \sigma = 0.025, u_{\alpha/2} = u_{0.025} = 1.96$ 代入, 得 μ 的置信度为 $1-\alpha$ 的置信区间为 $(0.0775, 0.0845)$.

13. 设总体 $X \sim N(\mu, \sigma^2)$, $x_1, x_2, \cdots, x_n$ 是其样本值, 如果 σ^2 为已知, 则 n 取多大值时, 能保证 μ 的置信度为 $1-\alpha$ 的置信区间的长度不大于给定的 L?

解　σ^2 已知时, μ 的置信度为 $1-\alpha$ 的置信区间为

$$\left(\overline{X} - \frac{\sigma}{\sqrt{n}}u_{\frac{\alpha}{2}}, \overline{X} + \frac{\sigma}{\sqrt{n}}u_{\frac{\alpha}{2}}\right),$$

故欲使其区间长度不大于给定的 L, 必须 $\frac{2\sigma}{\sqrt{n}}u_{\frac{\alpha}{2}} \leqslant L$, 即 $n \geqslant \frac{4u_{\frac{\alpha}{2}}^2\sigma^2}{L^2}$.

14. 在测量反应时间中, 一心理学家估计的标准差为 0.05 秒, 为了以 95% 的置信度使他对平均反应时间的估计误差不超过 0.01 秒, 应取多大的样本容量 n?

解　设测量反应时间为 X, 则 $\mu = E(X)$ 表示平均反应时间. 由题设知 $S = 0.05$, 当 n 充分大时, 统计量

$$T = \frac{\overline{X} - \mu}{S/\sqrt{n}} \sim N(0,1).$$

故要求样本容量 n 满足

$$P\{|\overline{X} - \mu| \leqslant 0.01\} = P\left\{\frac{|\overline{X} - \mu|}{0.05/\sqrt{n}} \leqslant \frac{0.01\sqrt{n}}{0.05}\right\} = 0.95,$$

又查表得 $u_{0.025} = 1.96$, 所以 $\frac{0.01\sqrt{n}}{0.05} \geqslant 1.96$, 即 $n \geqslant 96.04$, 亦即 $n = 97$.

因此当 $n \geqslant 97$ 时, 可以 95% 的置信度使他对平均反应时间的估计误差不超过

0.01 秒.

15. 从自动机床加工的同类零件中抽取 16 件,测得长度为(单位:mm)

   12.15 12.12 12.01 12.08 12.09 12.16 12.03 12.01

   12.06 12.07 12.13 12.11 12.08 12.01 12.03 12.06

设零件长度近似服从正态分布,试求方差 σ^2 的置信度为 0.95 的置信区间.

解 在总体均值未知时,总体方差 σ^2 的置信度为 $1-\alpha$ 的置信区间为

$$\left(\frac{(n-1)S^2}{\chi^2_{\frac{\alpha}{2}}(n-1)},\frac{(n-1)S^2}{\chi^2_{1-\frac{\alpha}{2}}(n-1)}\right).$$

已知 $\alpha=0.05,n=16$,查表得 $\chi^2_{0.975}(15)=6.262,\chi^2_{0.025}(15)=27.488$.又由样本数据计算得 $S^2=0.00244$,所以 σ^2 的置信度为 95% 的置信区间为 $(0.00133,0.00584)$.

16. 设 $X_1,X_2,\cdots,X_n$ 是来自正态总体 $N(\mu,\sigma^2)$ 的样本,已知 $\mu=6.5$,且有样本值

   7.5, 2.0, 12.1, 8.8, 9.4, 7.3, 1.9, 2.8, 7.0, 7.3

试求 σ^2 和 σ 的置信度为 0.95 的置信区间.

解 在总体均值 μ 已知时,总体方差 σ^2 的置信度为 $1-\alpha$ 的置信区间为

$$\left(\frac{\sum\limits_{i=1}^{n}(X_i-\mu)^2}{\chi^2_{\frac{\alpha}{2}}(n)},\frac{\sum\limits_{i=1}^{n}(X_i-\mu)^2}{\chi^2_{1-\frac{\alpha}{2}}(n)}\right).$$

已知 $\mu=6.5,n=10$,又查表可得 $\chi^2_{0.025}(10)=20.483,\chi^2_{0.975}(10)=3.247$,所以 σ^2 的置信度为 0.95 的置信区间为 $(5.013,31.626)$.

总体均方差 σ 的置信度为 $1-\alpha$ 的置信区间为

$$\left(\sqrt{\frac{\sum\limits_{i=1}^{n}(X_i-\mu)^2}{\chi^2_{\frac{\alpha}{2}}(n)}},\sqrt{\frac{\sum\limits_{i=1}^{n}(X_i-\mu)^2}{\chi^2_{1-\frac{\alpha}{2}}(n)}}\right)\approx(2.239,5.624).$$

17. 为比较甲与乙两种型号同一产品的寿命,随机地抽取甲型产品 5 个,测得平均寿命 $\overline{x}=1000$ h,标准差 $s_1=28$ h,随机地抽取乙型产品 7 个,测得平均寿命 $\overline{y}=980$ h,$s_2=32$ h,设总体服从正态分布,并且由生产过程知它们的方差相等,求两个总体均值差的置信度为 0.99 的置信区间.

解 此题为方差未知但相等时的两个总体均值差的区间估计问题,此时 $\mu_1-\mu_2$ 的置信度为 $1-\alpha$ 的置信区间为

$$\left(\overline{X}-\overline{Y}-S_\omega\sqrt{\frac{1}{n_1}+\frac{1}{n_2}}t_{\frac{\alpha}{2}}(n_1+n_2-2),\overline{X}-\overline{Y}+S_\omega\sqrt{\frac{1}{n_1}+\frac{1}{n_2}}t_{\frac{\alpha}{2}}(n_1+n_2-2)\right),$$

其中 $S_\omega = \sqrt{\dfrac{(n_1-1)S_1^2 + (n_2-1)S_2^2}{n_1+n_2-2}}$.

已知 $n_1 = 5, n_2 = 7, s_1 = 28, s_2 = 32$,所以

$$s_\omega = \sqrt{\dfrac{(n_1-1)s_1^2 + (n_2-1)s_2^2}{n_1+n_2-2}} = \sqrt{\dfrac{4\times 28^2 + 6\times 32^2}{5+7-2}} \approx 30.463.$$

又有 $\overline{x} = 1000, \overline{y} = 980, t_{0.005}(10) = 3.1693$,则均值差的置信度为 0.99 的置信区间为

$$\left(1000-980-30.463\times 3.1693\sqrt{\dfrac{1}{5}+\dfrac{1}{7}}, 1000-980+30.463\times 3.1693\sqrt{\dfrac{1}{5}+\dfrac{1}{7}}\right)$$

$$= (-36.53, 76.53).$$

18. 为了在正常条件下检验一种杂交作物的两种新处理方案,在同一地区随机地挑选 8 块地,在每块试验地上按两种方案种植作物,这 8 块地的单位面积产量分别如下表所示:

一号方案产量	86	87	56	93	84	93	75	79
二号方案产量	80	79	58	91	77	82	74	66

假设两种方案的产量都服从正态分布,试求这两个平均产量之差的置信度为 0.95 的置信区间.

解 设 X, Y 分别为一号和二号方案的单位面积产量,且 $X \sim N(\mu_1, \sigma_1^2), Y \sim N(\mu_2, \sigma_2^2)$. $X_1, X_2, \cdots, X_n$ 和 $Y_1, Y_2, \cdots, Y_n$ 分别为总体 X, Y 的样本.

令 $Z = X - Y$,则 $Z \sim N(\mu_1-\mu_2, \sigma_1^2+\sigma_2^2)$,且 $Z_i = X_i - Y_i$ 为总体 Z 的样本. 此时,$\mu_1 - \mu_2$ 的置信度为 $1-\alpha$ 的置信区间为

$$\left(\overline{X}-\overline{Y}-\dfrac{S}{\sqrt{n}}t_{\alpha/2}(n-1), \overline{X}-\overline{Y}+\dfrac{S}{\sqrt{n}}t_{\alpha/2}(n-1)\right),$$

其中 $S^2 = \dfrac{1}{n-1}\sum\limits_{i=1}^{n}(Z_i-\overline{Z})^2 = \dfrac{1}{n-1}\sum\limits_{i=1}^{n}\left[(X_i-Y_i)-(\overline{X}-\overline{Y})\right]^2$.

已知 $n = 8, \overline{z} = \overline{x}-\overline{y} = 5.75, s = 5.12, \alpha = 0.05$,查表得 $t_{0.025}(7) = 2.3646$. 计算得 $\mu_1 - \mu_2$ 的置信度为 0.95 的置信区间为 $(1.47, 10.03)$.

19. 设两位化验员 A,B 独立地对某种聚合物含氯量用相同的方法各做 10 次测定,其测定值的样本方差依次为 $s_A^2 = 0.5419, s_B^2 = 0.6065$,设 σ_A^2, σ_B^2 分别为 A,B 所测定的测定值总体的方差,设总体均为正态的. 求方差比 $\dfrac{\sigma_A^2}{\sigma_B^2}$ 的置信度为 0.95 的置信区间.

解 在两正态总体中 μ_A 及 μ_B 未知的情形下,方差比 $\dfrac{\sigma_A^2}{\sigma_B^2}$ 的置信度为 $1-\alpha$ 的置信区间为

$$\left(\frac{S_A^2/S_B^2}{F_{\frac{\alpha}{2}}(n_1-1,n_2-1)}, \frac{S_A^2/S_B^2}{F_{1-\frac{\alpha}{2}}(n_1-1,n_2-1)} \right).$$

已知 $n_1 = n_2 = 10, \alpha = 0.05$,查表得 $F_{0.025}(9,9) = 4.03, F_{0.975}(9,9) = 0.2481$. 又 $s_A^2 = 0.5419, s_B^2 = 0.6065$,计算可得 $\dfrac{\sigma_A^2}{\sigma_B^2}$ 的置信度为 0.95 的置信区间为 $(0.2217, 3.601)$.

20. 设总体 X 服从区间 $(\theta, \theta+1)$ 上的均匀分布,$X_1, \cdots, X_n$ 是来自总体 X 的一个样本,其中 $-\infty < \theta < +\infty$,试证 θ 的极大似然估计量不止一个. 如:$\hat{\theta}_1 = X_{(1)}$,$\hat{\theta}_2 = X_{(n)} - 1, \hat{\theta}_3 = \dfrac{1}{2}\big[X_{(1)} + X_{(n)}\big] - \dfrac{1}{2}$ 都是 θ 的极大似然估计量.

证 X 的概率密度为

$$f(x,\theta) = \begin{cases} 1, & \theta < x < \theta+1, \\ 0, & \text{其他}. \end{cases}$$

设 $x_1, x_2, \cdots, x_n$ 是相应的样本观察值,则似然函数为

$$L(\theta) = \prod_{i=1}^{n} f(x_i, \theta) = \begin{cases} 1, & \theta < x_i < \theta+1, i = 1, 2, \cdots, n, \\ 0, & \text{其他}. \end{cases}$$

当 $\theta < x_i < \theta+1, i = 1, 2, \cdots, n$ 时,$L(\theta) = 1$ 为常数,因此对于满足

$$\theta < x_{(1)} \leqslant x_{(n)} < \theta+1$$

的一切 θ 均为极大似然估计,即 θ 的极大似然估计量不止一个. 由于区间 $(\theta, \theta+1)$ 的总长度为 1,因此由上述不等式知,如果 θ 尽可能地靠近 $x_{(1)}$,或者 $\theta+1$ 尽量靠近 $x_{(n)}$,则所得的估计显得更加合理. 因此 $\hat{\theta}_1 = X_{(1)}$ 和 $\hat{\theta}_2 = X_{(n)} - 1$ 都可以是 θ 的极大似然估计量. 由极大似然估计的不变性知:$\hat{\theta}_3 = \dfrac{1}{2}(X_{(1)} + X_{(n)}) - \dfrac{1}{2}$ 也可以作为极大似然估计.

21. 设随机变量 X 服从参数为 λ 的指数分布,求未知参数 λ 的倒数 $\theta = \dfrac{1}{\lambda}$ 的极大似然估计量 $\hat{\theta}$,并回答所得的估计量 $\hat{\theta}$ 是否为 θ 的有效估计.

解 X 的概率密度为

$$f(x,\theta) = \begin{cases} \dfrac{1}{\theta}\mathrm{e}^{-\frac{x}{\theta}}, & x > 0, \\ 0, & x \leqslant 0. \end{cases}$$

设 $X_1, X_2, \cdots, X_n$ 是来自总体 X 的一个样本，$x_1, x_2, \cdots, x_n$ 是相应的样本观察值，则似然函数为

$$L(\theta) = \prod_{i=1}^{n} f(x_i, \theta) = \begin{cases} \theta^{-n}\mathrm{e}^{-\frac{1}{\theta}\sum\limits_{i=1}^{n} x_i}, & x_i > 0, i = 1, 2, \cdots, n, \\ 0, & \text{其他}, \end{cases}$$

所以当 $x_i > 0, i = 1, 2, \cdots, n$ 时，$L(\theta) > 0$，并且有

$$\ln L(\theta) = -n\ln \theta - \frac{1}{\theta}\sum_{i=1}^{n} x_i.$$

令

$$\frac{\mathrm{d}\ln L}{\mathrm{d}\theta} = -\frac{n}{\theta} + \frac{1}{\theta^2}\sum_{i=1}^{n} x_i = 0,$$

解得 θ 的极大似然估计值为 $\hat{\theta} = \overline{x}$，故其极大似然估计量为 $\hat{\theta} = \overline{X}$.

由于 $E(\hat{\theta}) = E(\overline{X}) = E(X) = \theta$，故 $\hat{\theta} = \overline{X}$ 是 θ 无偏估计. 又因为

$$\ln f(x, \theta) = -\ln \theta - \frac{x}{\theta},$$

所以

$$\frac{\partial\ln f(x, \theta)}{\partial\theta} = -\frac{1}{\theta} + \frac{x}{\theta^2}.$$

因此，信息量

$$I(\theta) = E\left[\frac{\partial}{\partial\theta}f(X, \theta)\right]^2 = E\left(-\frac{1}{\theta} + \frac{X}{\theta^2}\right)^2 = \frac{1}{\theta^4}E(X - \theta)^2 = \frac{D(X)}{\theta^4} = \frac{1}{\theta^2}.$$

由于

$$D(\hat{\theta}) = D(\overline{X}) = \frac{D(X)}{n} = \frac{\theta^2}{n} = \frac{1}{nI(\theta)},$$

所以估计量 $\hat{\theta}$ 为 θ 的有效估计.

22. 设随机变量 X 服从均值为 λ 的泊松分布，λ 为未知参数.（1）求 e^{λ} 的无偏估计;（2）证明 $\theta = \mathrm{e}^{-2\lambda}$ 的无偏估计为

$$\hat{\theta} = \begin{cases} 1, & X \text{取偶数}, \\ -1, & X \text{取奇数}. \end{cases}$$

解 （1）由于 $E(2^X) = \sum_{k=0}^{\infty} \frac{2^k\lambda^k}{k!}\mathrm{e}^{-\lambda} = \mathrm{e}^{2\lambda}\mathrm{e}^{-\lambda} = \mathrm{e}^{\lambda}$，

所以如果 $X_1, X_2, \cdots, X_n$ 是来自总体 X 的一个样本，则 $2^{X_i}(i = 1, 2, \cdots, n)$ 均为 e^{λ} 的无偏估计.

(2) 由于 $\hat{\theta} = (-1)^X$,所以有

$$E(\hat{\theta}) = e^{-\lambda} \sum_{k=1}^{\infty} \frac{(-1)^k \lambda^k}{k!} = e^{-2\lambda},$$

故 $\hat{\theta} = (-1)^X$ 是 $\theta = e^{-2\lambda}$ 的无偏估计.

23. 设 $0.50, 1.25, 0.80, 2.00$ 是来自总体 X 的简单随机样本值.已知 $Y = \ln X$ 服从正态分布 $N(\mu, 1)$.

(1) 求 X 的数学期望 $E(X)$(记 $E(X) = b$);

(2) 求 μ 的置信度为 0.95 的置信区间;

(3) 利用上述结果求 b 的置信度为 0.95 的置信区间.

解 (1) 因为 $Y = \ln X$,所以 $X = e^Y$.于是

$$E(X) = E(e^Y) = \int_{-\infty}^{+\infty} e^y \frac{1}{\sqrt{2\pi}} e^{-\frac{(y-\mu)^2}{2}} dy \xrightarrow{\diamondsuit t = y - \mu} \frac{1}{\sqrt{2\pi}} \int_{-\infty}^{+\infty} e^{t+\mu} e^{-\frac{t^2}{2}} dt$$

$$= e^{\mu + \frac{1}{2}} \int_{-\infty}^{+\infty} \frac{1}{\sqrt{2\pi}} e^{-\frac{(t-1)^2}{2}} dt = e^{\mu + \frac{1}{2}}.$$

(2) 由于 $Y \sim N(\mu, 1)$,所以 μ 的置信度为 $1 - \alpha$ 的置信区间为

$$\left(\overline{Y} - u_{\frac{\alpha}{2}} \frac{1}{\sqrt{n}}, \overline{Y} + u_{\frac{\alpha}{2}} \frac{1}{\sqrt{n}} \right).$$

当 $\alpha = 0.05$ 时,查表可得 $u_{\alpha/2} = u_{0.025} = 1.96$.又由题设可算得

$$\overline{Y} = \frac{1}{4} \big[\ln(0.50) + \ln(1.25) + \ln(0.8) + \ln(2.00) \big] = \frac{1}{4} \ln 1 = 0,$$

所以 μ 的置信度为 $1 - \alpha$ 的置信区间为 $(-0.98, 0.98)$.

(3) 由于 $P\{\overline{Y} - 0.98 < \mu < \overline{Y} + 0.98\} = 0.95$,所以

$$P\left\{ \overline{Y} - 0.98 + \frac{1}{2} < \mu + \frac{1}{2} < \overline{Y} + 0.98 + \frac{1}{2} \right\}$$

$$= P\left\{ \overline{Y} - 0.48 < \mu + \frac{1}{2} < \overline{Y} + 1.48 \right\} = 0.95.$$

又因为 e^x 为 x 的单调函数,故

$$P\{ e^{\overline{Y} - 0.48} < e^{\mu + \frac{1}{2}} < e^{\overline{Y} + 1.48} \} = 0.95.$$

注意到 $\overline{Y} = 0$,所以 $b = e^{\mu + \frac{1}{2}}$ 的置信度为 0.95 的置信区间为 $(e^{-0.48}, e^{1.48})$.

24. 设 $X_1, X_2, \cdots, X_n$ 是来自于正态总体 $N(\mu, \sigma^2)$ 的样本.(1) 求 σ^2 的置信度为 $1 - \alpha$ 的置信上限;(2) 说明如何构造 $\log \sigma^2$ 的具有固定长度 L 的置信度为 $1 - \alpha$ 的置信区间.

解　(1)　因为 $\dfrac{(n-1)S^2}{\sigma^2} \sim \chi^2(n-1)$，所以

$$P\left\{\dfrac{(n-1)S^2}{\sigma^2} > \chi^2_{1-\alpha}(n-1)\right\} = 1-\alpha,$$

即　$P\left\{\dfrac{(n-1)S^2}{\chi^2_{1-\alpha}(n-1)} > \sigma^2\right\} = 1-\alpha.$

所以 σ^2 的置信度为 $1-\alpha$ 的置信上限为 $\dfrac{(n-1)S^2}{\chi^2_{1-\alpha}(n-1)}$.

(2)　由于 σ^2 的置信度为 $1-\alpha$ 的置信区间为

$$\left(\dfrac{(n-1)S^2}{\chi^2_{\frac{\alpha}{2}}(n-1)}, \dfrac{(n-1)S^2}{\chi^2_{1-\frac{\alpha}{2}}(n-1)}\right),$$

所以 $\log \sigma^2$ 的置信度为 $1-\alpha$ 的置信区间为

$$\left(\log \dfrac{(n-1)S^2}{\chi^2_{\frac{\alpha}{2}}(n-1)}, \log \dfrac{(n-1)S^2}{\chi^2_{1-\frac{\alpha}{2}}(n-1)}\right),$$

其长度为 $\log \dfrac{\chi^2_{\frac{\alpha}{2}}(n-1)}{\chi^2_{1-\frac{\alpha}{2}}(n-1)}$. 因此要使其具有固定长度 L，必须使样本容量 n 满足

$$\log \dfrac{\chi^2_{\frac{\alpha}{2}}(n-1)}{\chi^2_{1-\frac{\alpha}{2}}(n-1)} = L, \text{即} \dfrac{\chi^2_{\frac{\alpha}{2}}(n-1)}{\chi^2_{1-\frac{\alpha}{2}}(n-1)} = 10^L.$$

25．设 $X_i = \dfrac{\theta}{2}t_i^2 + \varepsilon_i, i = 1, 2, \cdots, n$，这里 ε_i 是均值为 0，方差为 σ^2（设为已知）的独立正态随机变量.

(1)　用 θ 的估计量 $\hat{\theta} = \dfrac{2\displaystyle\sum_{i=1}^{n} t_i^2 x_i}{\displaystyle\sum_{i=1}^{n} t_i^4}$，求 θ 的具有固定长度 L 的置信度为 $1-\alpha$ 的置信区间；

(2)　若 $0 \leqslant t_i \leqslant 1, i = 1, 2, \cdots, n$，除此限制外，我们可以自由地选择 t_i，请问应该使用 t_i 的什么值，能使我们的区间对于给定的 α 尽可能地短？

解　(1)　由题意可知，$X_i \sim N\left(\dfrac{\theta}{2}t_i^2, \sigma^2\right)(i = 1, 2, \cdots, n)$，且相互独立，由于 $\hat{\theta}$ 是 X_i 的线性组合，故也服从正态分布. 又

$$E(\hat{\theta}) = \dfrac{2\displaystyle\sum_{i=1}^{n} t_i^2 E(X_i)}{\displaystyle\sum_{i=1}^{n} t_i^4} = \dfrac{\theta\displaystyle\sum_{i=1}^{n} t_i^4}{\displaystyle\sum_{i=1}^{n} t_i^4} = \theta, \quad D(\hat{\theta}) = \dfrac{4\displaystyle\sum_{i=1}^{n} t_i^4 D(X_i)}{\left(\displaystyle\sum_{i=1}^{n} t_i^4\right)^2} = \dfrac{4\sigma^2}{\displaystyle\sum_{i=1}^{n} t_i^4},$$

于是 $U = \dfrac{\hat{\theta} - \theta}{\sqrt{4\sigma^2 / \sum\limits_{i=1}^{n} t_i^4}} \sim N(0,1).$ 由 $P\{u_{1-\alpha+\alpha_1} < U < u_{\alpha_1}\} = 1 - \alpha$, 解得 θ 的置信度

为 $1 - \alpha$ 的置信区间为

$$\left(\hat{\theta} - \frac{2\sigma}{\sqrt{\sum\limits_{i=1}^{n} t_i^4}} u_{\alpha_1}, \hat{\theta} - \frac{2\sigma}{\sqrt{\sum\limits_{i=1}^{n} t_i^4}} u_{1-\alpha+\alpha_1} \right).$$

因此，要使得上面的区间具有固定的长度，必须选择合适的 α_1，使 $\dfrac{2\sigma(u_{\alpha_1} - u_{1-\alpha+\alpha_1})}{\sqrt{\sum\limits_{i=1}^{n} t_i^4}} = L.$

（2）由于 $0 \leqslant t_i \leqslant 1 (i = 1, 2, \cdots, n)$，因此要使区间长度尽可能地短，必须使上式

的分母 $\sqrt{\sum\limits_{i=1}^{n} t_i^4}$ 尽可能地大，因此可以取 $t_i = 1, i = 1, 2, \cdots, n$.

26. 设 $X_1, X_2, \cdots, X_n$ 是取自正态总体 $N(\mu, \sigma^2)$ 的一个样本，其中 σ^2 已知. 试证明形如 $\left(\overline{X} - u_{\alpha_1} \dfrac{\sigma}{\sqrt{n}}, \overline{X} + u_{\alpha_2} \dfrac{\sigma}{\sqrt{n}} \right)$ 的置信度为 $1 - \alpha (\alpha_1 + \alpha_2 = \alpha)$ 的置信区间中，当 $\alpha_1 = \alpha_2 = \dfrac{\alpha}{2}$ 时，区间长度最短.

证 不妨设 $\alpha_1 < \dfrac{\alpha}{2} < \alpha_2$，则 $u_{\alpha_2} < u_{\alpha/2} < u_{\alpha_1}$. 因为 $\alpha_1 + \alpha_2 = \alpha$，故 $\alpha_2 - \dfrac{\alpha}{2} = \dfrac{\alpha}{2} - \alpha_1$. 于是

$$\int_{u_{\frac{\alpha}{2}}}^{u_{\frac{\alpha}{2}}} \varphi(x) \mathrm{d}x = \alpha_2 - \frac{\alpha}{2} = \frac{\alpha}{2} - \alpha_1 = \int_{u_{\frac{\alpha}{2}}}^{u_{\alpha_1}} \varphi(x) \mathrm{d}x,$$

其中 $\varphi(x)$ 为标准正态分布的概率密度函数.

又因为当 $x > 0$ 时，$\varphi(x)$ 是单调递减的，所以有 $u_{\alpha_1} - u_{\frac{\alpha}{2}} > u_{\frac{\alpha}{2}} - u_{\alpha_2}$，即

$$u_{\alpha_1} + u_{\alpha_2} > 2u_{\frac{\alpha}{2}}.$$

于是，区间 $\left(\overline{X} - u_{\alpha_1} \dfrac{\sigma}{\sqrt{n}}, \overline{X} + u_{\alpha_2} \dfrac{\sigma}{\sqrt{n}} \right)$ 的长度为 $\dfrac{\sigma}{\sqrt{n}} (u_{\alpha_1} + u_{\alpha_2}) > \dfrac{2\sigma}{\sqrt{n}} u_{\frac{\alpha}{2}}$，而 $\dfrac{2\sigma}{\sqrt{n}} u_{\frac{\alpha}{2}}$ 即为 $\alpha_1 = \alpha_2 = \dfrac{\alpha}{2}$ 时置信区间的长度.

因此，形如 $\left(\overline{X} - u_{\alpha_1} \dfrac{\sigma}{\sqrt{n}}, \overline{X} + u_{\alpha_2} \dfrac{\sigma}{\sqrt{n}} \right)$ 的置信度为 $1 - \alpha (\alpha_1 + \alpha_2 = \alpha)$ 的置信区间

中,当 $\alpha_1 = \alpha_2 = \dfrac{\alpha}{2}$ 时,区间长度最短.

27. 设 $(X_1, X_2, \cdots, X_{n_1})$ 和 $(Y_1, Y_2, \cdots, Y_{n_2})$ 是分别来自正态总体 $N(\mu_1, \sigma_1^2)$ 和 $N(\mu_2, \sigma_2^2)$ 的两个相互独立的样本.(1)　若 σ_1^2, σ_2^2 已知,求 $\mu_1 - \mu_2$ 的置信度为 $1 - \alpha$ 的具有固定长度 L 的置信区间;(2)　若 $\sigma_1^2 = \sigma_2^2 = \sigma^2$,为使置信度为 90% 的 $\mu_1 - \mu_2$ 的置信区间长度为 $\dfrac{2}{5}\sigma$,样本容量 $n_1 = n_2 = n$ 应取多大?

解　(1)　当 σ_1^2, σ_2^2 已知时,统计量

$$U = \frac{(\overline{X} - \overline{Y}) - (\mu_1 - \mu_2)}{\sqrt{\dfrac{\sigma_1^2}{n_1} + \dfrac{\sigma_2^2}{n_2}}} \sim N(0, 1).$$

因此

$$P\left\{ -u_{\alpha_1} < \frac{(\overline{X} - \overline{Y}) - (\mu_1 - \mu_2)}{\sqrt{\dfrac{\sigma_1^2}{n_1} + \dfrac{\sigma_2^2}{n_2}}} < u_{\alpha - \alpha_1} \right\} = 1 - \alpha,$$

即

$$P\left\{ (\overline{X} - \overline{Y}) - u_{\alpha - \alpha_1} \sqrt{\dfrac{\sigma_1^2}{n_1} + \dfrac{\sigma_2^2}{n_2}} < \mu_1 - \mu_2 < (\overline{X} - \overline{Y}) + u_{\alpha_1} \sqrt{\dfrac{\sigma_1^2}{n_1} + \dfrac{\sigma_2^2}{n_2}} \right\} = 1 - \alpha.$$

因此 $\mu_1 - \mu_2$ 的置信度为 $1 - \alpha$ 的置信区间为

$$\left(\overline{X} - \overline{Y} - u_{\alpha - \alpha_1} \sqrt{\dfrac{\sigma_1^2}{n_1} + \dfrac{\sigma_2^2}{n_2}}, \ \overline{X} - \overline{Y} + u_{\alpha_1} \sqrt{\dfrac{\sigma_1^2}{n_1} + \dfrac{\sigma_2^2}{n_2}} \right),$$

要使该区间具有固定长度 L,必须选择适当的 α_1 和样本容量 n_1 和 n_2,使得

$$u_{\alpha - \alpha_1} + u_\alpha = \frac{L}{\sqrt{\dfrac{\sigma_1^2}{n_1} + \dfrac{\sigma_2^2}{n_2}}}.$$

(2)　由于 $L = \dfrac{2}{5}\sigma, n_1 = n_2 = n$,取 $\alpha_1 = \dfrac{\alpha}{2}$,则上式变成

$$u_{\alpha - \alpha_1} + u_\alpha = 2u_{\frac{\alpha}{2}} = \frac{\dfrac{2}{5}\sigma}{\sigma\sqrt{\dfrac{2}{n}}},$$

解得 $n = (5\sqrt{2}\,u_{\frac{\alpha}{2}})^2$.又 $\alpha = 0.1$,查表可得 $u_{\frac{\alpha}{2}} = u_{0.05} = 1.645$,代入计算得 $n = 135.3$.由于容量为整数,故取 $n = 136$.

28. 设总体 X 服从正态分布 $N(\mu, 1), X_1, X_2, \cdots, X_n$ 为取自该总体的样本.

（1） 试求未知参数 μ 的极大似然估计量；

（2） 问所得的估计量是否为 μ 的一致的、无偏的达到 Cramer—Rao 不等式下界的有效估计？

解 （1） 因为 $X \sim N(\mu,1)$，所以 X 概率密度为

$$f(x,\mu) = \frac{1}{\sqrt{2\pi}} e^{-\frac{1}{2}(x-\mu)^2}.$$

设 $x_1, x_2, \cdots, x_n$ 是相应的样本观察值，则似然函数为

$$L(\mu) = \prod_{i=1}^{n} \frac{1}{\sqrt{2\pi}} e^{-\frac{(x_i-\mu)^2}{2}} = (2\pi)^{-\frac{n}{2}} \exp\left(-\frac{1}{2}\sum_{i=1}^{n}(x_i-\mu)^2\right),$$

等式两边同时取对数，得

$$\ln L(\mu) = -\frac{n}{2}\ln(2\pi) - \frac{1}{2}\sum_{i=1}^{n}(x_i-\mu)^2.$$

令

$$\frac{d\ln L(\mu)}{d\mu} = \sum_{i=1}^{n}(x_i-\mu) = 0,$$

解得 μ 的极大似然估计值为 $\hat{\mu} = \bar{x}$，从而 μ 的极大似然估计量为 $\hat{\mu} = \bar{X}$.

（2） 由辛钦大数定律知，当 $n \to \infty$ 时，$\hat{\mu} = \bar{X}$ 依概率收敛于 μ，故 $\hat{\mu} = \bar{X}$ 是 μ 的一致估计量. 又

$$E(\hat{\mu}) = E(\bar{X}) = E(X) = \mu,$$

故 $\hat{\mu} = \bar{X}$ 是 μ 的无偏估计量.

由于

$$\ln f(x,\mu) = -\frac{1}{2}\ln(2\pi) - \frac{1}{2}(x-\mu)^2,$$

所以

$$\frac{\partial}{\partial\mu}\ln f(x,\mu) = x - \mu.$$

于是信息量

$$I(\mu) = E\left(\frac{\partial\ln f(X,\mu)}{\partial\mu}\right)^2 = E(X-\mu)^2 = D(X) = 1.$$

而

$$D(\hat{\mu}) = D(\bar{X}) = \frac{D(X)}{n} = \frac{1}{n} = \frac{1}{nI(\mu)},$$

故 $\hat{\mu} = \bar{X}$ 是参数 μ 的有效估计量.

综上所述，$\hat{\mu} = \bar{X}$ 是参数 μ 的一致的、无偏的达到 Cramer—Rao 不等式下界的有效估计.

29. 设总体 X 概率密度为

$$f(x,\theta) = \begin{cases} \dfrac{2x}{\theta^2}, & 0 < x < \theta, \\ 0, & \text{其他}. \end{cases}$$

(1)　求 θ 的矩估计量 $\hat{\theta}$；

(2)　证明 $\hat{\theta}$ 是 θ 的无偏估计量；

(3)　证明 $D(\hat{\theta})$ 小于 Cramer—Rao 不等式的下界.

解　(1)　因为

$$E(X) = \int_{-\infty}^{+\infty} x f(x) \mathrm{d}x = \int_0^{\theta} \frac{2x^2}{\theta^2} \mathrm{d}x = \frac{2}{3}\theta,$$

由矩估计有 $E(X) = \dfrac{2}{3}\theta = \overline{X}$，所以参数 θ 的矩估计量 $\hat{\theta} = \dfrac{3}{2}\overline{X}$.

(2)　由于

$$E(\hat{\theta}) = \frac{3}{2}E(\overline{X}) = \frac{3}{2}E(X) = \theta,$$

故 $\hat{\theta}$ 是 θ 的无偏估计量.

(3)　因为

$$\ln f(x,\theta) = \ln 2x - 2\ln \theta,$$

所以

$$\frac{\partial \ln f}{\partial \theta} = -\frac{2}{\theta}.$$

于是信息量

$$I(\theta) = E\left(\frac{\partial \ln f(X,\theta)}{\partial \theta}\right)^2 = \frac{4}{\theta^2}.$$

又

$$E(X^2) = \int_{-\infty}^{+\infty} x^2 f(x) \mathrm{d}x = \int_0^{\theta} \frac{2x^3}{\theta^2} \mathrm{d}x = \frac{1}{2}\theta^2,$$

故

$$D(X) = E(X^2) - [E(X)]^2 = \frac{1}{18}\theta^2.$$

由于

$$D(\hat{\theta}) = \frac{9}{4}D(\overline{X}) = \frac{9}{4n}D(X) = \frac{1}{8n}\theta^2 < \frac{1}{4n}\theta^2 = \frac{1}{nI(\theta)},$$

所以 $D(\hat{\theta})$ 小于 Cramer—Rao 不等式的下界.

（B）

一、填空题

1.　已知总体 X 服从参数为 p 的 0—1 分布，$X_1, X_2, \cdots, X_n$ 是取自该总体的样本，则 p 的矩估计量为 _____.

解　$E(X) = p$，由矩估计有 $E(X) = \overline{X}$，所以 p 的矩估计量为 $\hat{p} = \overline{X}$.

2.　设总体 X 服从参数为 λ 的指数分布，现从 X 中随机抽取 10 个样本，根据测得

的结果计算知 $\sum\limits_{i=1}^{10} x_i = 27$,那么 λ 的矩估计值为_____.

解 令 $E(X) = \dfrac{1}{\lambda} = \overline{X}$,则 λ 的矩估计量为 $\hat{\lambda} = \dfrac{1}{\overline{X}}$,从而 λ 的矩估计值为 $\hat{\lambda} = \dfrac{10}{27}$.

3. 某钢珠直径 X 服从 $N(\mu,1)$,从刚生产出的一批钢珠中随机抽取 9 个,求得样本均值 $\overline{x} = 31.06$,样本标准差 $s = 0.98$,则 μ 的最大似然估计值是_____.

解 不论方差是否已知,参数 μ 的最大似然估计值都是 $\hat{\mu} = \overline{x}$.

4. 设总体 $X \sim N(\mu,1)$,$p = P\{X > 2\}$,已知 μ 的极大似然估计值 $\hat{\mu} = 1$,则 p 的极大似然估计值 $\hat{p} =$ _____.

解 $p = P\{X > 2\} = 1 - P\{X \leqslant 2\} = 1 - P\left\{\dfrac{X-\mu}{1} \leqslant \dfrac{2-\mu}{1}\right\} = 1 - \Phi\left(\dfrac{2-\mu}{1}\right)$,

又 μ 的最大似然估计值 $\hat{\mu} = 1$,且最大似然估计具有不变性,所以 p 的极大似然估计值 $\hat{p} = 1 - \Phi(1)$.

5. 设总体 X 服从参数为 λ 的泊松分布,$X_1, X_2, \cdots, X_n$ 是取自该总体的样本,若 $a\overline{X} + bS^2$ 是 λ 的无偏估计量,则 a 与 b 满足关系式_____.

解 $a\overline{X} + bS^2$ 是 λ 的无偏估计量,则 $E(a\overline{X} + bS^2) = aE(\overline{X}) + bE(S^2) = (a+b)\lambda = \lambda$,于是 a 与 b 必须满足关系式 $a + b = 1$.

6. 设总体 $X \sim N(\mu, \sigma^2)$,其中 μ 未知,σ^2 已知. 又设 X_1, X_2, X_3 是来自总体 X 的一个样本,作样本函数如下:① $\dfrac{1}{2}X_1 + \dfrac{2}{3}X_2 - \dfrac{1}{6}X_3$;② $\dfrac{1}{3}(X_2 + 2\mu)$;③ X_3;④ $\sum\limits_{i=1}^{3} \dfrac{X_i^2}{\sigma^2}$;⑤ $\min\{X_1, X_2, X_3\}$. 这些函数中,是统计量的有_____,而在统计量中,是 μ 的无偏估计量的有_____,其中最有效的是_____.

解 因为 $\dfrac{1}{3}(X_2 + 2\mu)$ 中含有未知参数,故 ② 不是统计量,而其他均为统计量. 又因为

$$E\left(\dfrac{1}{2}X_1 + \dfrac{2}{3}X_2 - \dfrac{1}{6}X_3\right) = \dfrac{1}{2}\mu + \dfrac{2}{3}\mu - \dfrac{1}{6}\mu = \mu, \qquad E(X_3) = \mu,$$

$$E\left(\sum\limits_{i=1}^{3} \dfrac{X_i^2}{\sigma^2}\right) = \dfrac{1}{\sigma^2}\sum\limits_{i=1}^{3} E(X_i^2) = \dfrac{1}{\sigma^2}(\sigma^2 + \mu^2) \neq \mu,$$

$$E[\min\{X_1, X_2, X_3\}] \leqslant \mu,$$

故 ①,③ 是无偏估计量. 又

$$D\left(\dfrac{1}{2}X_1 + \dfrac{2}{3}X_2 - \dfrac{1}{6}X_3\right) = \dfrac{1}{4}\sigma^2 + \dfrac{4}{9}\sigma^2 + \dfrac{1}{36}\sigma^2 = \dfrac{13}{18}\sigma^2, \quad D(X_3) = \sigma^2,$$

因为
$$D\left(\frac{1}{2}X_1 + \frac{2}{3}X_2 - \frac{1}{6}X_3\right) < D(X_3),$$

从而 ① 为其中最有效估计量.

7. 设总体的概率密度为 $f(x;\theta) = \begin{cases} \dfrac{2x}{3\theta^2}, & \theta < x < 2\theta, \\ 0, & \text{其他}, \end{cases}$ 其中 θ 是未知参数,X_1,

$X_2,\cdots,X_n$ 为来自总体 X 的简单随机样本. 若 $E\left(c\sum_{i=1}^{n}X_i^2\right)$ 是 θ^2 的无偏估计,则 c = _____.

解 $E(X^2) = \int_{-\infty}^{+\infty} x^2 f(x)\mathrm{d}x = \int_{\theta}^{2\theta} x^2 \cdot \frac{2x}{3\theta^2}\mathrm{d}x = \frac{2}{3\theta^2}\mathrm{d}x = \frac{2}{3\theta^2} \cdot \frac{1}{4}x^4 \Big|_{\theta}^{2\theta} = \frac{5}{2}\theta^2,$

$$E\left(c\sum_{i=1}^{n}X_i^2\right) = cE\left(\sum_{i=1}^{n}X_i^2\right) = cnE(X^2) = cn \cdot \frac{5}{2}\theta^2 = \theta^2.$$

所以 $c = \dfrac{2}{5n}$.

8. 设 $X_1,X_2,\cdots,X_n$ 是来自 $X \sim P(\lambda)$ 的样本,则参数 λ 的无偏估计的 C—R 下界为 _____.

解 似然函数为 $L(\lambda) = \dfrac{\lambda^{\sum_{i=1}^{n}x_i}\mathrm{e}^{-n\lambda}}{x_1!x_2!\cdots x_n!},$

两边取对数,有 $\ln L(\lambda) = \sum_{i=1}^{n}x_i\ln\lambda - n\lambda - \sum_{i=1}^{n}\ln x_i!,$

从而 $\dfrac{\mathrm{d}^2\ln L(\lambda)}{\mathrm{d}\lambda^2} = -\dfrac{1}{\lambda^2}\sum_{i=1}^{n}x_i,$

因此信息量为 $I(\lambda) = -E\left(\dfrac{\mathrm{d}^2\ln L(\lambda)}{\mathrm{d}\lambda^2}\right) = \dfrac{1}{\lambda^2}E\left(\sum_{i=1}^{n}x_i\right) = \dfrac{n}{\lambda},$

所以参数 λ 的无偏估计的 C—R 下界为 $\dfrac{1}{I(\lambda)} = \dfrac{\lambda}{n}.$

9. 已知来自总体 $N(\mu,0.9^2)$ 的容量为 9 的简单随机样本的样本均值 $\overline{x} = 5$,则未知参数 μ 的置信度为 0.95 的置信区间是 _____.

解 当方差已知时,μ 的置信度为 $1-\alpha$ 的置信区间是

$$\left(\overline{X} - \frac{\sigma}{\sqrt{n}}u_{\frac{\alpha}{2}}, \overline{X} + \frac{\sigma}{\sqrt{n}}u_{\frac{\alpha}{2}}\right),$$

这里 $1-\alpha = 0.95$,$\alpha = 0.05$,$u_{\frac{\alpha}{2}} = u_{0.025} = 1.96$,且 $\overline{x} = 5$,$\sigma = 0.9$,$n = 9$,代入上式,

得所求置信区间为 $(4.412, 5.588)$.

10. 设 $X_1, X_2, \cdots, X_n$ 是来自总体 $N(\mu, \sigma^2)$ 的一个样本，μ 未知，则参数 σ^2 的置信水平为 0.95 的置信区间是_____.

解 由于 $\dfrac{1}{\sigma^2} \sum\limits_{i=1}^{n} (X_i - \overline{X})^2 \sim \chi^2(n-1)$，所以 σ^2 的置信度为 0.95 的置信区间为

$$\left(\frac{\sum\limits_{i=1}^{n} (X_i - \overline{X})^2}{\chi^2_{0.025}(n-1)}, \frac{\sum\limits_{i=1}^{n} (X_i - \overline{X})^2}{\chi^2_{0.975}(n-1)} \right).$$

11. 设 $X_1, X_2, \cdots, X_n$ 为来自总体 $N(\mu, \sigma^2)$ 的简单随机样本，样本均值 $\overline{x} = 9.5$，参数 μ 的置信度为 0.95 的双侧置信区间的置信上限为 10.8，则 μ 的置信度为 0.95 的双侧置信区间为_____.

解 参数 μ 的置信度为 $1 - \alpha$ 的双侧置信区间为

$$\left(\overline{x} - \frac{s}{\sqrt{n}} t_{\frac{\alpha}{2}}(n-1), \overline{x} + \frac{s}{\sqrt{n}} t_{\frac{\alpha}{2}}(n-1) \right),$$

可见无论 σ^2 已知还是未知，参数 μ 的置信度为 $1 - \alpha$ 的置信区间的置信上限和置信下限都关于样本均值对称，即 $\dfrac{\text{置信上限} + \text{置信下限}}{2} = \overline{x}$.

由题设知置信下限 = $2\overline{x} -$ 置信上限 = $2 \times 9.5 - 10.8 = 8.2$，于是 μ 的置信度为 0.95 的双侧置信区间为 $(8.2, 10.8)$.

注 闭区间 $[8.2, 10.8]$ 也是正确的，甚至半开半闭的区间 $[8.2, 10.8)$、$(8.2, 10.8]$ 也都是对的.

二、单项选择题

1. 假设总体 X 的方差 $D(X)$ 存在，$X_1, X_2, \cdots, X_n$ 是取自该总体的样本，样本均值和方差分别为 $\overline{X}, S^2$，则 $E(X^2)$ 的矩估计量是( ).

A. $S^2 + \overline{X}^2$ B. $(n-1)S^2 + \overline{X}^2$

C. $nS^2 + \overline{X}^2$ D. $\dfrac{n-1}{n} S^2 + \overline{X}^2$

解 因为 $E(X^2) = D(X) + [E(X)]^2$，而样本均值 $\overline{X}$ 是总体均值 $E(X)$ 的矩估计量，样本的二阶中心矩 $\dfrac{1}{n} \sum\limits_{i=1}^{n} (X_i - \overline{X})^2 = \dfrac{n-1}{n} \cdot \dfrac{1}{n-1} \sum\limits_{i=1}^{n} (X_i - \overline{X})^2 = \dfrac{n-1}{n} S^2$ 是总体方差 $D(X)$ 的矩估计量，所以 $E(X^2)$ 的矩估计量为 $\dfrac{n-1}{n} S^2 + \overline{X}^2$. 故本题应选 D.

2. 假设总体 X 的方差 $D(X) = \sigma^2$ 存在，$X_1, X_2, \cdots, X_n$ 是取自该总体的样本，样

本方差为 S^2,且 $D(S) > 0$,则(　　).

　　A. S 是 σ 的矩估计量　　　　　　　　B. S 是 σ 的最大似然估计量

　　C. $E(S) = \sigma$　　　　　　　　　　　　D. $E(S^2) = \sigma^2$

　　解　选项 A 和 B 不正确,S 是否是 σ 的矩估计量或最大似然估计量,与总体分布有关.

　　由于

$$E(S^2) = E\Big[\frac{1}{n-1}\sum_{i=1}^{n}(X_i - \overline{X})^2\Big] = \frac{1}{n-1}E\Big(\sum_{i=1}^{n}X_i^2 - n\overline{X}^2\Big)$$

$$= \frac{1}{n-1}\Big[\sum_{i=1}^{n}E(X_i^2) - nE(\overline{X}^2)\Big] = \frac{1}{n-1}\Big[n(\mu^2+\sigma^2) - n\Big(\mu^2 + \frac{\sigma^2}{n}\Big)\Big] = \sigma^2,$$

也即 S^2 是 σ^2 的无偏估计,选项 D 正确.需要注意的是,对于无偏估计这一性质,在非线性变换下不一定能保持无偏性.本题中 S^2 是 σ^2 的无偏估计,但 S 不一定是 σ 的无偏估计,选项 C 不正确.

　　3. 设 (X_1, X_2, X_3) 是总体 X 的样本,$E(X) = \mu$,则以下四个关于未知参数 μ 的无偏估计量中,最有效的估计是(　　).

　　A. $\hat{\mu}_1 = \frac{1}{3}X_1 + \frac{1}{3}X_2 + \frac{1}{3}X_3$　　　　　　B. $\hat{\mu}_2 = \frac{1}{5}X_1 + \frac{2}{5}X_2 + \frac{2}{5}X_3$

　　C. $\hat{\mu}_3 = \frac{1}{4}X_1 + \frac{1}{4}X_2 + \frac{1}{2}X_3$　　　　　　D. $\hat{\mu}_4 = \frac{1}{6}X_1 + \frac{1}{3}X_2 + \frac{1}{2}X_3$

　　解　由方差的性质,有

$$D(\hat{\mu}_1) = \frac{1}{9}D(X_1) + \frac{1}{9}D(X_2) + \frac{1}{9}D(X_3) = \frac{1}{3}D(X),$$

同理,算得 $D(\hat{\mu}_2) = \frac{9}{25}D(X)$,$D(\hat{\mu}_3) = \frac{3}{8}D(X)$,$D(\hat{\mu}_4) = \frac{7}{18}D(X)$,

比较得 $D(\hat{\mu}_1)$ 是四个无偏估计量中方差最小的,故本题应选 A.

　　注　更一般地,若从总体中抽取简单随机样本 $X_1, X_2, \cdots, X_n$,则可以证明满足系数和 $\alpha_1 + \alpha_2 + \cdots + \alpha_n = 1$ 的所有统计量 $\alpha_1 X_1 + \alpha_2 X_2 + \cdots + \alpha_n X_n$ 均是总体均值 μ 的无偏估计量,并且当 $\alpha_1 = \alpha_2 = \cdots = \alpha_n = \frac{1}{n}$ 时所确定的统计量是最有效的估计量.

　　4. 矩估计必然是(　　).

　　A. 总体矩的函数　　　　　　　　　　B. 样本矩的函数

　　C. 无偏估计　　　　　　　　　　　　D. 最大似然估计

　　解　由于矩估计是用样本矩来估计对应的总体矩,所以矩估计量一定是样本的函数,故本题应选 B.

5. 设总体 X 服从参数为的泊松分布,$X_1,X_2,\cdots,X_n$ 是来自总体 X 的一个样本,则下列说法中错误的是(　　).

　　A. $\bar{X}$ 是 $E(X)$ 的无偏估计量　　　　B. $\bar{X}$ 是 $D(X)$ 的无偏估计量

　　C. $\bar{X}$ 是 $E(X)$ 的矩估计量　　　　　D. $\bar{X}^2$ 是 λ^2 的无偏估计量

　　解　　选项 C 显然正确,注意到 $E(X)=D(X)=\lambda$,所以选项 A,B 都是正确的. 又因为

$$E(\bar{X}^2)=D(\bar{X})+[E(\bar{X})]^2=\frac{\lambda}{n}+\lambda^2,$$

所以选 D.

6. 设总体 $X\sim N(\mu,\sigma_0^2)$,其中 σ_0^2 已知,对于来自总体 X 的简单随机样本 $X_1,X_2,\cdots,X_n$ 建立的未知参数 μ 的置信区间长度 l 与置信度 $1-\alpha$ 的关系是(　　).

　　A. 当 $1-\alpha$ 缩小时,l 缩短　　　　B. 当 $1-\alpha$ 缩小时,l 增大

　　C. 当 $1-\alpha$ 缩小时,l 不变　　　　D. $1-\alpha$ 与 l 没关系

　　解　　对于正态总体 $X\sim N(\mu,\sigma_0^2)$,未知参数 μ 的 $1-\alpha$ 置信区间为

$$\left(\bar{X}-\frac{\sigma_0}{\sqrt{n}}\mu_{\frac{\alpha}{2}},\bar{X}+\frac{\sigma_0}{\sqrt{n}}\mu_{\frac{\alpha}{2}}\right),$$

其中 $\mu_{\frac{\alpha}{2}}$ 为标准正态分布的上 $\frac{\alpha}{2}$ 分位点. 区间长度为 $l=2\frac{\sigma_0}{\sqrt{n}}\mu_{\frac{\alpha}{2}}$,当 $1-\alpha$ 缩小时,α 增大,$\mu_{\frac{\alpha}{2}}$ 减小,故区间长度 l 缩短,于是选项 A 正确.

7. 设总体 $X\sim N(\mu,\sigma^2)$,其中 σ^2 未知,若样本容量 n 和置信度 $1-\alpha$ 均不变,则对于不同的样本观察值,总体均值 μ 的置信区间长度(　　).

　　A. 与 μ 的真值有关　　　　　　B. 与样本均值有关

　　C. 始终保持不变　　　　　　　　D. 不固定

　　解　　因 $X\sim N(\mu,\sigma^2)$,故 $\dfrac{\bar{X}-\mu}{S/\sqrt{n}}\sim t(n-1)$. μ 的置信度为 $1-\alpha$ 的置信区间是

$$\left(\bar{X}-\frac{S}{\sqrt{n}}t_{\frac{\alpha}{2}}(n-1),\bar{X}+\frac{S}{\sqrt{n}}t_{\frac{\alpha}{2}}(n-1)\right),$$

其长度为 $2\dfrac{S}{\sqrt{n}}t_{\frac{\alpha}{2}}(n-1)$. 由于样本容量 n 和置信度 $1-\alpha$ 不变,故区间长度与实测的样本标准差 S 有关,因此不固定,故本题应选 D.

8. 设正态总体 X 的标准差为 1,对于来自 X 的简单随机样本建立的数学期望 μ

的 0.95 置信区间,为使置信区间的长度不大于 0.5,样本容量 n 至少应取(　　).

    A. 7 　　　　　　　　B. 8 　　　　　　　　C. 16 　　　　　　　　D. 62

    解 由于总体的方差 $\sigma_0^2 = 1$ 已知,故未知参数 μ 的 0.95 置信区间为

$$\left(\overline{X} - \frac{1}{\sqrt{n}} \mu_{0.025}, \overline{X} + \frac{1}{\sqrt{n}} \mu_{0.025} \right).$$

这里,由查表知 $\mu_{0.025} = 1.96$. 依题意,为使区间长度 $l = 2 \times \dfrac{1}{\sqrt{n}} \times 1.96 \leqslant 0.5$,令

$$n \geqslant (2 \times 2 \times 1.96)^2 = 61.4656,$$

故样本容量 n 至少应取 62,从而选项 D 正确.

第 8 章　假　设　检　验

内容提要

8.1　假设检验的基本概念

1.　实际推断原理(小概率原理)

概率很小的事件在一次试验中几乎是不会发生的.

2.　原假设和备择假设

待检验的假设称为原假设,记为 H_0;当原假设被否定时立即就成立的假设,称为备择假设或对立假设,记为 H_1.

3.　假设检验的思想方法

先对检验的对象提出原假设,然后根据抽样结果,利用小概率原理做出拒绝或接受原假设的判断.

4.　拒绝域(否定域)

使检验问题做出否定原假设推断的样本值的全体所构成的区域.

5.　两类错误

若原假设 H_0 为真,但检验结果却否定了 H_0,因而犯了错误,这类错误称为第一类错误,又称为"弃真"错误.显著性水平 α 就是用来控制犯第一类错误的概率的,即

$$P\{拒绝\ H_0\ |\ H_0\ 为真\} = \alpha.$$

若原假设 H_0 为不真,但检验结果却接受了 H_0,这类错误称为第二类错误,又称为"纳伪"错误.犯第二类错误的概率记为 β,即

$$P\{接收\ H_0\ |\ H_0\ 不真\} = \beta.$$

在样本容量一定时,α,β 不能同时减小.

6.　假设检验的基本步骤

(1)　提出原假设 H_0 和备择假设 H_1;

(2) 选择统计量,求出在 H_0 成立的前提下,该统计量的概率分布;

(3) 根据给定的显著性水平 α,确定检验的拒绝域 W;

(4) 根据样本值,计算统计量的观测值,若它落入拒绝域 W,则拒绝 H_0,否则接受 H_0.

8.2 单个正态总体参数的假设检验

有关单个正态分布参数假设检验的一般方法及常用统计量列表如下:

总体条件	假设		检验统计量及分布	拒绝区域
	H_0	H_1		
σ^2 已知	$\mu = \mu_0$	$\mu \neq \mu_0$	$U = \dfrac{\overline{X} - \mu_0}{\sigma}\sqrt{n} \sim N(0,1)$	$\lvert U \rvert > U_{\alpha/2}$
	$\mu \leqslant \mu_0$	$\mu > \mu_0$		$U > U_{\alpha}$
	$\mu \geqslant \mu_0$	$\mu < \mu_0$		$U < -U_{\alpha}$
σ^2 未知	$\mu = \mu_0$	$\mu \neq \mu_0$	$T = \dfrac{\overline{X} - \mu_0}{S}\sqrt{n} \sim t(n-1)$	$\lvert T \rvert > t_{\alpha/2}$
	$\mu \leqslant \mu_0$	$\mu > \mu_0$		$T > t_{\alpha}$
	$\mu \geqslant \mu_0$	$\mu < \mu_0$		$T < -t_{\alpha}$
μ 未知	$\sigma^2 = \sigma_0^2$	$\sigma^2 \neq \sigma_0^2$	$\chi^2 = \dfrac{(n-1)S^2}{\sigma_0^2} \sim \chi^2(n-1)$	$\chi^2 < \chi^2_{1-\alpha/2}$ 或 $\chi^2 > \chi^2_{\alpha/2}$
	$\sigma^2 \leqslant \sigma_0^2$	$\sigma^2 > \sigma_0^2$		$\chi^2 > \chi^2_{\alpha}$
	$\sigma^2 \geqslant \sigma_0^2$	$\sigma^2 < \sigma_0^2$		$\chi^2 < \chi^2_{1-\alpha}$

表中的 $\overline{X}, S^2$ 分别是总体 $X \sim N(\mu, \sigma^2)$ 的样本均值和样本方差:

$$\overline{X} = \frac{1}{n}\sum_{i=1}^{n} X_i, \quad S^2 = \frac{1}{n-1}\sum_{i=1}^{n}(X_i - \overline{X})^2,$$

其中 n 是样本容量.

8.3 两个正态总体参数的假设检验

有关两个正态分布参数假设检验的一般方法及常用统计量列表如下:

总体条件	假设		检验统计量及分布	拒绝区域
	H_0	H_1		
σ_1^2, σ_2^2 已知	$\mu_1 = \mu_2$	$\mu_1 \neq \mu_2$	$U = \dfrac{\overline{X} - \overline{Y}}{\sqrt{\dfrac{\sigma_1^2}{n_1} + \dfrac{\sigma_2^2}{n_2}}} \sim N(0,1)$	$\lvert U \rvert > U_{\alpha/2}$
	$\mu_1 \leqslant \mu_2$	$\mu_1 > \mu_2$		$U > U_{\alpha}$
	$\mu_1 \geqslant \mu_2$	$\mu_1 < \mu_2$		$U < -U_{\alpha}$

总体条件	假设		检验统计量及分布	拒绝区域
	H_0	H_1		
$\sigma_1^2 = \sigma_2^2 = \sigma^2$ σ^2 未知	$\mu_1 = \mu_2$	$\mu_1 \neq \mu_2$	$T = \dfrac{\overline{X} - \overline{Y}}{S_w\sqrt{\dfrac{1}{n_1} + \dfrac{1}{n_2}}}$ $\sim t(n_1 + n_2 - 2)$	$\lvert T \rvert > t_{a/2}$
	$\mu_1 \leqslant \mu_2$	$\mu_1 > \mu_2$		$T > t_a$
	$\mu_1 \geqslant \mu_2$	$\mu_1 < \mu_2$		$T < -t_a$
μ_1, μ_2 未知	$\sigma^2 = \sigma_0^2$	$\sigma^2 \neq \sigma_0^2$	$F = \dfrac{S_1^2}{S_2^2} \sim F(n_1 - 1, n_2 - 1)$	$F > F_{a/2}$ 或 $F < F_{1-a/2}$
	$\sigma^2 \leqslant \sigma_0^2$	$\sigma^2 > \sigma_0^2$		$F > F_a$
	$\sigma^2 \geqslant \sigma_0^2$	$\sigma^2 < \sigma_0^2$		$F < F_{1-a}$

表中的 $\overline{X}, \overline{Y}, S_1^2, S_2^2$ 分别是总体 $X \sim N(\mu_1, \sigma_1^2)$, $Y \sim N(\mu_2, \sigma_2^2)$ 的样本均值和样本方差：

$$\overline{X} = \frac{1}{n_1} \sum_{i=1}^{n_1} X_i, \quad \overline{Y} = \frac{1}{n_2} \sum_{i=1}^{n_2} Y_i,$$

$$S_1^2 = \frac{1}{n_1 - 1} \sum_{i=1}^{n_1} (X_i - \overline{X})^2, \quad S_2^2 = \frac{1}{n_2 - 1} \sum_{i=1}^{n_2} (Y_i - \overline{Y})^2,$$

S_w^2 是当 $\sigma_1^2 = \sigma_2^2$ 时，X, Y 的联合样本方差：

$$S_w^2 = \frac{(n_1 - 1)S_1^2 + (n_2 - 1)S_2^2}{n_1 + n_2 - 2},$$

其中 n_1, n_2 分别是 X, Y 的样本容量.

8.4　分布拟合检验 —— 皮尔逊 χ^2 拟合检验法

设总体 X 的分布函数为 $F(X, \boldsymbol{\theta})$, $\boldsymbol{\theta}$ 为 r 维未知参数向量, $(X_1, X_2, \cdots, X_n)$ 是总体 X 的一个样本, 根据样本观测值的范围, 把 $(-\infty, +\infty)$ 分为 m 个小区间 $[a_{i-1}, a_i)$, $i = 1, 2, \cdots, m$, 其中 $-\infty = a_0 < a_1 < \cdots < a_m = +\infty$, 落入区间 $[a_{i-1}, a_i)$ 中样本的个数为 v_i, 显然 $\sum_{i=1}^{m} v_i = n$.

注　一般要求 $v_i \geqslant 5$, $5 \leqslant m \leqslant 15$.

用 $\boldsymbol{\theta}$ 的极大似然估计值 $\hat{\boldsymbol{\theta}}$ 代替 $\boldsymbol{\theta}$, 得 $\hat{p}_i = F(a_i; \hat{\boldsymbol{\theta}}) - F(a_{i-1}; \hat{\boldsymbol{\theta}})$, 由 v_i 和 $\hat{p}_i$ 建立统计量

$$\chi^2 = \sum_{i=1}^{m} \frac{(v_i - np_i)^2}{np_i}.$$

当 n 充分大时,统计量 χ^2 的极限分布服从自由度为 $m-r-1$ 的 χ^2 分布. 于是,对于给定的显著性水平 α,有

$$P\{\chi^2 \geqslant \chi^2_{1-\alpha}(m-r-1)\} = \alpha,$$

得到拒绝域为 $C = \{\chi^2 \geqslant \chi^2_{1-\alpha}(m-r-1)\}$.

习题详解

习 题 八

(A)

1. 设某产品的指标服从正态分布,它的标准差 $\sigma = 150$,今抽了一个容量为 26 的样本,计算得平均值为 1637. 问在显著性水平 5% 下能否认为这批产品的指标的期望值 μ 为 1600?

解 此题是在显著性水平 $\alpha = 0.05$ 下检验假设

$$H_0 : \mu = \mu_0 = 1600, \quad H_1 : \mu \neq \mu_0 = 1600.$$

在原假设 H_0 为真时,检验统计量

$$U = \frac{\overline{X} - \mu_0}{\sigma} \sqrt{n} \sim N(0,1),$$

此时拒绝域为 $C = \{|u| > u_{\alpha/2}\}$.

已知 $\overline{x} = 1637, \sigma = 150, n = 26, \alpha = 0.05$,且查表得 $u_{\alpha/2} = u_{0.025} = 1.96$,于是

$$|u| = \frac{|\overline{x} - \mu_0|}{\sigma/\sqrt{n}} = \frac{1637 - 1600}{150/\sqrt{26}} = 1.2578 < 1.96,$$

故应接受原假设 H_0,即认为这批产品的指标的期望值 μ 为 1600.

2. 按规定,100 g 罐头番茄汁中的平均维生素 C 含量不得少于 21 mg/g. 先从工厂的产品中抽取 17 个罐头,其 100 g 番茄汁中,测得的维生素 C 含量(mg/g)记录如下:

16, 25, 21, 20, 23, 21, 19, 15, 13, 23, 17, 20, 29, 18, 22, 16, 22.

设维生素含量服从正态分布 $N(\mu, \sigma^2)$,μ, σ^2 均未知,问这批罐头是否符合要求.($\alpha = 0.05$)

解 据题意,需作如下形式的左侧假设检验:

$$H_0 : \mu = \mu_0 = 21, \quad H_1 : \mu < \mu_0 = 21.$$

由于总体的方差未知,故在原假设 H_0 为真时,统计量

$$T = \frac{\overline{X} - \mu_0}{S} \sqrt{n} \sim t(n-1),$$

此时的拒绝域为 $C = \{t < -t_a(n-1)\}$.

由题设算得 $\overline{x} = 20, s = 3.9843$，且 $\alpha = 0.05, n = 17$，查表得 $t_{0.05}(16) = 1.7459$，于是

$$t = \frac{\overline{x} - \mu_0}{s/\sqrt{n}} = \frac{20-21}{3.9843/\sqrt{17}} = -1.0348 > -1.7459,$$

故应接受 H_0，即认为这批罐头符合要求.

3. 要求一种元件使用寿命不得低于 1000 小时，今从一批这种元件中随机抽取 25 件，测得寿命的平均值为 950 小时. 已知该种元件的寿命服从标准差为 $\sigma = 100$ 小时的正态分布，试在显著性水平 $\alpha = 0.05$ 下确定这批元件是否合格.

解 设总体均值为 μ，此题是关于如下形式的单侧假设检验问题：

$$H_0: \mu = 1000, H_1: \mu < 1000.$$

由于 $\sigma = 100$，故在原假设 H_0 为真时，统计量

$$U = \frac{\overline{X} - 1000}{\sigma/\sqrt{n}} \sim N(0,1),$$

检验的拒绝域为 $C = \{u < -u_a\}$.

由题设可知 $\overline{x} = 950$，又当 $n = 25, \alpha = 0.05$ 时，查表得 $u_{0.05} = 1.645$，于是

$$u = \frac{\overline{x} - 1000}{\sigma/\sqrt{n}} = \frac{950-1000}{100/\sqrt{25}} = -2.5 < -1.645,$$

检验统计量的观察值落在拒绝域内，故拒绝 H_0，即认为这批元件不合格.

4. 测定某种溶液中的水分，它的 10 个测定值给出样本均值为 0.452%，样本标准差为 0.037%，设测定值总体服从正态分布 $N(\mu, \sigma^2)$，试在显著性水平 $\alpha = 0.05$ 下，分别检验假设：(1) $H_0: \mu = 0.5\%$；(2) $H_0: \sigma = 0.04\%$.

解 (1) 此问是在总体方差未知情况下，对均值的假设检验问题，即检验假设

$$H_0: \mu = \mu_0 = 0.5\%, \quad H_1: \mu \neq \mu_0 = 0.5\%.$$

在原假设 H_0 为真时，统计量

$$T = \frac{\overline{X} - \mu_0}{S} \sqrt{n} \sim t(n-1).$$

此时拒绝域为 $C = \{|t| \geqslant t_{a/2}(n-1)\}$.

已知 $\overline{x} = 0.425\%, s = 0.037\%$，当 $\alpha = 0.05, n = 10$ 时，查表得 $t_{0.025}(9) = 2.2622$，故

$$|t| = \frac{|\overline{x} - \mu_0|}{s/\sqrt{n}} = \frac{|0.425\% - 0.5\%|}{0.037\%/\sqrt{10}} = 6.41 > 2.2622,$$

故应拒绝 H_0.

（2）此问是当总体均值未知时，对方差的假设检验问题，即检验假设

$$H_0: \sigma = 0.04\%, \quad H_1: \sigma \neq 0.04\%.$$

在原假设 H_0 为真时，检验统计量

$$\chi^2 = \frac{(n-1)S^2}{\sigma^2} \sim \chi^2(n-1).$$

此时拒绝域为 $C = \{\chi^2 \leqslant \chi^2_{1-\alpha/2}(n-1)\} \bigcup \{\chi^2 \geqslant \chi^2_{\alpha/2}(n-1)\}$. 当 $\alpha = 0.05, n = 10$ 时，查表可得 $\chi^2_{0.025}(9) = 19.023, \chi^2_{0.975}(9) = 2.7$，从而 $C = (0, 2.7) \bigcup (19.203, +\infty)$. 由题设可算得

$$\chi^2 = \frac{(n-1)s^2}{\sigma^2} = \frac{9 \times (0.037\%)^2}{(0.04\%)^2} = 7.7006 \notin C,$$

故应接受 H_0.

5. 随机地挑选 8 个人，分别测量了他们在早晨起床时和晚上就寝时的身高（cm），得到以下的数据：

序号	1	2	3	4	5	6	7	8
早上（x_i）	172	168	180	181	160	163	165	177
晚上（y_i）	172	167	177	179	159	161	166	175

设各对数据的差 $d_i = x_i - y_i (i = 1, 2, \cdots, 8)$ 是来自正态总体 $N(\mu, \sigma^2)$ 的样本，μ, σ^2 均未知. 问是否可以认为早晨的身高比晚上的身高要高？$(\alpha = 0.05)$

解 因为 $d_i \sim N(\mu, \sigma^2) (i = 1, 2, \cdots, 8)$，所以该题即为方差未知情况下，单个正态总体均值的单侧假设检验问题. 即检验假设

$$H_0: d_i = 0, \quad H_1: d_i > 0.$$

在原假设 H_0 为真时，统计量

$$T = \frac{\overline{D} - 0}{S_d/\sqrt{n}} \sim t(n-1).$$

此时拒绝域为 $\{t \geqslant t_\alpha(n-1)\}$. 当 $\alpha = 0.05$ 时，查表得 $t_{0.05}(7) = 1.8946$，即 $C = (1.8946, +\infty)$.

又因为 $d_i = x_i - y_i$，所以 d_i 依次为 $0, 1, 3, 2, 1, 2, -1, 2$. 计算得 $\overline{d} = 1.25, s = 1.2817$，则

$$t = \frac{\overline{d} - 0}{s/\sqrt{n}} = \frac{1.25 - 0}{1.2817/\sqrt{8}} = 2.7585 \in C,$$

故应拒绝 H_0,即能认为早晨的身高比晚上的身高要高.

6. 为了比较两种枪弹的速度(m/s),在相同的条件下进行速度测试.算得样本均值和样本标准差如下:

枪弹甲:$n_1 = 110, \overline{x} = 2805, s_1 = 120.41$;

枪弹乙:$n_2 = 100, \overline{y} = 2680, s_2 = 105.00$.

在显著性水平 $\alpha = 0.05$ 下,这两种枪弹在速度方面及均匀性方面有无显著差异?

分析　这是关于两个正态总体的均值和方差的检验问题,但是由于两总体的方差是未知的,所以对两总体均值差异的检验应该用 t 检验法.注意到此处的 t 检验法必须有"两总体的方差相等"这一前提,因此我们需要先用 F 检验法对两总体的方差是否相等加以验证,然后对两总体的均值是否存在差异进行检验.

解　设枪弹甲、乙的速度分别为 X, Y,并且 $X \sim N(\mu_1, \sigma_1^2), Y \sim N(\mu_2, \sigma_2^2)$.

首先需在显著性水平 $\alpha = 0.05$ 时,检验两种枪弹在均匀性方面有无显著差异,即检验
$$H_0: \sigma_1^2 = \sigma_2^2, \quad H_1: \sigma_1^2 \neq \sigma_2^2.$$

在原假设 H_0 为真时,检验统计量
$$F = \frac{S_1^2}{S_2^2} \sim F(n_1 - 1, n_2 - 1).$$

此时拒绝域为 $C = \{F \leqslant F_{1-\alpha/2}(n_1 - 1, n_2 - 1)$ 或 $F \geqslant F_{\alpha/2}(n_1 - 1, n_2 - 1)\}$.

由 $n_1 = 110, n_2 = 100, s_1 = 120.41, s_2 = 105.00, F_{0.025}(109, 99) > F_{0.025}(120, 120) = 1.43, F_{0.975}(109, 99) = \frac{1}{F_{0.025}(99, 109)} < \frac{1}{F_{0.005}(120, 120)} = \frac{1}{1.43} = 0.6993$, 可以算得

$$F = \frac{s_1^2}{s_2^2} = \frac{120.41^2}{105.00^2} = 1.315 \notin C,$$

故接受 H_0,即认为两种枪弹在均匀性方面无显著差异.

其次需检验当 $\alpha = 0.05$ 时两种枪弹在速度方面有无显著差异,即需检验
$$H_0: \mu_1 - \mu_2 = 0, \quad H_1: \mu_1 - \mu_2 \neq 0.$$

由于可以认为两者的方差相等,故可取检验统计量为
$$T = \frac{\overline{X} - \overline{Y}}{S_\omega \sqrt{\frac{1}{n_1} + \frac{1}{n_2}}} \left[其中 S_\omega^2 = \frac{(n_1 - 1)S_1^2 + (n_2 - 1)S_2^2}{n_1 + n_2 - 2} \right],$$

此时的拒绝域为 $C = \{\mid t \mid \geqslant t_{\alpha/2}(n_1 + n_2 - 2)\}$.

由于 n_1, n_2 很大,故有 $t_{0.025}(208) \approx z_{0.025} = 1.96$. 又计算可得

$$\mid t \mid = \frac{\mid \overline{x} - \overline{y} \mid}{s_w \sqrt{\dfrac{1}{n_1} + \dfrac{1}{n_2}}} = 7.9822 > 1.96,$$

故拒绝 H_0,认为两种枪弹在速度方面有显著差异.

7. 下表分别给出马克·吐温的 8 篇小品文以及思诺特格拉斯的 10 篇小品文中由 3 个字母组成的词的比例:

马克·吐温	0.225	0.262	0.217	0.240	0.230	0.229	0.235	0.217	
思诺特格拉斯	0.209	0.205	0.196	0.210	0.202	0.207	0.224	0.223	0.220	0.201

设两组数据分别来自两个方差相等而且相互独立的正态总体,问两个作家所写的小品文中包含由 3 个字母组成的词的比例是否有显著的差异?($\alpha = 0.05$)

解　设两总体分别为 X, Y,并设 $X \sim N(\mu_1, \sigma_1^2), Y \sim N(\mu_2, \sigma_2^2)$,由题设知,需检验假设
$$H_0: \mu_1 - \mu_2 = 0, \quad H_1: \mu_1 - \mu_2 \neq 0.$$

在原假设 H_0 为真时,检验统计量

$$T = \frac{\overline{X} - \overline{Y}}{S_\omega \sqrt{\dfrac{1}{n_1} + \dfrac{1}{n_2}}} \sim t(n_1 + n_2 - 2) \left[\text{其中 } S_\omega^2 = \frac{(n_1 - 1)S_1^2 + (n_2 - 1)S_2^2}{n_1 + n_2 - 2} \right].$$

由题设算得 $\overline{x} = 0.2319, \overline{y} = 0.2097, s_1 = 0.0146, s_2 = 0.0097$,又 $n_1 = 8, n_2 = 10$,故

$$s_\omega = \sqrt{\frac{(n_1 - 1)s_1^2 + (n_2 - 1)s_2^2}{n_1 + n_2 - 2}} = \sqrt{\frac{7 \times 0.0146^2 + 9 \times 0.0097^2}{8 + 10 - 2}} = 0.012.$$

又查表得 $t_{0.025}(16) = 2.1199$,因此拒绝域为 $C = \{\mid t \mid \geqslant 2.1199\}$. 因观测值

$$\mid t \mid = \frac{\mid 0.2319 - 0.2097 \mid}{0.012 \sqrt{\dfrac{1}{8} + \dfrac{1}{10}}} = 3.900 > 2.1199,$$

故拒绝 H_0,认为两个作家所写的小品文中包含由 3 个字母组成的词的比例有显著的差异.

8. 某机床厂某日从两台机器所加工的同一种零件中,分别抽若干个样品测量零件尺寸,得

第一台机器	15.0	14.5	15.2	15.5	14.8	15.1	15.2	14.8	
第二台机器	15.2	15.0	14.8	15.2	15.0	15.0	14.8	15.1	14.8

设零件尺寸服从正态分布,问第二台机器的加工精度是否比第一台机器的高?

$(\alpha = 0.05)$

解 设两台机器加工零件的尺寸分别为 X, Y,且 $X \sim N(\mu_1, \sigma_1^2)$,$Y \sim N(\mu_2, \sigma_2^2)$. 检验假设

$$H_0 : \sigma_1^2 = \sigma_2^2, \quad H_1 : \sigma_1^2 > \sigma_2^2.$$

当原假设 H_0 为真时,检验统计量

$$F = \frac{S_1^2}{S_2^2} \sim F(n_1 - 1, n_2 - 1),$$

于是拒绝域为 $C = \{F \mid F \geqslant F_\alpha(n_1 - 1, n_2 - 1)\}$. 又因为 $n_1 = 8, n_2 = 9$,当 $\alpha = 0.05$ 时,查表得 $F_{0.05}(7, 8) = 3.5$,即 $C = \{F \mid F \geqslant 3.50\}$. 由题设可算得

$$F = \frac{s_1^2}{s_2^2} = \frac{0.3091^2}{0.1616^2} = 3.6586 > F_{0.05}(7, 8) = 3.5,$$

所以接受 H_1,即可以认为第二台机器的加工精度比第一台机器的高.

9. 为了考察感觉剥夺对脑电波的影响,加拿大某监狱随机地将因犯分成两组,每组 10 人,其中一组中每人被单独地关禁闭,另一组的人不关禁闭,几天后,测得这两组人脑电波中的 α 波的频率如下:

没关禁闭	10.7	10.7	10.4	10.9	10.5	10.3	9.6	11.1	11.2	10.4
关禁闭	9.6	10.4	9.7	10.3	9.2	9.3	9.9	9.5	9.0	10.9

设这两组数据分别来自两个相互独立的正态总体,问在显著性水平 $\alpha = 0.05$ 下,能否认为这两个总体的均值与方差有显著的差别?

分析 先用 F 检验法对两总体的方差是否相等加以验证,然后用 t 检验法对两总体的均值是否存在差异进行检验.

解 设关禁闭和不关禁闭的人脑电波中的 α 波的频率分别为 X, Y,并且 $X \sim N(\mu_1, \sigma_1^2)$,$Y \sim N(\mu_2, \sigma_2^2)$. 首先需在显著性水平 $\alpha = 0.05$ 时,检验两总体的方差是否有差异,即检验

$$H_0 : \sigma_1^2 = \sigma_2^2, \quad H_1 : \sigma_1^2 \neq \sigma_2^2.$$

在原假设 H_0 成立时,检验统计量

$$F = \frac{S_1^2}{S_2^2} \sim F(n_1 - 1, n_2 - 1),$$

此时拒绝域为 $C = \{F \leqslant F_{1-\alpha/2}(n_1 - 1, n_2 - 1)$ 或 $F \geqslant F_{\alpha/2}(n_1 - 1, n_2 - 1)\}$. 又已知 $n_1 = n_2 = 10$,当 $\alpha = 0.05$ 时,查表得 $F_{0.025}(9, 9) = 4.03$,$F_{0.975}(9, 9) = \dfrac{1}{F_{0.025}(9, 9)} = 0.2481$,即 $C = (0, 0.2481) \bigcup (4.03, +\infty)$. 由题设计算得到 $s_1 = 0.4590, s_2 =$

0.5978,于是

$$F = \frac{s_1^2}{s_2^2} = \frac{0.2107}{0.3574} = 0.5895 \notin C,$$

故接受 H_0,认为两个总体的方差相等.

然后,检验当 $\alpha = 0.05$ 时两个总体的均值是否存在差异,即检验

$$H_0 : \mu_1 - \mu_2 = 0, \quad H_1 : \mu_1 - \mu_2 \neq 0.$$

由于可以认为两者的方差相等,故原假设 H_0 成立时,可取检验统计量为

$$T = \frac{\overline{X} - \overline{Y}}{S_\omega \sqrt{\frac{1}{n_1} + \frac{1}{n_2}}} \sim t(n_1 + n_2 - 2) \left[\text{其中 } S_\omega^2 = \frac{(n_1-1)S_1^2 + (n_2-1)S_2^2}{n_1 + n_2 - 2} \right],$$

拒绝域为 $C = \{ |t| \geqslant t_{\alpha/2}(n_1 + n_2 - 2) \}$,又查表得 $t_{0.025}(18) = 2.1009$,即 $C = \{ t \mid |t| \geqslant 2.1109 \}$.

由题设算得 $\overline{x} = 10.58, \overline{y} = 9.78, s_1 = 0.4590, s_2 = 0.5978,$ 且 $n_1 = n_2 = 10,$ 于是

$$s_\omega = \sqrt{\frac{(n_1-1)s_1^2 + (n_2-1)s_2^2}{n_1 + n_2 - 2}} = \sqrt{\frac{9 \times 0.4590^2 + 9 \times 0.5978^2}{10 + 10 - 2}} = 0.5330.$$

进而得到

$$|t| = \frac{|\overline{x} - \overline{y}|}{s_w \sqrt{\frac{1}{n_1} + \frac{1}{n_2}}} = \frac{(10.58 - 9.78)}{0.5330} \sqrt{5} = 3.3562 \in C,$$

故拒绝 H_0,即可以认为两个总体的均值有显著差异.

10. 两台车床生产同一型号的滚珠,根据经验可以认为两车床生产的滚珠的直径均服从正态分布,先从两台车床的产品中分别抽出 8 个和 9 个,测得滚珠直径的有关数据如下:

甲车床:$\sum\limits_{i=1}^{8} x_i = 120.8, \sum\limits_{i=1}^{8} (x_i - \overline{x})^2 = 0.672;$

乙车床:$\sum\limits_{i=1}^{9} y_i = 134.91, \sum\limits_{i=1}^{9} (y_i - \overline{y})^2 = 0.208.$

设两个总体的方差相等,问是否可以认为两车床生产的滚珠直径的均值相等?($\alpha = 0.05$)

解 设两车床生产的滚珠直径分别为 X 和 Y,且 $X \sim N(\mu_1, \sigma^2)$,$Y \sim N(\mu_2, \sigma^2)$. 于是本题就可以归结为如下形式的双侧假设检验问题:

$$H_0 : \mu_1 - \mu_2 = 0, \quad H_1 : \mu_1 - \mu_2 \neq 0.$$

由于 X 和 Y 的方差相等,所以在 H_0 为真时,统计量

$$T = \frac{\overline{X} - \overline{Y}}{S_\omega \sqrt{\frac{1}{n_1} + \frac{1}{n_2}}} \sim t(n_1 + n_2 - 2) \left[其中 \ S_\omega^2 = \frac{(n_1 - 1)S_1^2 + (n_2 - 1)S_2^2}{n_1 + n_2 - 2} \right],$$

此时的拒绝域为 $C = \{ \mid t \mid \geqslant t_{\alpha/2}(n_1 + n_2 - 2) \}$.

又查表得 $t_{0.025}(15) = 2.1315$, 即 $C = \{ \mid t \mid \geqslant 2.1315 \}$.

由题设算得

$$\overline{x} = \frac{1}{8} \sum_{i=1}^{8} x_i = 15.1, \quad (n_1 - 1)s_1^2 = \sum_{i=1}^{8} (x_i - \overline{x})^2 = 0.672,$$

$$\overline{y} = \frac{1}{9} \sum_{i=1}^{9} y_i = 14.99, \quad (n_2 - 1)s_2^2 = \sum_{i=1}^{9} (y_i - \overline{y})^2 = 0.208.$$

于是

$$s_\omega = \sqrt{\frac{(n_1 - 1)s_1^2 + (n_2 - 1)s_2^2}{n_1 + n_2 - 2}} = \sqrt{\frac{0.672 + 0.208}{15}} = 0.24.$$

由此便可得

$$\mid t \mid = \frac{\mid \overline{x} - \overline{y} \mid}{s_\omega \sqrt{\frac{1}{n_1} + \frac{1}{n_2}}} = \frac{15.1 - 14.99}{0.24 \sqrt{\frac{1}{8} + \frac{1}{9}}} = 0.17 < 2.1315,$$

故接受原假设 H_0, 即认为两车床生产的滚珠直径的均值相等.

11. 某种零件的椭圆度服从正态分布, 改变工艺前抽取 16 件, 测得数据并算得 $\overline{x} = 0.081, s_x = 0.025$; 改变工艺后抽取 20 件, 测得数据并计算得 $\overline{y} = 0.07, s_y = 0.02$, 问: (1) 改变工艺前后, 方差有无明显差异; (2) 改变工艺前后, 均值有无明显差异? (α 取为 0.05)

分析 该题的第一问是在均值未知的情况下, 对两正态总体方差比的检验问题, 可以采用 F 检验法. 第二问则是基于第一问的结论, 即在两个方差未知但相等的条件下, 对两个正态总体的均值差的假设检验问题, 此时应该采用 t 检验法.

解 设改变工艺前后的椭圆度分别为 X, Y, 并且 $X \sim N(\mu_1, \sigma_1^2), Y \sim N(\mu_2, \sigma_2^2)$.

(1) 在显著性水平下 $\alpha = 0.05$ 下, 检验假设

$$H_0 : \sigma_1^2 = \sigma_2^2, \quad H_1 : \sigma_1^2 \neq \sigma_2^2.$$

在原假设 H_0 成立时, 检验统计量

$$F = \frac{S_x^2}{S_y^2} \sim F(n_1 - 1, n_2 - 1).$$

此时拒绝域为 $C = \{ F \leqslant F_{1-\alpha/2}(n_1 - 1, n_2 - 1) \ 或 \ F \geqslant F_{\alpha/2}(n_1 - 1, n_2 - 1) \}$. 又查表可得

$$F_{0.025}(15,19) = 2.6171, F_{0975}(15,19) = \frac{1}{F_{0025}(19,15)} = 0.3629,$$

即 $C = \{F \leqslant 0.3629 \text{ 或 } F \geqslant 2.671\}$.

根据题设算得

$$F = \frac{s_x^2}{s_y^2} = \frac{0.025^2}{0.02^2} = 1.5625 \notin C,$$

故接受原假设 H_0, 即可以认为改变工艺前后椭圆度的方差没有显著差异.

(2) 在显著性水平 $\alpha = 0.05$ 下检验假设

$$H_0 : \mu_1 - \mu_2 = 0, \quad H_1 : \mu_1 - \mu_2 \neq 0.$$

由于 X 和 Y 的方差相等, 所以在 H_0 为真时, 统计量

$$T = \frac{\overline{X} - \overline{Y}}{S_\omega \sqrt{\frac{1}{n_1} + \frac{1}{n_2}}} \sim t(n_1 + n_2 - 2) \left[\text{其中 } S_\omega^2 = \frac{(n_1 - 1)S_1^2 + (n_2 - 1)S_2^2}{n_1 + n_2 - 2} \right],$$

此时的拒绝域为 $C = \{ |t| \geqslant t_{\alpha/2}(n_1 + n_2 - 2) \}$, 又查表得 $t_{0.025}(34) = 2.0322$, 即 $C = \{t \mid |t| \geqslant 2.0322\}$.

由题设, 可算得

$$|t| = \frac{|\overline{x} - \overline{y}|}{s_\omega \sqrt{\frac{1}{n_1} + \frac{1}{n_2}}} = 1.4678 < 2.0322,$$

所以接受原假设 H_0, 即可以认为改变工艺前后椭圆度的均值没有显著差异.

12. 有两台机器生产金属部件, 分别在两台机器所生产的部件中各取一容量 $n_1 = 60, n_2 = 40$ 样本, 测得部件重量的样本方差分别为 $s_1^2 = 15.46, s_2^2 = 9.66$. 设两样本相互独立. 问在显著性水平 ($\alpha = 0.05$) 下能否认为第一台机器生产的部件重量的方差显著地大于第二台机器生产的部件重量的方差?

解 由题意知, 这是关于两个正态总体方差比的单边假设检验问题, 即检验假设

$$H_0 : \sigma_1^2 = \sigma_2^2, \quad H_1 : \sigma_1^2 > \sigma_2^2.$$

当 H_0 为真时, 检验统计量

$$F = \frac{S_1^2}{S_2^2} \sim F(n_1 - 1, n_2 - 1),$$

此时拒绝为 $C = \{F \mid F \geqslant F_\alpha(n_1 - 1, n_2 - 1)\}$.

由题设知 $s_1^2 = 15.46, s_2^2 = 9.66$, 可以算得

$$F = \frac{s_1^2}{s_2^2} = \frac{15.46}{9.66} = 1.6004,$$

查表得 $F_{0.05}(60,40) = 1.64$,则 $F_{0.05}(59,39) > F_{0.05}(60,40) = 1.64$. 故 $F < F_{0.05}(60,40) < F_{0.05}(59,39)$,即 F 没有落入拒绝域内,因此接受 H_0,即不能认为第一台机器生产的部件重量的方差显著地大于第二台机器生产的部件重量的方差.

13. 下表是上海 1875 年到 1955 年的 81 年间,根据其中 63 年观察到的一年中(5 月到 9 月)下暴雨次数整理的资料.

一年中暴雨次数	0	1	2	3	4	5	6	7	8	$\geqslant 9$
实际年数 n_i	4	8	14	19	10	4	2	1	1	0

试检验一年中暴雨次数是否服从泊松分布?($\alpha = 0.05$)

解 记一年中暴雨次数为 X,依题意,需在 $\alpha = 0.05$ 下检验假设

$H_0 : X$ 的分布律为 $P\{X = k\} = \dfrac{\lambda^k \mathrm{e}^{-\lambda}}{k!}, k = 0, 1, 2, \cdots$.

由于参数 λ 未知,所以首先在假设 H_0 为真的条件下,根据样本求得 λ 的极大似然估计

$$\hat{\lambda} = \overline{x} = \frac{1}{63}(0 \times 4 + 1 \times 8 + \cdots + 9 \times 0) = 2.8571.$$

根据泊松分布,得到

$$\hat{p}_i = P\{X = i\} = \frac{(2.8571)^i \mathrm{e}^{-2.8571}}{i!} \quad (i = 0, 1, 2, \cdots).$$

计算结果列表如下:

i	v_i	$\hat{p}_i$	$n\hat{p}_i$	$v_i - n\hat{p}_i$	$(v_i - n\hat{p}_i)^2 / n\hat{p}_i$
0	4	0.0574	3.62	-1.96	0.2752
1	8	0.1641	10.34		
2	14	0.2344	14.77	-0.77	0.0401
3	19	0.2233	14.07	4.93	1.7274
4	10	0.1595	10.05	-0.05	0.0002
5	4	0.0911	5.74	-2.16	0.4592
6	2	0.0434	2.73		
7	1	0.0177	1.12		
8	1	0.0083	0.52		
$\geqslant 9$	0	0.0008	0.05		
$\sum$	63				$\chi^2 = 2.5021$

对表中不满足 $n\hat{p}_i > 5$ 的组适当合并,并组后的组数为 $m = 10 - 5 = 5$. 对于给

定的显著性水平 $\alpha = 0.05$,未知参数 $r = 1$,查表可得 $\chi^2_{1-\alpha}(m-r-1) = \chi^2_{0.975}(3) = 7.815 > \chi^2$,所以接受 H_0,即认为一年的暴雨次数服从泊松分布.

14. 某工厂近 5 年来发生了 63 次事故,按星期几分类如下:

星期	一	二	三	四	五	六
次数	9	10	11	8	13	12

(注:该厂的休息日是星期天,星期一至星期六是工作日)

问:事故的发生是否与星期几有关?($\alpha = 0.05$)

解　用 X 表示这样的随机变量:若事故发生在星期 i,则 $X = i$.由于该厂的休息日是星期天,于是 X 的可能值是 $1, 2, \cdots, 6$.由此我们要检验的假设是

$$H_0: P\{X = i\} = \frac{1}{6} \quad (i = 1, 2, \cdots, 6).$$

检验统计量

$$\chi^2 = \sum_{i=1}^{m} \frac{(v_i - np_i)^2}{np_i} = \sum_{i=1}^{6} \frac{(v_i - n/6)^2}{n/6} \sim \chi^2(m-1) = \chi^2(5),$$

其中 v_i 是发生在星期 i 的事故次数.

计算结果列表如下:

i	v_i	$\hat{p}_i$	$n\hat{p}_i$	$v_i - n\hat{p}_i$	$(v_i - n\hat{p}_i)^2/n\hat{p}_i$
1	9	1/6	10.5	-1.5	0.2143
2	10	1/6	10.5	-0.5	0.02381
3	11	1/6	10.5	0.5	0.02381
4	8	1/6	10.5	-2.5	0.5952
5	13	1/6	10.5	2.5	0.5952
6	12	1/6	10.5	1.5	0.2143
$\sum$	63	1	1		$\chi^2 = 1.6667$

查 χ^2 分布表可得 $P\{\chi^2(5) > 11.07\} = 0.05$,于是 $\chi^2 = 1.67 < 11.07$,故不能拒绝原假设 H_0,即不能认为事故发生与星期几有关.

15. 1996 年某高校工科研究生中有 60 名以数理统计作为学位课,考试成绩如下:

93　75　83　93　91　85　84　82　77　76　77　95　94　89　91　88　86

83　96　81　79　97　78　75　67　69　68　84　83　81　75　66　85　70

94　84　83　82　80　78　74　73　76　70　86　76　89　90　71　66　86

73　80　94　79　78　77　63　53　55

试用 χ^2 检验法检验考试成绩是否服从正态分布($\alpha = 0.05$)?

解 考虑检验 $H_0 : X \sim N(\mu, \sigma^2)$,因 μ, σ^2 未知,故利用极大似然估计得

$$\hat{\mu} = \bar{x} = 80.1, \quad \hat{\sigma}^2 = \frac{n-1}{n}s^2 = 92.72.$$

由于 X 是连续变量,故先离散,结果如下表:

区间	v_i	$\hat{p}_i$	$n\hat{p}_i$	$v_i - n\hat{p}_i$	$(v_i - n\hat{p}_i)^2/n\hat{p}_i$
$(-\infty, 70)$	8	0.4169	8.14	-0.14	0.002
$[70, 75)$	6	0.1512	9.072	-3.072	1.040
$[75, 80)$	14	0.1979	11.874	2.126	0.381
$[80, 85)$	13	0.1990	11.94	1.06	0.094
$[85, 90)$	8	0.1535	9.21	-1.12	0.159
$[90, 100)$	11	0.1515	9.09	1.91	0.401
$\sum$					$\chi^2 = 2.077$

表中区间的划分是按照每个区间 $[a_{i-1}, a_i]$ 至少要包含 5 个样本的原则确立的,其中

$$\hat{p}_i = \Phi\left(\frac{a_i - \hat{\mu}}{\hat{\sigma}}\right) - \Phi\left(\frac{a_{i-1} - \hat{\mu}}{\hat{\sigma}}\right), \quad i = 1, 2, \cdots, 6.$$

因为 $m = 6$,故 $m - r - 1 = 3$. 查表有 $\chi^2_{1-\alpha}(m-r-1) = \chi^2_{0.05}(3) = 7.815$. 而检验统计量

$$\chi^2 = \sum_{i=1}^{m} \frac{(v_i - n\hat{p}_i)^2}{n\hat{p}_i} = 2.077 < 7.815,$$

故接受原假设 H_0,即认为成绩服从正态分布.

16. 有甲、乙两个试验员,对同样的试样进行分析,各人试验分析结果如下(分析结果服从正态分布):

试验号数	1	2	3	4	5	6	7	8
甲	4.3	3.2	3.8	3.5	3.5	4.8	3.3	3.9
乙	3.7	4.1	3.8	3.8	4.6	3.9	2.8	4.4

试问甲、乙两试验员试验分析结果之间有无显著差异?($\alpha = 0.05$)

分析 这是对方差未知且不相等的两个正态总体均值的假设检验,由于取自两个总体的样本容量相同,因此可以采用配对 t 检验法.

解 设 X, Y 分别为甲、乙两个试验员检验试验分析的结果,并假设 X 和 Y 分别服从正态分布 $N(\mu_1, \sigma_1^2)$ 与 $N(\mu_2, \sigma_2^2)$. 令 $Z = X - Y$,则 $Z \sim N(d, \sigma_1^2 + \sigma_2^2)$. 现检验假设

$$H_0:d = 0, \quad H_1:d \neq 0.$$

在原假设 H_0 为真时,统计量

$$T = \frac{Z-0}{S/\sqrt{n}} \sim t(n-1),$$

此时拒绝域为 $C = \{|t| \geqslant t_{a/2}(n-1)\}$. 又查表得 $t_{0.025}(7) = 2.3646$,即 $C = \{|t| \geqslant 2.3646\}$.

因为 $z_i = x_i - y_i$,所以 z_i 依次为 $0.6,-0.9,0,-0.3,-1.1,0.9,0.5,-0.5$. 因而计算得到 $\overline{z} = -0.1, s = 0.7270$,于是

$$|t| = \frac{0.1}{0.7270/\sqrt{8}} = 0.3891 \notin C,$$

故应接受 H_0,即认为甲、乙两试验员试验分析结果之间无显著差异.

17. 有一种新安眠药,据说在一定剂量下,能比某种旧安眠药平均增加睡眠时间 3 小时,根据资料用某种旧安眠药时,平均睡眠时间为 20.8 小时,标准差为 1.6 小时,为了检验这个说法是否正确,收集到一组使用新安眠药的睡眠时间为

$$26.7 \quad 22.0 \quad 24.1 \quad 21.0 \quad 27.2 \quad 25.0 \quad 23.4$$

试问:从这组数据能否说明新安眠药已达到了新的疗效(假定睡眠时间服从正态分布,$\alpha = 0.05$).

解 设睡眠时间为 X,并且 $X \sim N(\mu,\sigma^2)$,由题意知需在显著性水平 $\alpha = 0.05$ 下检验假设 $H_0:\mu \leqslant \mu_0 + 3, H_1:\mu > \mu_0 + 3$,这等价于检验

$$H_0:\mu = \mu_0 + 3, \quad H_1:\mu > \mu_0 + 3.$$

当原假设 H_0 成立时,检验统计量

$$U = \frac{\overline{X} - (\mu_0 + 3)}{\sigma/\sqrt{n}} \sim N(0,1).$$

此时的拒绝域为 $C = \{|u| > u_{a/2}\}$. 当 $\alpha = 0.05$ 时,查表得 $u_{0.025} = 1.96$,即 $C = \{|u| > 1.96\}$.

由题设可算得 $\overline{x} = 24.2$,且 $\mu_0 = 20.8, \sigma = 1.6$,于是

$$u = \frac{\overline{x} - (\mu_0 + 3)}{\sigma/\sqrt{n}} = \frac{24.2 - (20.8 + 3)}{1.6/\sqrt{7}} = 0.6614 \notin C,$$

因此接受原假设 H_0,即不能认为这组数据说明了新安眠药已达到新的疗效.

18. 设总体 X 的概率密度为

$$f(x,\theta) = \begin{cases} \theta x^{\theta-1}, & 0 < x < 1, \\ 0, & \text{其他}, \end{cases}$$

其中 $\theta = 1,2$. 作假设 $H_0:\theta = 1, H_1:\theta = 2$. 现从总体 X 中抽出容量为 2 的样本(x_1, x_2),拒绝域为 $C = \left\{(x_1, x_2) \mid \dfrac{3}{4x_1} \leqslant x_2\right\}$, 试求犯第一类错误的概率 α 和犯第二类错误的概率 β.

解 犯第一类错误的概率为

$$\alpha = P\{(x_1, x_2) \in C \mid H_0 \text{ 为真}\} = P\left\{\frac{3}{4x_1} \leqslant x_2 \mid \theta = 1\right\}.$$

当 $\theta = 1$ 时,x_1, x_2 的联合概率密度为

$$f_{H_0}(x_1, x_2) = \begin{cases} 1, & 0 < x_1, x_2 < 1, \\ 0, & \text{其他}, \end{cases}$$

令 $D = \left\{(x_1, x_2) \mid 0 < x_1, x_2 < 1, \dfrac{3}{4x_1} \leqslant x_2\right\}$, 所以

$$\alpha = \int_{-\infty}^{+\infty}\int_{-\infty}^{+\infty} f_{H_0}(x_1, x_2)\mathrm{d}x_1\mathrm{d}x_2 = \iint\limits_{D} \mathrm{d}x_1\mathrm{d}x_2 = \int_{\frac{3}{4}}^{1}\mathrm{d}x_1\int_{\frac{3}{4x_1}}^{1}\mathrm{d}x_2 = \frac{1}{4} + \frac{3}{4}\ln\frac{3}{4}.$$

犯第二类错误的概率为

$$\beta = P\{(x_1, x_2) \notin C \mid H_0 \text{ 为假}\} = P\left\{\frac{3}{4x_1} > x_2 \mid \theta = 2\right\}.$$

当 $\theta = 2$ 时,x_1, x_2 的联合概率密度为

$$f_{H_1}(x_1, x_2) = \begin{cases} 4x_1 x_2, & 0 < x_1, x_2 < 1, \\ 0, & \text{其他}, \end{cases}$$

令 $D_1 = \left\{(x_1, x_2) \mid 0 < x_1, x_2 < 1, \dfrac{3}{4x_1} > x_2\right\}$, 所以

$$\beta = \iint\limits_{D_1} f_{H_1}(x, \theta)\mathrm{d}x_1\mathrm{d}x_2 = \int_{0}^{1}\mathrm{d}x_1\int_{0}^{1}4x_1 x_2\mathrm{d}x_2 - \int_{\frac{3}{4}}^{1}\mathrm{d}x_1\int_{\frac{3}{4x_1}}^{1}4x_1 x_2\mathrm{d}x_2 = \frac{9}{16} - \frac{9}{8}\ln\frac{3}{4}.$$

19. 一药厂生产一种新的止痛片,厂方希望验证服用新药片后至开始起作用的时间间隔较原有止痛片至少缩短一半,因此厂方提出需检验假设

$$H_0:\mu_1 = 2\mu_2, \quad H_1:\mu_1 > 2\mu_2,$$

此处 μ_1, μ_2 分别是服用原有止痛片和服用新止痛片后至起作用的时间间隔的总体的均值. 设两总体均为正态且方差分别为已知值 σ_1^2, σ_2^2. 现分别在两总体中取一样本 $x_1, x_2, \cdots, x_{n_1}$ 和 $y_1, y_2, \cdots, y_{n_2}$, 设两个样本独立. 试给出上述假设 H_0 的拒绝域, 取显著性水平为 α.

解 本题是在显著性水平 α 下, 检验假设

$$H_0:\mu_1 = 2\mu_2, \quad H_1:\mu_1 > 2\mu_2.$$

已知 $x_i \sim N(\mu_1, \sigma_1^2), i = 1, 2, \cdots, n_1, y_i \sim N(\mu_2, \sigma_2^2), i = 1, 2, \cdots, n_2$, 且样本 $x_1,$ $x_2, \cdots, x_{n_1}$ 和 $y_1, y_2, \cdots, y_{n_2}$ 相互独立. 若记 $\overline{x} = \sum\limits_{i=1}^{n_1} x_i, \overline{y} = \sum\limits_{i=1}^{n_2} y_i$, 则拒绝域的形式为 $\{\overline{x} - 2\overline{y} \geqslant k\}$.

以下确定 k.

$$P\{拒绝\ H_0 \,|\, H_0\ 为真\} = P_{H_0}\{\overline{x} - 2\overline{y} \geqslant k\}$$

$$= P_{\mu_1 - 2\mu_2 = 0}\left\{\frac{\overline{x} - 2\overline{y}}{\sqrt{\dfrac{\sigma_1^2}{n_1} + \dfrac{4\sigma_2^2}{n_2}}} \geqslant \frac{k}{\sqrt{\dfrac{\sigma_1^2}{n_1} + \dfrac{4\sigma_2^2}{n_2}}}\right\}$$

$$= P_{\mu_1 - 2\mu_2 = 0}\left\{\frac{(\overline{x} - 2\overline{y}) - (\mu_1 - 2\mu_2)}{\sqrt{\dfrac{\sigma_1^2}{n_1} + \dfrac{4\sigma_2^2}{n_2}}} \geqslant \frac{k}{\sqrt{\dfrac{\sigma_1^2}{n_1} + \dfrac{4\sigma_2^2}{n_2}}}\right\}.$$

要控制 $P\{拒绝\ H_0 \,|\, H_0\ 为真\} \leqslant \alpha$, 只需令上式右边等于 α. 由于

$$\frac{(\overline{x} - 2\overline{y}) - (\mu_1 - 2\mu_2)}{\sqrt{\dfrac{\sigma_1^2}{n_1} + \dfrac{4\sigma_2^2}{n_2}}} \sim N(0, 1),$$

即得 $\dfrac{k}{\sqrt{\dfrac{\sigma_1^2}{n_1} + \dfrac{4\sigma_2^2}{n_2}}} = \mu_\alpha$, 因而 $k = \mu_\alpha\sqrt{\dfrac{\sigma_1^2}{n_1} + \dfrac{4\sigma_2^2}{n_2}}$.

因此在给定的显著性水平 α 下, 检验的拒绝域为 $\overline{x} - 2\overline{y} \geqslant \mu_\alpha\sqrt{\dfrac{\sigma_1^2}{n_1} + \dfrac{4\sigma_2^2}{n_2}}$.

20. 设有 A 种药随机地给 8 个病人服用, 经过一个固定时间后, 测得病人身体细胞内药的浓度, 其结果如下; 又有 B 种药给 6 个病人服用, 并在同样固定时间后, 测得病人身体细胞内药的浓度, 得到的数据如下. 并设两种药在病人身体细胞内的浓度都服从正态分布.

细胞内 A 种药的浓度	1.40	1.42	1.41	1.62	1.55	1.81	1.60	1.52
细胞内 B 种药的浓度	1.76	1.41	1.81	1.49	1.67	1.81		

试问 A 种药在病人身体内的浓度的方差是否为 B 种药在病人身体细胞内浓度方差的 $\dfrac{2}{3}$? ($\alpha = 0.10$).

解 设两种药在身体细胞内的浓度分别为 X 和 Y, 且 $X \sim N(\mu_1, \sigma_1^2), Y \sim N(\mu_2, \sigma_2^2)$. 依题意, 需检验假设

$$H_0: \sigma_1^2 = \frac{2}{3}\sigma_2^2, \quad H_1: \sigma_1^2 \neq \frac{2}{3}\sigma_2^2.$$

当原假设 H_0 成立时，检验统计量

$$F = \frac{S_1^2}{\frac{2}{3}S_2^2} \sim F(n_1-1, n_2-1),$$

此时拒绝域为 $C = \{F \leqslant F_{1-\alpha/2}(n_1-1, n_2-1)$ 或 $F \geqslant F_{\alpha/2}(n_1-1, n_2-1)\}$.

由已知算得 $s_1^2 = 0.0192, s_2^2 = 0.0293$，又 $n_1 = 7, n_2 = 5, \alpha = 0.01$，于是可以算得

$$F = \frac{S_1^2}{\frac{2}{3}S_2^2} = \frac{0.0192}{\frac{2}{3} \times 0.0293} = 0.983,$$

查表得 $F_{0.05}(7,5) = 0.252, F_{0.95}(7,5) = 4.88$. 于是 $0.252 < F = 0.983 < 4.88$，即 $F \notin C$. 故接受 H_0，A 种药在病人身体内的浓度的方差是 B 种药在病人身体细胞内浓度方差的 $\frac{2}{3}$.

（B）

一、填空题

1. 假设检验过程包含两个重要的思想，即 _____ 和 _____.

解 小概率原理，反证法思想.

2. 假设检验中确定的显著性水平越高，原假设为真而被拒绝的概率就 _____.

解 越高.

3. 某产品以往废品率 p 不高于 5%，今抽取一样本进行检验：这批产品废品率是否高于 5%（显著性水平为 α）. 此问题的原假设为 H_0：_____；犯第一类错误的概率为 _____.

解 原假设为 $H_0: p \leqslant 5\%$，犯第一类错误的概率不超过 α.

4. 对正态总体 $X \sim N(\mu, \sigma^2)$ 的假设为 $H_0: \mu = 21, H_1: \mu < 21$. 抽取一个容量为 $n = 17$ 的样本，计算得到 $\bar{x} = 23, s^2 = 3.98^2$，利用统计量 _____ 对 H_0 作检验. 显著性水平 $\alpha = 0.05$，检验结果为 _____ H_0.

解 显然这是对单个正态总体均值的单侧假设检验问题，其中方差 σ^2 未知，故选用的统计量为

$$T = \frac{\bar{X} - \mu_0}{S/\sqrt{n}} = \frac{\bar{X} - 21}{S/\sqrt{n}} \sim t(16) \ (H_0 \text{ 为真时}).$$

因为 $\alpha = 0.05, t_{0.025}(16) = 1.7459$，且

$$\frac{\overline{X} - \mu_0}{s/\sqrt{n}} = \frac{23 - 21}{3.98/\sqrt{16}} = 2.0101 > 1.7459,$$

故接受 H_0.

5. 设总体 $X \sim N(\mu, \sigma^2), X_1, X_2, \cdots, X_{10}$ 为一样本，计算得 $s = 8.7$，检验假设 $H_0 : \sigma^2 = 64, H_1 : \sigma^2 > 64$，显著性水平 $\alpha = 0.05$，检验使用的统计量是_____，拒绝域为_____.

解　这是单个正态总体方差的单侧假设检验问题，其中均值 μ 未知，故应选用统计量

$$\chi^2 = \frac{(n-1)S^2}{\sigma_0^2} = \frac{(10-1)S^2}{64} \sim x^2(9)\ (H_0 \text{为真时}).$$

因为 $\alpha = 0.05, x_{0.05}^2(9) = 16.9$，故拒绝域为 $(16.9, +\infty)$.

6. 通过两个独立样本方差的差异对其各自的总体方差是否有差异进行推断. 当 $F = \dfrac{S_{n_1-1}^2}{S_{n_2-1}^2}$ 的值在_____范围时，方差差异不显著.

解　$F_{1-\frac{a}{2}} < F < F_{\frac{a}{2}}$.

7. 设总体 $X \sim N(u_1, \sigma_1^2)$，总体 $Y \sim N(u_2, \sigma_2^2)$，其中 σ_1^2, σ_2^2 未知，设 $X_1, X_2, \cdots, X_n$ 是来自总体 X 的样本，$Y_1, Y_2, \cdots, Y_n$ 是来自总体 Y 的样本，两样本独立，则对于假设检验 $H_0 : u_1 = u_2 \leftrightarrow H_1 : u_1 \neq u_2$，使用的统计量为_____，它服从的分布为_____.

解　记 $\overline{X} = \dfrac{1}{n}\sum_{i=1}^{n} X_i, \overline{Y} = \dfrac{1}{n}\sum_{i=1}^{n} Y_i$，因两样本独立，故 $\overline{X}, \overline{Y}$ 相互独立，从而在 H_0 成立下，$E(\overline{X} - \overline{Y}) = 0, D(\overline{X} - \overline{Y}) = D(\overline{X}) + D(\overline{Y}) = \dfrac{\sigma_1^2}{n_1} + \dfrac{\sigma_2^2}{n_2}$，故检验统计量

$$U = \frac{\overline{X} - \overline{Y}}{\sqrt{\dfrac{\sigma_1^2}{n_1} + \dfrac{\sigma_2^2}{n_2}}} \sim N(0,1).$$

8. 设 $X_1, X_2, \cdots, X_n$ 是正态总体 $X \sim N(\mu, \sigma)$ 的一组样本. 现在需要在显著性水平 $\alpha = 0.05$ 下检验假设 $H_0 : \sigma^2 = \sigma_0^2$. 如果 μ 已知，则 H_0 的拒绝域 $W_1 = $_____；如果 μ 未知，则 H_0 的拒绝域 $W_2 = $_____.

解　$W_1 : \left\{ \dfrac{(n-1)S^2}{\sigma_0^2} \leqslant \chi_{0.975}^2(n-1) \right\} \bigcup \left\{ \dfrac{(n-1)S^2}{\sigma_0^2} \geqslant \chi_{0.025}^2(n-1) \right\};$

$W_2 : \left\{ \dfrac{(n-1)S^2}{\sigma_0^2} \leqslant \chi_{0.975}^2(n-1) \right\} \bigcup \left\{ \dfrac{(n-1)S^2}{\sigma_0^2} \geqslant \chi_{0.025}^2(n-1) \right\}.$

二、单项选择题

1. 在假设检验中，记 H_0 为待检验假设，则犯第一类错误指的是（　　）.

A. H_0 成立，经检验接受 H_0　　　　　　B. H_0 成立，经检验拒绝 H_0

C. H_0 不成立，经检验接受 H_0　　　　　D. H_0 不成立，经检验拒绝 H_0

解　第一类错误也称为弃真错误，是指原假设 H_0 成立，经检验却拒绝 H_0，故本题应选 B.

2. 在假设检验中，若增大样本容量，则犯两类错误的概率（　　）.

A. 都增大　　　　　　　　　　　　B. 都减小

C. 都不变　　　　　　　　　　　　D. 一个增大一个减小

解　在假设检验中，样本容量固定时，犯两类错误的概率 α 与 β 中的一个减小时，另一个会随之增大，同时都很小是不可能的. 如果增大样本容量，犯两类错误的概率都会减小，本题应选 B.

3. 关于检验的拒绝域 W，显著性水平水平 α，及所谓的"小概率事件"，下列叙述错误的是（　　）.

A. α 的值即是对究竟多大概率才算"小"概率的量化描述

B. 事件 $\{(X_1, X_2, \cdots, X_n) \in W \mid H_0 \text{ 为真}\}$ 即为一个小概率事件

C. 设 W 是样本空间的某个子集，指事件 $\{(X_1, X_2, \cdots, X_n) \in W \mid H_0 \text{ 为真}\}$

D. 确定恰当的 W 是任何检验的本质问题

解　假设检验中，当样本容量固定时，犯两类错误的概率 α 与 β 同时都很小是不可能的. 基于这种情况，假设检验的原则是在控制第一类错误的概率 α 的条件下，使犯第二类错误的概率 β 尽量地小，即首先需要控制的错误是第一类错误. 通常 α 取得较小，用于描述小概率事件发生的概率.

犯第一类错误的概率 α 也称为显著性水平，在 α 给定后，即可以选择合适的拒绝域 W，其往往是通过某个统计量诱导出来的，与具体抽样结果无关. 拒绝域 W 确定检验结果的阈值，在检验中起着拒绝或接受原假设的关键作用.

需要注意的是，犯第一类错误的概率 α 是个条件概率

$$P\{(X_1, X_2, \cdots, X_n) \in W \mid H_0 \text{ 为真}\} = \alpha.$$

即在 H_0 为真时，样本值落在拒绝域里面的概率，其发生是一个小概率 α.

综述，选项 A，B，D 的描述是正确的，而 C 的主要错误在于样本 $(X_1, X_2, \cdots, X_n)$ 不一定落在拒绝域 W 中.

本题应选 C.

4. 设 $X_1, X_2, \cdots, X_n$ 为来自总体 $N(\mu, \sigma^2)$ 的样本, 若 μ 未知, $H_0: \sigma^2 \leqslant 100, H_0: \sigma^2 > 100, \alpha = 0.05$, 关于此检验问题, 下列不正确的是( ).

A. 检验统计量为 $\dfrac{\sum\limits_{i=1}^{n} (X_i - \overline{X})^2}{100}$

B. 在 H_0 成立时, $\dfrac{(n-1)S^2}{100} \sim \chi^2(n)$

C. 拒绝域不是双边的

D. 拒绝域可以形如 $\left\{ \sum\limits_{i=1}^{n} (X_i - \overline{X})^2 > k \right\}$

解 显然该检验问题是单侧检验, 相应的拒绝域是单边的. 选项 C 正确.

由于总体均值 μ 未知, 检验 $\sigma^2 \leqslant 100$ 时, 可选取检验统计量

$$\chi^2 = \frac{(n-1)S^2}{100} = \frac{\sum\limits_{i=1}^{n} (X_i - \overline{X})^2}{100}.$$

在 H_0 为真时, $\chi^2 \sim \chi^2(n-1)$, 故对给定的 α $(0 < \alpha < 1)$, 拒绝域为 $\{\chi^2 > \chi_\alpha^2(n-1)\}$, 即具有选项 D 所给的形式. 综上, 本题应选 B.

5. 设 $X_1, X_2, \cdots, X_n$ 为来自总体 $N(\mu, \sigma^2)$ 的样本, 若进行假设检验, 当( )时, 一般采用 $t = \dfrac{\overline{X} - \mu_0}{S/\sqrt{n}}$ 统计量.

A. μ 未知, 检验 $\sigma^2 = \sigma_0^2$ 　　　　B. μ 已知, 检验 $\sigma^2 = \sigma_0^2$

C. σ 未知, 检验 $\mu = \mu_0$ 　　　　D. σ 已知, 检验 $\mu = \mu_0$

解 本题应选 C. 统计量 $t = \dfrac{\overline{X} - \mu_0}{S/\sqrt{n}}$ 主要用于 σ^2 未知时, 对于总体均值 $\mu = \mu_0$ 的检验. 在原假设 $H_0: \mu = \mu_0$ 为真的条件下, $t = \dfrac{\overline{X} - \mu_0}{S/\sqrt{n}} \sim t(n-1)$, 从而对于给定的显著性水平 α, 利用该统计量来构造拒绝域.

6. 设总体 X 服从正态分布 $N(\mu, \sigma^2)$. $X_1, X_2, \cdots, X_n$ 是来自总体 X 的简单随机样本, 据此样本检测假设 $H_0: \mu = \mu_0, H_1: \mu \neq \mu_0$, 则( ).

A. 如果在检验水平 $\alpha = 0.05$ 下拒绝 H_0, 那么在检验水平 $\alpha = 0.01$ 下必拒绝 H_0

B. 如果在检验水平 $\alpha = 0.05$ 下拒绝 H_0, 那么在检验水平 $\alpha = 0.01$ 下必接受 H_0

  C. 如果在检验水平 $\alpha = 0.05$ 下接受 H_0,那么在检验水平 $\alpha = 0.01$ 下必拒绝 H_0.

  D. 如果在检验水平 $\alpha = 0.05$ 下接受 H_0,那么在检验水平 $\alpha = 0.01$ 下必接受 H_0.

  解法 1 在一个假设检验问题中,检验的拒绝域与检验水平 α 有关,α 越小,拒绝域会越小.

  本题中检验水平 $\alpha = 0.01$ 的拒绝域 W_1 是检验水平 $\alpha = 0.05$ 的拒绝域 W_2 的子集,因此若样本 $(X_1, X_2, \cdots, X_n) \in W_1$,则 $(X_1, X_2, \cdots, X_n) \in W_2$. 或者说若样本 $(X_1, X_2, \cdots, X_n) \notin W_2$,则 $(X_1, X_2, \cdots, X_n) \notin W_1$.

  对选项 A,在检验水平 $\alpha = 0.05$ 下拒绝 H_0 意味着样本 $(X_1, X_2, \cdots, X_n) \in W_2$,但这并不能保证 $(X_1, X_2, \cdots, X_n) \in W_1$,因此 A 是错误的;

  对于选项 B,样本 $(X_1, X_2, \cdots, X_n) \in W_2$,不能保证 $(X_1, X_2, \cdots, X_n) \notin W_1$,因此选项 B 是错误的;

  对选项 D,由于样本 $(X_1, X_2, \cdots, X_n) \notin W_2$,则必有 $(X_1, X_2, \cdots, X_n) \notin W_1$,因此选项 D 是正确的,这也看出了选项 C 是错误的.

  解法 2 也可以从检验水平 α 的统计意义上对题中四个选项做出判断. 检验水平 α 是犯第一类错误概率的上限. 换言之,α 越小,犯第一类错误的概率控制得越小,因此若在小的 α 下得出拒绝 H_0 的判断,则必定在大的 α 下得出拒绝 H_0 的判断,反之不然. 对应地,若在大的 α 下得出接受 H_0 的判断,则必定在小的 α 下得出接受 H_0 的判断.

  结合本题的问题可知选项 D 是正确的.

  解法 3 也可利用 p 值对题中四个选项做出判断.

  对选项 A,在检验水平 $\alpha = 0.05$ 下拒绝 H_0 意味着 p 值小于或等于 0.05,但这并不保证 p 值小于或等于 0.01,因此在检验水平 $\alpha = 0.01$ 下可能拒绝 H_0 也可能接受 H_0,故选项 A 不是正确选项.

  对选项 D,在检验水平 $\alpha = 0.05$ 下接受 H_0 意味着 p 值大于 0.05,从而 p 值大于 0.01,故在检验水平 $\alpha = 0.01$ 下必接受 H_0,因此 D 是正确的选项.

第 9 章　回 归 分 析

内容提要

9.1　一元线性回归

1. 一元线性回归模型

在模型 $\begin{cases} y = \mu(x) + \varepsilon \\ E(\varepsilon) = 0 \end{cases}$ 中,如果 $\mu(x)$ 是 x 的线性函数,ε 服从正态分布,则称该模型为一元线性回归模型,它具有如下的形式:

$$\begin{cases} y = a + bx + \varepsilon, \\ \varepsilon \sim N(0, \sigma^2), \end{cases}$$

其中 a, b, σ^2 是与 x 无关的未知参数,a, b 称为回归系数. 称 $\hat{y} = a + bx$ 为一元线性理论回归模型,或称 $\mu(x) = E(y) = a + bx$ 为 y 关于 x 的回归函数.

2. 未知参数的估计及统计性质

（1）最小二乘法

构造如下的偏差平方和:

$$Q(a, b) = \sum_{i=1}^{n} (y_i - (a + bx_i))^2.$$

最小二乘法就是选择 a, b 的估计 $\hat{a}, \hat{b}$ 使得 $Q(\hat{a}, \hat{b}) = \min\limits_{a, b} Q(a, b)$.

分别求 $Q(a, b)$ 关于 a, b 的偏导数,并令它们等于零,计算得到 a, b 的估计值:

$$\begin{cases} \hat{b} = \dfrac{\sum\limits_{i=1}^{n} (x_i - \overline{x})(y_i - \overline{y})}{\sum\limits_{i=1}^{n} (x_i - \overline{x})^2} = \dfrac{\sum\limits_{i=1}^{n} x_i y_i - n\overline{x} \cdot \overline{y}}{\sum\limits_{i=1}^{n} x_i^2 - n\overline{x}^2}, \\ \hat{a} = \overline{y} - \hat{b}\overline{x}, \end{cases}$$

其中 $\overline{x} = \dfrac{1}{n}\sum\limits_{i=1}^{n} x_i, \overline{y} = \dfrac{1}{n}\sum\limits_{i=1}^{n} y_i.$ 由上式所确定的估计 $\hat{a}, \hat{b}$ 称为回归系数 a, b 的最小二乘估计，该估计方法称为最小二乘法. 记

$$l_{xx} = \sum_{i=1}^{n} (x_i - \overline{x})^2 = \sum_{i=1}^{n} x_i^2 - n\,\overline{x}^2,$$

$$l_{yy} = \sum_{i=1}^{n} (y_i - \overline{y})^2 = \sum_{i=1}^{n} y_i^2 - n\,\overline{y}^2,$$

$$l_{xy} = \sum_{i=1}^{n} (x_i - \overline{x})(y_i - \overline{y}) = \sum_{i=1}^{n} x_i y_i - n\,\overline{x} \cdot \overline{y}.$$

（2）最小二乘估计的性质

$$\hat{b} \sim N\left(b, \frac{\sigma^2}{l_{xx}}\right),$$

$\mathrm{Cov}(\overline{y}, \hat{b}) = 0$ 且 $\overline{y}$ 与 $\hat{b}$ 相互独立，

$$\hat{a} \sim N\left(a, \left(\frac{1}{n} + \frac{\overline{x}^2}{l_{xx}}\right)\sigma^2\right),$$

$$\mathrm{Cov}(\hat{a}, \hat{b}) = -\frac{\overline{x}}{l_{xx}}\sigma^2.$$

（3）σ^2 的无偏估计

平方和 $S_e = \sum (y_i - \hat{y}_i)^2 = \sum (y_i - \hat{a} - \hat{b}x_i)^2$ 称为残差平方和或剩余平方和.

$E(S_e) = (n-2)\sigma^2$；

$\dfrac{S_e}{\sigma^2} \sim \chi^2(n-2)$，且 S_e 与 $\overline{y}, \hat{b}$ 相互独立.

由此可以得到 σ^2 的一个无偏估计量：$\hat{\sigma}^2 = \dfrac{S_e}{n-2}$.

3. 回归效果的显著性检验

（1）平方和分解公式

称 $S_T = \sum (y_i - \overline{y})^2$ 为总偏差平方和，称 $S_R = \sum (\hat{y}_i - \overline{y})^2$ 为回归平方和，称 $S_e = \sum (y_i - \hat{y}_i)^2$ 为残差平方和，且有平方和分解公式 $S_T = S_e + S_R$.

（2）回归效果的显著性检验

F 检验法：当原假设 H_0 为真时，$\dfrac{S_R}{\sigma^2} \sim \chi^2(1)$，$\dfrac{S_e}{\sigma^2} \sim \chi^2(n-2)$，且 S_R 与 S_e 相互独

立，从而

$$F = \frac{S_R}{S_e/(n-2)} \sim F(1, n-2).$$

对于给定的显著性水平 α，拒绝域为 $F = \dfrac{S_R}{S_e/(n-2)} \geqslant F_\alpha(1, n-2)$.

t 检验法：由 $\hat{b} \sim N\left(b, \dfrac{\sigma^2}{l_{xx}}\right)$ 知，$\dfrac{\hat{b}-b}{\sigma}\sqrt{l_{xx}} \sim N(0,1)$. 由于 $\dfrac{S_e}{\sigma^2} \sim \chi^2(n-2)$，且 $\hat{b}$ 与 S_e 相互独立，因此得到 $\dfrac{\hat{b}-b}{\sqrt{S_e/(n-2)}}\sqrt{l_{xx}} \sim t(n-2)$.

取检验统计量 $t = \dfrac{\hat{b}}{\sqrt{S_e/(n-2)}}\sqrt{l_{xx}}$，当原假设 H_0 为真时，$t \sim t(n-2)$. 对于给定的显著性水平 α，拒绝域为 $|t| \geqslant t_{\frac{\alpha}{2}}(n-2)$.

r 检验法：x 与 y 的相关系数 $r = \dfrac{l_{xy}}{\sqrt{l_{xx}l_{yy}}} = \dfrac{\sum (x_i - \overline{x})(y_i - \overline{y})}{\sqrt{\sum (x_i - \overline{x})^2 \sum (y_i - \overline{y})^2}}$，

由于 $r^2 = \dfrac{S_R}{S_T}$，故

$$F = \frac{S_R}{S_e/(n-2)} = \frac{r^2(n-2)}{1-r^2},$$

因此 F 检验的拒绝域 $F \geqslant F_\alpha(1, n-2)$ 等价于 $|r| \geqslant \left(\dfrac{n-2}{F_\alpha(1, n-2)} + 1\right)^{-\frac{1}{2}}$.

（3）回归系数的置信区间

当 σ^2 未知时，回归系数 a 的置信度为 $1-\alpha$ 的置信区间为

$$\left(\hat{a} - t_{\frac{\alpha}{2}}(n-2)\sqrt{\frac{1}{n} + \frac{\overline{x}^2}{l_{xx}}}\sqrt{\frac{S_e}{n-2}},\ \hat{a} + t_{\frac{\alpha}{2}}(n-2)\sqrt{\frac{1}{n} + \frac{\overline{x}^2}{l_{xx}}}\sqrt{\frac{S_e}{n-2}}\right).$$

当 σ^2 未知时，回归系数 b 的置信度为 $1-\alpha$ 的置信区间为

$$\left(\hat{b} - t_{\frac{\alpha}{2}}(n-2)\frac{1}{\sqrt{l_{xx}}}\sqrt{\frac{S_e}{n-2}},\ \hat{b} + t_{\frac{\alpha}{2}}(n-2)\frac{1}{\sqrt{l_{xx}}}\sqrt{\frac{S_e}{n-2}}\right).$$

（4）预测

对于给定的 x_0，y_0 的置信度为 $1-\alpha$ 的置信区间为 $\left(\hat{y}_0 - \delta(x_0),\ \hat{y}_0 + \delta(x_0)\right)$，其中

$$\delta(x_0) = t_{\frac{\alpha}{2}}(n-2)S\sqrt{1 + \frac{1}{n} + \frac{(x_0 - \overline{x})^2}{l_{xx}}}.$$

（5） 控制

控制是预测的反问题，即如果要保证观察值 y 在某一区间(y_1,y_2)内取值，则应将 x 控制在什么范围内. 上述问题实际上就是要确定下列方程组的解：

$$\begin{cases} \hat{a} + \hat{b}x_1 - \delta(x_1) = y_1, \\ \hat{a} + \hat{b}x_1 + \delta(x_2) = y_2. \end{cases}$$

9.2 多元线性回归

1. 多元线性回归模型

设随机变量 y 与 $m(m \geqslant 2)$ 个自变量 $x_1, x_2, \cdots, x_m$ 之间存在相关关系，且有

$$\begin{cases} y = a + b_1 x_1 + b_2 x_2 + \cdots + b_m x_m + \varepsilon, \\ \varepsilon \sim N(0, \sigma^2), \end{cases}$$

其中 $a, b_1, b_2, \cdots, b_m, \sigma^2$ 是与 $x_1, x_2, \cdots, x_m$ 无关的未知参数，ε 是不可观测的随机变量. 称上式为 m 元线性回归模型.

设有 n 组不同的样本观测值$(x_{i1}, x_{i2}, \cdots, x_{im}; y_i)(i = 1, 2, \cdots, n)$，令

$$\boldsymbol{y} = \begin{pmatrix} y_1 \\ y_2 \\ \vdots \\ y_n \end{pmatrix}, \quad \boldsymbol{X} = \begin{pmatrix} 1 & x_{11} & x_{12} & \cdots & x_{1m} \\ 1 & x_{21} & x_{22} & \cdots & x_{2m} \\ \vdots & \vdots & \vdots & \ddots & \vdots \\ 1 & x_{n1} & x_{n2} & \cdots & x_{nm} \end{pmatrix}, \quad \boldsymbol{\beta} = \begin{pmatrix} a \\ b_1 \\ \vdots \\ b_m \end{pmatrix}, \quad \boldsymbol{\varepsilon} = \begin{pmatrix} \varepsilon_1 \\ \varepsilon_2 \\ \vdots \\ \varepsilon_n \end{pmatrix},$$

则回归模型可以写成矩阵形式 $\begin{cases} \boldsymbol{y} = \boldsymbol{X\beta} + \boldsymbol{\varepsilon}, \\ \boldsymbol{\varepsilon} \sim N(\boldsymbol{o}, \sigma^2 \boldsymbol{E}_n), \end{cases}$ 其中 $\boldsymbol{E}_n$ 是 n 阶单位阵，$\boldsymbol{o}$ 是 n 维零向量.

2. 未知参数的估计及统计性质

可以证明 $\boldsymbol{\beta}$ 的最小二乘估计为 $\hat{\boldsymbol{\beta}} = (\boldsymbol{X}'\boldsymbol{X})^{-1} \boldsymbol{X}'\boldsymbol{y}$.

参数 $\boldsymbol{\beta}$ 的最小二乘估计具有性质 $\hat{\boldsymbol{\beta}} \sim N(\boldsymbol{\beta}, \sigma^2 (\boldsymbol{X}'\boldsymbol{X})^{-1})$.

3. 回归效果的显著性检验

（1） 检验 y 与 $x_1, x_2, \cdots, x_m$ 之间是否有线性关系，就是要检验假设

$$H_0: b_1 = b_2 = \cdots = b_m = 0, \qquad H_1: b_i (i = 1, 2, \cdots, m)$$

不全为 0.

（2） 在多元线性回归模型下有下列结论：

$E(S_e) = (n - m - 1)\sigma^2$,

$\dfrac{S_e}{\sigma^2} \sim \chi^2(n - m - 1)$，且 S_e 与 $\hat{b}_1, \hat{b}_2, \cdots, \hat{b}_m$ 相互独立，

当原假设 H_0 为真时，$\dfrac{S_R}{\sigma^2} \sim \chi^2(m)$，且 S_R 与 S_e 相互独立.

（3） F 检验法

取检验统计量 $F = \dfrac{S_R/m}{S_e/(n-m-1)}$，当 H_0 为真时，$F \sim F(m, n-m-1)$. 因此，对于给定的显著性水平 α，拒绝域为 $F \geqslant F_a(m, n-m-1)$.

9.3 可化为线性回归的曲线回归

1. 变量替换法

许多非线性模型可通过变量替换实现线性化，常见的变换如下所示：

原模型	变换函数	变换后的模型
$y = \dfrac{1}{a+bx}$	$u = \dfrac{1}{y}, v = x$	$u = a + bv$
$y = \sqrt{a+bx}$	$u = y^2, v = x$	$u = a + bv$
$y = a + b_1 x + \cdots + b_m x^m$	$u = y, v_i = x^i$	$u = a + b_1 v_1 + \cdots + b_m v_m$
$y = a + b\ln x$	$u = y, v = \ln x$	$u = a + bv$
$y = cx^b$	$u = \ln y, v = \ln x, a = \ln c$	$u = a + bv$
$y = ce^{bx}$	$u = \ln y, v = x, a = \ln c$	$u = a + bv$

2. 判定系数

设 $(x_i, y_i)(i = 1, 2, \cdots, n)$ 为一组样本，通过回归分析后建立的曲线回归方程为 $\hat{y} = f(x)$，$\hat{y}_1, \hat{y}_2, \cdots, \hat{y}_n$ 为曲线回归方程用原始数据 $x_1, x_2, \cdots, x_n$ 算得的回归值，则可以用判定系数 R^2 评价回归方程的拟合优劣程度，R^2 越接近于 1，表明曲线拟合程度越好，其中判定系数为

$$R^2 = 1 - \frac{S_e}{S_T} = 1 - \frac{\sum (y_i - \hat{y}_i)^2}{\sum (y_i - \overline{y})^2}.$$

习题详解

习 题 九

（A）

1. 设 $(x_i, y_i)(i = 1, 2, \cdots, n)$ 是一组样本，$\hat{y}_i = \hat{a} + \hat{b}x_i$ 是相应的线性回归方程，

其中 $\hat{b} = \dfrac{l_{xy}}{l_{xx}}$, $\hat{a} = \overline{y} - \hat{b}\,\overline{x}$, 试证下列恒等式:

(1) $\displaystyle\sum_{i=1}^{n}(y_i - \hat{y}_i) = 0$;

(2) $\displaystyle\sum_{i=1}^{n}(y_i - \hat{y}_i)x_i = 0$;

(3) $\displaystyle\sum_{i=1}^{n}(y_i - \hat{y}_i)(\hat{y}_i - \overline{y}) = 0$;

(4) $S_e = \displaystyle\sum_{i=1}^{n}(y_i - \hat{a} - \hat{b}x_i)^2 = \sum_{i=1}^{n}y_i^2 - \hat{a}\sum_{i=1}^{n}y_i - \hat{b}\sum_{i=1}^{n}x_iy_i$.

证 (1) $\displaystyle\sum_{i=1}^{n}(y_i - \hat{y}_i) = \sum_{i=1}^{n}(y_i - \hat{a} - \hat{b}x_i) = \sum_{i=1}^{n}(y_i - \overline{y} + \hat{b}\,\overline{x} - \hat{b}x_i)$

$$= \sum_{i=1}^{n}y_i - n\overline{y} + \hat{b}\sum_{i=1}^{n}(\overline{x} - x_i) = 0.$$

(2) $\displaystyle\sum_{i=1}^{n}(y_i - \hat{y}_i)x_i = \sum_{i=1}^{n}(y_i - \hat{a} - \hat{b}x_i)x_i = \sum_{i=1}^{n}(y_i - \overline{y} + \hat{b}\,\overline{x} - \hat{b}x_i)x_i$

$$= \sum_{i=1}^{n}x_iy_i - \overline{y}\sum_{i=1}^{n}x_i - \hat{b}\sum_{i=1}^{n}(x_i - \overline{x})x_i$$

$$= \sum_{i=1}^{n}x_iy_i - \overline{y}\sum_{i=1}^{n}x_i - \hat{b}\sum_{i=1}^{n}(x_i - \overline{x})(x_i - \overline{x} + \overline{x})$$

$$= \sum_{i=1}^{n}x_iy_i - \overline{y}\sum_{i=1}^{n}x_i - \hat{b}\sum_{i=1}^{n}(x_i - \overline{x})^2 - \hat{b}\,\overline{x}\sum_{i=1}^{n}(x_i - \overline{x})$$

$$= \sum_{i=1}^{n}x_i(y_i - \overline{y}) - \sum_{i=1}^{n}(x_i - \overline{x})(y_i - \overline{y}) = \overline{x}\sum_{i=1}^{n}(y_i - \overline{y}) = 0.$$

(3) $\displaystyle\sum_{i=1}^{n}(y_i - \hat{y}_i)(\hat{y}_i - \overline{y}) = \sum_{i=1}^{n}(y_i - \hat{y}_i)\hat{y}_i - \overline{y}\sum_{i=1}^{n}(y_i - \hat{y}_i) = \sum_{i=1}^{n}(y_i - \hat{y}_i)(\hat{a} + \hat{b}x_i)$

$$= \hat{a}\sum_{i=1}^{n}(y_i - \hat{y}_i) + \hat{b}\sum_{i=1}^{n}(y_i - \hat{y}_i)x_i = 0.$$

(4) $S_e = \displaystyle\sum_{i=1}^{n}(y_i - \hat{y}_i)^2 = \sum_{i=1}^{n}(y_i - \hat{a} - \hat{b}x_i)^2 = \sum_{i=1}^{n}\left[y_i^2 - 2\hat{a}y_i - 2\hat{b}x_iy_i + (\hat{a} + \hat{b}x_i)^2\right]$

$$= \sum_{i=1}^{n}y_i^2 - 2\hat{a}\sum_{i=1}^{n}y_i - 2\hat{b}\sum_{i=1}^{n}x_iy_i + \sum_{i=1}^{n}(\overline{y} - \hat{b}\,\overline{x} + \hat{b}x_i)^2$$

$$= \sum_{i=1}^{n}y_i^2 - 2\hat{a}\sum_{i=1}^{n}y_i - 2\hat{b}\sum_{i=1}^{n}x_iy_i + \sum_{i=1}^{n}\overline{y}^2 + 2\hat{b}\,\overline{y}\sum_{i=1}^{n}(x_i - \overline{x})$$

$$+ \hat{b}^2\sum_{i=1}^{n}(x_i - \overline{x})^2$$

$$= \sum_{i=1}^{n} y_i^2 - 2\hat{a}\sum_{i=1}^{n} y_i - 2\hat{b}\sum_{i=1}^{n} x_i y_i + \sum_{i=1}^{n} \overline{y}^2 + \hat{b}\sum_{i=1}^{n} (x_i - \overline{x})(y_i - \overline{y})$$

$$= \sum_{i=1}^{n} y_i^2 - 2\hat{a}\sum_{i=1}^{n} y_i - \hat{b}\sum_{i=1}^{n} x_i y_i + \sum_{i=1}^{n} \overline{y}^2 - \hat{b}\,\overline{x}\sum_{i=1}^{n} y_i - \hat{b}\,\overline{y}\sum_{i=1}^{n} x_i + n\hat{b}\,\overline{xy}$$

$$= \sum_{i=1}^{n} y_i^2 - \hat{a}\sum_{i=1}^{n} y_i - \hat{b}\sum_{i=1}^{n} x_i y_i + n\overline{y}^2 - (\hat{a} + \hat{b}\,\overline{x})\sum_{i=1}^{n} y_i - \hat{b}\,\overline{y}\sum_{i=1}^{n} x_i + n\hat{b}\,\overline{xy}$$

$$= \sum_{i=1}^{n} y_i^2 - \hat{a}\sum_{i=1}^{n} y_i - \hat{b}\sum_{i=1}^{n} x_i y_i + n\overline{y}^2 - \overline{y}\sum_{i=1}^{n} y_i + \hat{b}\,\overline{y}(n\overline{x} - \sum_{i=1}^{n} x_i)$$

$$= \sum_{i=1}^{n} y_i^2 - \hat{a}\sum_{i=1}^{n} y_i - \hat{b}\sum_{i=1}^{n} x_i y_i.$$

2. 假设回归直线过原点,即一元线性回归模型为

$$y_i = bx_i + \varepsilon_i (i = 1, 2, \cdots, n),$$

$E(\varepsilon_i) = 0, D(\varepsilon_i) = \sigma^2$,各观测值相互独立.

(1) 写出 b 的最小二乘估计,并给出 σ^2 的无偏估计;

(2) 对给定的 x_0,其对应的因变量均值的估计为 $\hat{y}_0$,求 $D(\hat{y}_0)$.

解 (1) $Q(b) = \sum_{i=1}^{n} (y_i - bx_i)^2$,$\dfrac{\partial Q}{\partial b} = -2\sum_{i=1}^{n} (y_i - bx_i)x_i = 0$,

$$\sum_{i=1}^{n} x_i y_i - b\sum_{i=1}^{n} x_i^2 = 0 \Rightarrow \hat{b} = \frac{\displaystyle\sum_{i=1}^{n} x_i y_i}{\displaystyle\sum_{i=1}^{n} x_i^2}.$$

$S_e = \sum_{i=1}^{n} (y_i - \hat{y}_i)^2$,$E(S_e) = (n-1)\sigma^2 \Rightarrow \hat{\sigma}^2 = \dfrac{S_e}{n-1} = \dfrac{1}{n-1}\sum_{i=1}^{n} (y_i - \hat{y}_i)^2.$

(2) $D(\hat{y}_0) = D(\hat{b}x_0) = x_0^2 D(\hat{b}) = x_0^2 D\left(\dfrac{\displaystyle\sum_{i=1}^{n} x_i y_i}{\displaystyle\sum_{i=1}^{n} x_i^2}\right)$

$$= x_0^2 D\left(\sum_{i=1}^{n} \frac{x_i}{\displaystyle\sum_{i=1}^{n} x_i^2} y_i\right) = x_0^2 \frac{\displaystyle\sum_{i=1}^{n} x_i^2}{\left(\displaystyle\sum_{i=1}^{n} x_i^2\right)^2} D(y_i) = \frac{x_0^2 \sigma^2}{\displaystyle\sum_{i=1}^{n} x_i^2}.$$

3. 某建材实验室在做陶粒混凝土强度试验中,考察每立方米混凝土的水泥用量 x(kg) 对 28 天后的混凝土抗压强度 y(kg/cm^2) 的影响,则得如下数据:

x	150	160	170	180	190	200	210	220	230	240	250	260
y	56.9	58.3	61.6	64.6	68.1	71.3	74.1	77.4	80.2	82.6	86.4	89.7

（1） 求 y 对 x 的线性回归方程,并回答:每立方米混凝土中每增加 1 kg 水泥时, 可提高的抗压强度是多少;

（2） 检验回归效果的显著性($\alpha = 0.05$);

（3） 求相关系数 r,并求回归系数 b 的 95% 的置信区间;

（4） 求 $x_0 = 225$ kg 时,y_0 的预测值及 95% 的预测区间.

解 （1） $\overline{x} = 205$, $\overline{y} = 72.6$, $l_{xx} = 14300$, $l_{yy} = 1323.82$, $l_{xy} = 4347$,则

$$\hat{b} = \frac{l_{xy}}{l_{xx}} = 0.304, \quad \hat{a} = \overline{y} - \hat{b}\overline{x} = 10.28, \quad \hat{y} = 10.28 + 0.304x.$$

因此,每立方米混凝土中每增加 1 kg 水泥时,抗压强度可提高约 0.304 kg/cm^2.

（2） F 检验法　　H_0:没有线性相关性,即 $b = 0$,H_1:具有线性相关性,即 $b \neq 0$.

在 H_0 下,$F = \dfrac{(n-2)S_R}{S_e} \sim F(1, n-2)$,当显著性水平 $\alpha = 0.05$ 时,

拒绝域为 $F \geqslant F_{0.05}(1, n-2)$,$n = 12$.

计算得 $S_R = \hat{b}^2 l_{xx} = 1321.4272$, $S_e = l_{yy} - \hat{b}^2 l_{xx} = 2.3928$,$F = 5522.514$, $F_{0.05}(1, 10) = 4.96$.

$F \geqslant F_{0.05}(1, 10)$,拒绝原假设,即回归效果显著.

（3） $r = \dfrac{l_{xy}}{\sqrt{l_{xx} l_{yy}}} = 0.999$,$\hat{b} \sim N\left(b, \dfrac{\sigma^2}{l_{xx}}\right) \Rightarrow \dfrac{\hat{b} - b}{\sigma}\sqrt{l_{xx}} \sim N(0, 1)$,

$$\frac{S_e}{\sigma^2} \sim \chi^2(n-2) \Rightarrow \frac{\dfrac{\hat{b} - b}{\sigma}\sqrt{l_{xx}}}{\sqrt{\dfrac{S_e/\sigma^2}{n-2}}} = \frac{\hat{b} - b}{\sqrt{\dfrac{S_e}{n-2}}}\sqrt{l_{xx}} \sim t(n-2),$$

可得回归系数 b 的置信度为 0.95 的置信区间为

$$\left[\hat{b} - t_{0.025}(10)\frac{1}{\sqrt{l_{xx}}}\sqrt{\frac{S_e}{10}}, \hat{b} + t_{0.025}(10)\frac{1}{\sqrt{l_{xx}}}\sqrt{\frac{S_e}{10}}\right].$$

代入数值计算得回归系数 b 的置信度为 0.95 的置信区间为$(0.2949, 0.3131)$.

（4） $x_0 = 225$ kg,$\hat{y}_0 = \hat{a} + \hat{b}x_0 = 78.68$,

$$t = \frac{\hat{y}_0 - y_0}{S\sqrt{1 + \dfrac{1}{n} + \dfrac{(x_0 - \overline{x})^2}{l_{xx}}}} \sim t(n-2), \quad S = \sqrt{\frac{S_e}{n-2}}.$$

可得 y_0 的置信度为 95% 的置信区间为 $\left(\hat{y}_0 - \delta(x_0), \hat{y}_0 + \delta(x_0)\right)$，其中

$$\delta(x_0) = t_{0.025}(n-2)\sqrt{\frac{S_e}{n-2}}\sqrt{1 + \frac{1}{n} + \frac{(x_0 - \overline{x})^2}{l_{xx}}},$$

则 y_0 的置信度为 95% 的置信区间为 $(77.47, 79.89)$.

4. 假设 x 是一可控变量，y 是一随机变量且服从正态分布，现在不同的 x 值下，分别对 y 进行观测，得数据如下：

x	0.25	0.37	0.44	0.55	0.60	0.62	0.68	0.70	0.73	0.75	0.82	0.84	0.87	0.88	0.90	0.95	1.00
y	2.57	2.31	2.12	1.92	1.75	1.71	1.60	1.51	1.53	1.41	1.33	1.31	1.25	1.20	1.19	1.15	1.00

(1) 求 y 对 x 的线性回归方程，并求 $\sigma^2 = D(y)$ 的无偏估计；

(2) 求回归系数 a, b 的置信度为 95% 的置信区间；

(3) 检验线性回归效果的显著性($\alpha = 0.05$)；

(4) 求 y 的置信度为 95% 的置信区间；

(5) 为了把观测值 y 限制在区间 $(1.08, 1.68)$ 内，需要把 x 的值限制在什么范围之内？

解　(1)　$\hat{b} = \dfrac{l_{xy}}{l_{xx}}$，　$\hat{a} = \overline{y} - \hat{b}\,\overline{x} \Rightarrow \hat{y} = 3.0332 - 2.0698x$，　$\hat{\sigma}^2 = \dfrac{S_e}{n-2} = 0.0019$.

(2)　由于 $\qquad t = \dfrac{\hat{a} - a}{\sqrt{\dfrac{1}{n} + \dfrac{\overline{x}^2}{l_{xx}}}\sqrt{\dfrac{S_e}{n-2}}} \sim t(n-2)$，

回归系数 a 的置信度为 95% 的置信区间为

$$\left(\hat{a} - t_{0.025}(n-2)\sqrt{\frac{1}{n} + \frac{\overline{x}^2}{l_{xx}}}\sqrt{\frac{S_e}{n-2}},\ \hat{a} + t_{0.025}(n-2)\sqrt{\frac{1}{n} + \frac{\overline{x}^2}{l_{xx}}}\sqrt{\frac{S_e}{n-2}}\right),$$

代入数值计算得 $(2.9671, 3.1117)$.

由于 $t = \dfrac{\hat{b} - b}{\sqrt{\dfrac{S_e}{n-2}}}\sqrt{l_{xx}} \sim t(n-2)$，回归系数 b 的置信度为 95% 的置信区间为

$$\left(\hat{b} - t_{0.025}(n-2)\frac{1}{\sqrt{l_{xx}}}\sqrt{\frac{S_e}{n-2}},\ \hat{b} + t_{0.025}(n-2)\frac{1}{\sqrt{l_{xx}}}\sqrt{\frac{S_e}{n-2}}\right),$$

代入数值计算得 $(-2.1711, -1.9625)$.

(3)　$\dfrac{S_e}{\sigma^2} \sim \chi^2(n-2)$，当原假设为真时，有 $\dfrac{S_R}{\sigma^2} \sim \chi^2(1)$，因此有

$$F = \frac{S_R}{S_e/(n-2)} \sim F(1, n-2),$$

拒绝域为 $F \geqslant F_{0.05}(1, n-2)$，因为 $F_{0.05}(1, 15) = 4.54$，$F \geqslant F_{0.05}(1, n-2)$，所以线性效果显著.

(4) $t = \dfrac{\hat{y} - y}{S\sqrt{1 + \dfrac{1}{n} + \dfrac{(x - \bar{x})^2}{l_{xx}}}} \sim t(n-2)$, $S = \sqrt{\dfrac{S_e}{n-2}}$,

对于给定的自变量 x，可得因变量 y 的置信度为 95% 的置信区间为

$$(\hat{y} - \delta(x), \hat{y} + \delta(x)),$$

其中

$$\hat{y} = \hat{a} + \hat{b}x, \quad \delta(x) = t_{0.025}(n-2)\sqrt{\frac{S_e}{n-2}}\sqrt{1 + \frac{1}{n} + \frac{(x - \bar{x})^2}{l_{xx}}},$$

代入数值计算得

$$\delta(x) = 0.1073\sqrt{0.7506 + (x - 0.7029)^2}.$$

(5) 该问题本质上就是要确定下列方程组 $\begin{cases} \hat{a} + \hat{b}x_1 - \delta(x_1) = y_1, \\ \hat{a} + \hat{b}x_2 + \delta(x_2) = y_2 \end{cases}$ 的解.

因为 $t_{0.025}(n-2) \approx u_{0.025}$，$\sqrt{1 + \dfrac{1}{n} + \dfrac{(x - \bar{x})^2}{l_{xx}}} \approx 1$，所以方程组变为

$$\begin{cases} \hat{a} + \hat{b}x_1 - u_{0.025}S = y_1, \\ \hat{a} + \hat{b}x_2 + u_{0.025}S = y_2, \end{cases} \quad 解得 \quad \begin{cases} x_1 = \dfrac{1}{\hat{b}}(y_1 + u_{0.025}S - \hat{a}), \\ x_2 = \dfrac{1}{\hat{b}}(y_2 - u_{0.025}S - \hat{a}), \end{cases}$$

代入计算得 x 的值应该限制在 $(0.7, 0.9)$ 内.

5. 在回归分析中，常对数据进行变换：

$$\tilde{y}_i = \frac{y_i - c_1}{d_1}, \quad \tilde{x}_i = \frac{x_i - c_2}{d_2} \quad (i = 1, 2, \cdots, n),$$

其中 $c_1, c_2, d_1 > 0, d_2 > 0$ 是适当选取的常数.

(1) 试建立由原始数据和变换后数据得到的最小二乘估计、总平方和、回归平方和以及残差平方和之间的关系；

(2) 证明：由原始数据和变换后数据得到的 F 检验统计量的值保持不变.

解 (1) 由 $\tilde{y}_i = \dfrac{y_i - c_1}{d_1}, \tilde{x}_i = \dfrac{x_i - c_2}{d_2}$ 得

$$\widetilde{y}_i - \overline{\widetilde{y}} = \widetilde{y}_i - \frac{1}{n}\sum_{i=1}^{n}\widetilde{y}_i = \frac{y_i - c_1}{d_1} - \frac{1}{n}\sum_{i=1}^{n}\frac{y_i - c_1}{d_1} = \frac{1}{d_1}(y_i - \overline{y}).$$

类似地有 $\widetilde{x}_i - \overline{\widetilde{x}} = \frac{1}{d_2}(x_i - \overline{x})$, 则

$$l_{\widetilde{x}\widetilde{y}} = \sum_{i=1}^{n}(\widetilde{x}_i - \overline{\widetilde{x}})(\widetilde{y}_i - \overline{\widetilde{y}}) = \frac{1}{d_1 d_2}l_{xy}.$$

同理 $l_{\widetilde{x}\widetilde{x}} = \frac{1}{d_2^2}l_{xx}$, $l_{\widetilde{y}\widetilde{y}} = \frac{1}{d_1^2}l_{yy}$. 而

$$\hat{\widetilde{b}} = \frac{l_{\widetilde{x}\widetilde{y}}}{l_{\widetilde{x}\widetilde{x}}} = \frac{d_2 l_{xy}}{d_1 l_{xx}} = \frac{d_2}{d_1}\hat{b},$$

$$\hat{\widetilde{a}} = \overline{\widetilde{y}} - \hat{\widetilde{b}}\,\overline{\widetilde{x}} = \frac{\overline{y} - c_1}{d_1} - \frac{d_2}{d_1}\hat{b}\left(\frac{\overline{x} - c_2}{d_2}\right) = \frac{1}{d_1}(\hat{a} - c_1 + \hat{b}c_2),$$

$$\widetilde{S}_R = \hat{\widetilde{b}}^2 l_{\widetilde{x}\widetilde{x}} = \frac{d_2^2}{d_1^2}\hat{\widetilde{b}}^2\,d_2^2 l_{\widetilde{x}\widetilde{x}} = \frac{d_2^2}{d_2^2}\hat{\widetilde{b}}^2 d_2^2 l_{\widetilde{x}\widetilde{x}} = d_1^2\hat{\widetilde{b}}^2 l_{\widetilde{x}\widetilde{x}} = d_1^2\widetilde{S}_R,$$

$$S_e = l_{yy} - \hat{b}^2 l_{xx} = d_1^2 l_{\widetilde{y}\widetilde{y}} - \hat{b}^2 d_2^2 l_{\widetilde{x}\widetilde{x}} = d_1^2 l_{\widetilde{y}\widetilde{y}} - \frac{d_1^2}{d_2^2}\hat{\widetilde{b}}^2 d_2^2 l_{\widetilde{x}\widetilde{x}} = d_1^2(l_{\widetilde{y}\widetilde{y}} - \hat{\widetilde{b}}^2 l_{\widetilde{x}\widetilde{x}})$$

$$= d_1^2\widetilde{S}_e,$$

$$S_T = S_R + S_e = d_1^2\widetilde{S}_R + d_1^2\widetilde{S}_e = d_1^2(\widetilde{S}_R + \widetilde{S}_e) = d_1^2\widetilde{S}_T.$$

（2）因为 $F = \dfrac{(n-2)S_R}{S_e} \sim F(1, n-2)$, 所以

$$\widetilde{F} = \frac{(n-2)\widetilde{S}_R}{\widetilde{S}_e} = \frac{(n-2)\dfrac{1}{d_1^2}S_R}{\dfrac{1}{d_1^2}S_e} = \frac{(n-2)S_R}{S_e} = F,$$

F 检验统计量的值保持不变.

6. 测得一组弹簧形变 $x(\text{cm})$ 和相应的外力 $y(\text{N})$ 数据如下:

x	1	1.2	1.4	1.6	1.8	2.0	2.2	2.4	2.8	3.0
y	3.08	3.76	4.31	5.02	5.51	6.25	6.74	7.40	8.54	9.24

由胡克定理知 $y = kx$, 若假定 $y = kx + \varepsilon, \varepsilon \sim N(0, \sigma^2)$, 试估计 k, 并在 $x = 2.6\,\text{cm}$ 处给出相应的外力 y 的 95% 预测区间.（提示:应用第 2 题的结论）

解 由第 2 题结论, 得 $\hat{k} = \dfrac{\sum\limits_{i=1}^{10}x_i y_i}{\sum\limits_{i=1}^{10}x_i^2} = 0.3245$, y_0 的置信度为 95% 的置信区间为

$$(\hat{y}_0 - \delta(x_0), \hat{y}_0 + \delta(x_0)),$$

其中 $x_0 = 2.6$，$\hat{y}_0 = 0.8437$，$\delta(x_0) = t_{0.025}(n-2)\sqrt{\dfrac{S_e}{n-2}}\sqrt{1 + \dfrac{1}{n} + \dfrac{(x_0 - \overline{x})^2}{l_{xx}}} = 0.0431$，代入计算得到 y_0 的预测区间为 $(0.8006, 0.8868)$。

7. 我们知道营业税税收总额 y 与社会商品零售总额 x 有关，为能从社会商品零售总额去预测税收总额，需要了解两者之间的关系. 现收集了如下九组数据.（单位：亿元）

序号	社会商品零售总额 x	营业税税收总额
1	142.08	3.93
2	177.30	5.96
3	204.68	7.85
4	242.68	9.82
5	316.24	12.50
6	341.99	15.55
7	332.69	15.79
8	389.29	16.39
9	453.40	18.45

（1）画出散点图；

（2）建立一元线性回归方程，并作显著性检验（$\alpha = 0.05$），列出方差分析表；

（3）若已知某年社会商品零售额为 300 亿元，试给出营业税税收总额的概率为 0.95 的预测区间；

（4）若已知回归直线过原点，试求回归方程，并在显著性水平 0.05 下作显著性检验.

解 （1）图略.

（2）

回归统计	
Multiple R	0.981069208
R Square	0.96249679
Adjusted R Square	0.957139189
标准误差	1.06405519
观测值	9

	df	SS	MS	F	Significance F
回归分析	1	203.4029	203.4029	179.6507	3.01722E－06
残差	7	7.925494	1.132213		
总计	8	211.3284			

	Coefficients	标准误差	t Stat	P-value	Lower 95%
Intercept	－2.25822	1.107518	－2.03899	0.080833	－4.877080404
X Variable 1	0.048672	0.003631	13.40338	3.02E－06	0.040085199

	Upper 95%	下限 95.0%	上限 95.0%
Intercept	0.360646595	－4.877080404	0.360646595
X Variable 1	0.057258584	0.040085199	0.057258584

$$\hat{b} = \frac{l_{xy}}{l_{xx}} = 0.0487, \quad \hat{a} = \overline{y} - \hat{b}\,\overline{x} = -2.26 \Rightarrow \hat{y} = -2.26 + 0.0487x,$$

$$F = \frac{S_R}{S_e/(n-2)} \sim F(1, n-2), 拒绝域 F \geqslant F_{0.05}(1, n-2), F = 179.65, F_{0.05}(1,7) =$$

5.59,即表明回归效果显著.

（3）　给出预测区间 $(\hat{y}_0 - \delta(x_0), \hat{y}_0 + \delta(x_0))$,其中 $\hat{y}_0 = 12.35$,

$$\delta(x_0) = t_{0.025}(n-2)\sqrt{\frac{S_e}{n-2}}\sqrt{1 + \frac{1}{n} + \frac{(x_0 - \overline{x})^2}{l_{xx}}} = 2.6555,$$

则预测区间为(9.688,14.999).

（4）

Multiple R	0.99568
R Square	0.99138
Adjusted R Square	0.86638
标准误差	1.256615
观测值	9

	df	SS	MS	F	Significance F
回归分析	1	1452.8	1452.8	920.029	1.09201E − 08
残差	8	12.63265	1.579081		
总计	9	1465.433			

	Coefficients	标准误差	t Stat	P-value	Lower 95%
Intercept	0	♯N/A	♯N/A	♯N/A	♯N/A
X Variable 1	0.041658	0.001373	30.33198	1.52E − 09	0.038490601

Upper 95%	下限 95.0%	上限 95.0%
♯N/A	♯N/A	♯N/A
0.04482469	0.0384906	0.04482469

$$\hat{b} = \frac{\sum_{i=1}^{n} x_i y_i}{\sum_{i=1}^{n} x_i^2} = 0.0417,$$ 回归方程为 $\hat{y} = 0.0417x$，由上面表格得知回归性显著.

8. 在林业工程中，需要知道树干的体积 y 与树干直径 x_1 和树干高度 x_2 之间的关系，下表给出了一组树干的体积、直径和高度的观测值：

序号	直径(x_1)	树高(x_2)	体积(y)
1	8.4	71	10.4
2	8.7	66	10.4
3	8.9	64	10.3
4	10.6	73	16.5
5	10.8	82	18.9
6	10.9	84	19.8
7	11.1	67	15.7

序号	直径(x_1)	树高(x_2)	体积(y)
8	11.1	76	18.3
9	11.2	81	22.7
10	11.3	76	20
11	11.4	80	24.3
12	11.5	77	21.1
13	11.5	77	21.5
14	11.8	70	21.4
15	12.1	76	19.2
16	13	75	22.3
17	13	86	33.9
18	13.4	87	27.5
19	13.8	72	25.8
20	13.9	65	25
21	14.1	79	34.6
22	14.3	81	31.8
23	14.6	75	36.7
24	16.1	73	38.4
25	16.4	78	42.7
26	17.4	82	55.5
27	17.6	83	55.8
28	18	81	58.4
29	18.1	81	51.6
30	17.1	81	51.1
31	20.7	88	77.1

试求 y 对 x_1 和 x_2 的回归方程,并作显著性检验.

解　设 $y = a + b_1 x_1 + b_2 x_2 + \varepsilon$,则要使 $Q(a, b_1, b_2) = \sum\limits_{i=1}^{n}(y_i - a - b_1 x_{1i} - b_2 x_{2i})^2$ 最小,则

$$\frac{\partial Q(a, b_1, b_2)}{\partial a} = -2\sum\limits_{i=1}^{n}(y_i - a - b_1 x_{1i} - b_2 x_{2i}) = 0,$$

$$\frac{\partial Q(a,b_1,b_2)}{\partial b_1} = -2\sum_{i=1}^{n}(y_i - a - b_1 x_{1i} - b_2 x_{2i})x_{1i} = 0,$$

$$\frac{\partial Q(a,b_1,b_2)}{\partial b_2} = -2\sum_{i=1}^{n}(y_i - a - b_1 x_{1i} - b_2 x_{2i})x_{2i} = 0,$$

计算可得 $\hat{a} = -52.83$，$\hat{b}_1 = 4.48$，$\hat{b}_2 = 0.298$，则 $\hat{y} = -52.83 + 4.48x_1 + 0.298x_2$，

取检验统计量 $F = \dfrac{S_R/m}{S_e/(n-m-1)}$，

当 H_0 为真时，$F = \dfrac{S_R/m}{S_e/(n-m-1)} = \dfrac{S_R/2}{S_e/28} = \dfrac{14S_R}{S_e} \sim F_{0.05}(2,28)$，

拒绝域为 $F \geqslant F_{0.05}(2,28)$，因为 $F_{0.05}(2,28) = 3.34$，所以 $F \geqslant 3.34$. 即表明回归性显著.

9. 对于如下一组数据，

x	2	3	4	5	6	7	8	9	10	11	12	13	14	15	16
y	6.42	8.20	9.58	9.50	9.70	10.00	9.93	9.99	10.49	10.59	10.60	10.80	10.60	10.90	10.76

试分别按（1） $y = a + \dfrac{b}{x}$，（2） $y = a\mathrm{e}^{\frac{b}{x}}$ 来建立 y 对 x 的回归方程，并用判定系数 R^2 指出哪一种相关较好.

解 （1） $y = a + \dfrac{b}{x}$，令 $y = u, \dfrac{1}{x} = v$，则 $u = a + bv$，则 $\hat{a} = 0.0823$，$\hat{b} = 0.1312$，

$$\hat{y} = 0.0823 + \frac{0.1312}{x},$$

判定系数可通过公式 $1 - \dfrac{\sum(y_i - \hat{y}_i)^2}{\sum(y_i - \bar{y})^2}$ 计算得到，记为 R_1^2.

（2） $y = a\mathrm{e}^{\frac{b}{x}}$，令 $u = \ln y, v = \dfrac{1}{x}, c = \ln a$，则 $\hat{b} = -1.1107, c = 2.4578$，

$$\hat{a} = 11.6791 \Rightarrow \hat{y} = 11.6791\mathrm{e}^{-\frac{1.1107}{x}},$$

判定系数类似得到，记为 R_2^2.

经计算，可知 $R_1^2 < R_2^2$，因此，方程（2）比方程（1）好.

10. 某研究机构对 200 只北京鸭进行试验，得到鸭的周龄 x 与平均日增重 y 的数据如下：

x	1	2	3	4	5	6	7	8	9
y	21.9	47.1	61.9	70.8	72.8	66.4	50.3	25.3	3.2

试求回归方程 $\hat{y} = \hat{a} + \hat{b}_1 x + \hat{b}_2 x^2$，并检验回归效果的显著性.

解 $\hat{y} = \hat{a} + \hat{b}_1 x + \hat{b}_2 x^2$，令 $u = \hat{y}, v_1 = x, v_2 = x^2$，原方程可化为 $u = \hat{a} + \hat{b}_1 v_1 + \hat{b}_2 v_2$，代入数据可得 $\hat{a} = -8.3515, \hat{b}_1 = 34.8267, b_2 = -3.7623$，则回归方程为

$$\hat{y} = -8.3515 + 34.8267x - 3.7623x^2.$$

计算得到 $R^2 = 1 - \dfrac{\sum (y_i - \hat{y}_i)^2}{\sum (y_i - \overline{y})^2} = 0.993743525$，表明回归效果显著.

（B）

一、填空题

1. 设 y 与 x 间的关系为 $\begin{cases} y = a + bx + \varepsilon, \\ \varepsilon \sim N(\mu, \sigma^2), \end{cases}$ $(x_i, y_i)(i = 1, 2, \cdots, n)$ 是 (x, y) 的 n 组观测值，则回归系数的最大似然估计是 $\hat{b} = $ _____，$\hat{a} = $ _____.

解 依据最小二乘法，有

$$\begin{cases} \hat{b} = \dfrac{\sum\limits_{i=1}^{n} (x_i - \overline{x})(y_i - \overline{y})}{\sum\limits_{i=1}^{n} (x_i - \overline{x})^2} = \dfrac{\sum\limits_{i=1}^{n} x_i y_i - n\overline{x} \cdot \overline{y}}{\sum\limits_{i=1}^{n} x_i^2 - n\overline{x}^2}, \\ \hat{a} = \overline{y} - \hat{b}\overline{x}. \end{cases}$$

2. 系数 b 的最大似然估计值 $\hat{b}$ 服从分布 _____，$E(\hat{b}) = $ _____，$D(\hat{b}) = $ _____，σ^2 的无偏估计是 _____.

解 由于 b 的最大似然估计与最小二乘估计相同，所以由最小二乘估计性质知，$\hat{b} \sim N\left(b, \dfrac{\sigma^2}{l_{xx}}\right)$，从而 $E(\hat{b}) = b, D(\hat{b}) = \dfrac{\sigma^2}{l_{xx}}$.

σ^2 的无偏估计为 $\hat{\sigma}^2 = \dfrac{1}{n-2} \sum\limits_{i=1}^{n} (y_i - \hat{a} - \hat{b}x_i)^2$.

二、单项选择题

1. 回归分析是分析一个随机变量和一个控制变量之间的（   ）关系的方法.

A. 函数　　　　B. 线性　　　　C. 相关　　　　D. 独立

解 回归分析是研究两组变量之间相互关系的统计分析方法，其中最重要的是研究一个因变量和一个或几个自变量之间的线性关系.本题应选 A.

2. 在回归分析中，F 检验法主要是用来检验（   ）.

A. 回归系数的显著性　　　　　　B. 线性关系的显著性

C. 相关系数的显著性　　　　　　D. 估计值误差的大小

解　F 检验是从回归效果检验回归方程的显著性,如果是显著的,说明回归方程线性关系是存在的,否则就说明回归方程的线性关系是不存在的,故本题应选 B.

3. 一元线性回归分析中,检验回归方程显著性的统计量是(　　).

A. $\dfrac{(n-2)S_R}{S_e}$

B. $\dfrac{L_{xy}^2}{L_{xx}}$

C. $\dfrac{y_0 - \dot{y}_0}{\dot{\sigma}\sqrt{1 + \dfrac{1}{n} + \dfrac{(x_0 - \overline{X})^2}{L_{xx}}}}$

D. $\dfrac{\sum\limits_{i=1}^{n} X_i Y_i - n\overline{X}\,\overline{Y}}{\sum\limits_{i=1}^{n} X_i^2 - n\overline{X}^2}$

解　对回归方程显著性的检验采用 F 检验法:当原假设 H_0 为真时,$\dfrac{S_R}{\sigma^2} \sim \chi^2(1)$,

$\dfrac{S_e}{\sigma^2} \sim \chi^2(n-2)$,且 S_R 与 S_e 相互独立,从而

$$F = \frac{S_R}{S_e/(n-2)} \sim F(1, n-2).$$

所以本题应选 A.

4. 在线性回归模型,设 $y = a + bx + \varepsilon, \varepsilon \sim N(0, \sigma^2)$,则对固定的 x, y 服从(　　)分布.

A. $N(0, 1)$　　　B. $N(\mu, \sigma^2)$　　　C. $N(a + bx, \sigma^2)$　　　D. $N(0, \sigma^2)$

解　由正态分布的线性性质知,y 仍服从正态分布,且

$$E(y) = a + bx + E(\varepsilon) = a + bx, D(y) = E(\varepsilon) = \sigma^2,$$

故本题应选 C.

第10章　方差分析

内容提要

10.1　单因素试验的方差分析

1. 单因素试验

为了考察某个因素 A 对所研究的随机变量 X 的影响,我们在试验中让其他因素保持不变,而仅让因素 A 改变,这样的试验称为单因素试验.

2. 数学模型

设因素 A 有 r 个不同的水平 $A_1,A_2,\cdots,A_r$,在水平 A_j 下的总体记为 $x_j(j=1,2,\cdots,r)$,并设 $x_1,x_2,\cdots,x_r$ 相互独立且

$$x_j \sim N(\mu_j,\sigma^2)(j=1,2,\cdots,r).$$

在水平 A_j 下进行 n_j 次试验,得到取自总体 x_j 的容量为 n_j 的样本 $x_{1j},x_{2j},\cdots,x_{n_j j}(j=1,2,\cdots,r)$. 于是有

$$x_{ij} \sim N(\mu_j,\sigma^2)(j=1,2,\cdots,r;\ i=1,2,\cdots,n_j),$$

并且所有的 x_{ij} 相互独立.

令 $\varepsilon_{ij} = x_{ij} - \mu_j(j=1,2,\cdots,r;\ i=1,2,\cdots,n_j)$,则 ε_{ij} 是在水平 A_j 下做第 i 次观察时由于随机因素的影响而产生的随机误差,且 ε_{ij} 相互独立.所以可得如下的数据结构:

$$\begin{cases} x_{ij} = \mu_j + \varepsilon_{ij}(j=1,2,\cdots,r;\ i=1,2,\cdots,n_j), \\ \varepsilon_{ij} \sim N(0,\sigma^2). \end{cases}$$

上式称为单因素方差分析的数学模型.

单因素方差分析的主要任务可归结为以下两个:

(1) 在给定的显著水平 α 下检验假设

$$H_0:\mu_1 = \mu_2 = \cdots = \mu_r, \quad H_1:\mu_1,\mu_2,\cdots,\mu_r \text{ 不全相等};$$

（2）估计参数 $\mu_1,\mu_2,\cdots,\mu_r,\sigma^2$.

3. 统计分析

总平方和 $\quad S_T = \sum_{j=1}^{r} \sum_{i=1}^{n_j} (x_{ij} - \overline{x})^2$,其中$\overline{x} = \dfrac{1}{n} \sum_{j=1}^{r} \sum_{i=1}^{n_j} x_{ij}$.

误差平方和 $\quad S_E = \sum_{j=1}^{r} \sum_{i=1}^{n_j} (x_{ij} - \overline{x}._j)^2$,其中$\overline{x}._j = \dfrac{1}{n_j} \sum_{i=1}^{n_j} x_{ij}$.

因素 A 的效应平方和 $\quad S_A = \sum_{j=1}^{r} \sum_{i=1}^{n_j} (\overline{x}._j - \overline{x})^2$.

4. 假设检验

当 H_0 成立时,则$\dfrac{S_E}{\sigma^2} \sim \chi^2(n-r),\dfrac{S_A}{\sigma^2} \sim \chi^2(r-1)$,且 S_E 与 S_A 相互独立.从而

$$F = \frac{S_A/(r-1)}{S_E/(n-r)} \sim F(r-1,n-r).$$

对给定的检验水平 α,若$F \geqslant F_\alpha(r-1,n-r)$,则拒绝原假设 H_0,即认为因素 A 影响显著.

5. 参数估计

（1） $\hat{\mu} = \overline{x}$ 是 μ 的无偏估计;

（2） $\hat{\mu}_j = \overline{x}._j$ 是 μ_j 的无偏估计;

（3） $\hat{\alpha}_j = \overline{x}._j - \overline{x}$ 是 α_j 的无偏估计;

（4） $\hat{\sigma}^2 = \dfrac{S_E}{n-r}$ 是 σ^2 的无偏估计;

（5） $\mu_j - \mu_k$ 的置信度为 $1-\alpha$ 的置信区间为

$$\left(\overline{x}._j - \overline{x}._k - t_{\alpha/2}(n-r)\sqrt{\frac{S_E}{n-s}\left(\frac{1}{n_j}+\frac{1}{n_k}\right)}, \overline{x}._j - \overline{x}._k + t_{\alpha/2}(n-r)\sqrt{\frac{S_E}{n-s}\left(\frac{1}{n_j}+\frac{1}{n_k}\right)} \right).$$

10.2 双因素等重复试验的方差分析

1. 数学模型

设有两个作用于试验的因素 A,B,因素 A 有 r 个水平 $A_1,A_2,\cdots,A_r$,因素 B 有 s 个水平 $B_1,B_2,\cdots,B_s$,对因素 A,B 的水平的每对组合 $(A_i,B_j)(i=1,2,\cdots,r;j=1,2,\cdots,s)$ 都做 $t(t \geqslant 2)$ 次试验,试验数记为 x_{ijk},设 $x_{ijk} \sim N(\mu_{ij},\sigma^2)(i=1,2,\cdots,r;j=1,2,\cdots,s;k=1,2,\cdots,t)$.令 $\varepsilon_{ijk} = x_{ijk} - \mu_{ij}(i=1,2,\cdots,r;j=1,2,\cdots,s;k=1,2,\cdots,t)$,则 ε_{ijk} 相互独立,且 $\varepsilon_{ijk} \sim N(0,\sigma^2)$.

于是数据就有如下结构:

$$\begin{cases} x_{ijk} = \mu_{ij} + \varepsilon_{ijk} (i = 1, 2, \cdots, r; j = 1, 2, \cdots, s; k = 1, 2, \cdots, t), \\ \varepsilon_{ijk} \sim N(0, \sigma^2). \end{cases}$$

上式就是双因素方差分析的数学模型.

引入如下记号:

$$\mu = \frac{1}{rs} \sum_{i=1}^{r} \sum_{j=1}^{s} \mu_{ij}; \quad \mu_{i\cdot} = \frac{1}{s} \sum_{j=1}^{s} \mu_{ij}, \alpha_i = \mu_{i\cdot} - \mu (i = 1, 2, \cdots, r),$$

$$\mu_{\cdot j} = \frac{1}{r} \sum_{i=1}^{r} \mu_{ij}, \beta_i = \mu_{\cdot j} - \mu (j = 1, 2, \cdots, s).$$

称 μ 为总平均,称 α_i 为水平 A_i 的效应,β_i 为水平 B_j 的效应,记

$$\gamma_{ij} = \mu_{ij} - \mu_{i\cdot} - \mu_{\cdot j} + \mu (i = 1, 2, \cdots, r; j = 1, 2, \cdots, s),$$

则 $\mu_{ij} = \mu + \alpha_i + \beta_j + \gamma_{ij}$,称 γ_{ij} 为水平 A_i 和水平 B_j 的交互效应,于是数据的结构可以写成如下的数学模型:

$$\begin{cases} x_{ijk} = \mu + \alpha_i + \beta_j + \gamma_{ij} + \varepsilon_{ijk}, \\ \varepsilon_{ijk} \sim N(0, \sigma^2), \\ \sum_{i=1}^{r} \alpha_i = 0, \sum_{j=1}^{s} \beta_j = 0, \sum_{i=1}^{r} \gamma_{ij} = \sum_{j=1}^{s} \gamma_{ij} = 0 \end{cases} \quad (i = 1, 2, \cdots, r, j = 1, 2, \cdots, s, k = $$

$1, 2, \cdots, t)$,

其中 $\mu, \alpha_i, \beta_j, \gamma_{ij}, \sigma^2$ 都是未知参数.

这样假设检验问题可以表述成如下的三个假设检验问题:

$$H_{01} : \alpha_1 = \alpha_2 = \cdots = \alpha_r = 0, H_{11} : \alpha_1, \alpha_2, \cdots, \alpha_r \text{ 不全为零};$$

$$H_{02} : \beta_1 = \beta_2 = \cdots = \beta_s = 0, H_{12} : \beta_1, \beta_2, \cdots, \beta_s \text{ 不全为零};$$

$$H_{03} : \gamma_{ij} = 0 (i = 1, 2, \cdots, r; j = 1, 2, \cdots, s), H_{13} : \gamma_{ij} \text{ 不全为零}.$$

2. 统计分析

总平方和 $S_T = \sum_{i=1}^{r} \sum_{j=1}^{s} \sum_{k=1}^{t} (x_{ijk} - \overline{x})^2$,其中 $\overline{x} = \frac{1}{rst} \sum_{i=1}^{r} \sum_{j=1}^{s} \sum_{k=1}^{t} x_{ijk}$.

因素 A 的效应平方和 $S_A = st \sum_{i=1}^{r} (\overline{x}_{i\cdot\cdot} - \overline{x})^2$,其中 $\overline{x}_{i\cdot\cdot} = \frac{1}{st} \sum_{j=1}^{s} \sum_{k=1}^{t} x_{ijk} (i = 1, 2, \cdots, r)$.

因素 B 的效应平方和 $S_B = rt \sum_{j=1}^{s} (\overline{x}_{\cdot j\cdot} - \overline{x})^2$,其中 $\overline{x}_{\cdot j\cdot} = \frac{1}{rt} \sum_{i=1}^{r} \sum_{k=1}^{t} x_{ijk} (j = 1, 2, \cdots, s)$.

误差平方和 $S_E = \sum_{i=1}^{r} \sum_{j=1}^{s} \sum_{k=1}^{t} (x_{ijk} - \overline{x}_{ij\cdot})^2$,其中 $\overline{x}_{ij\cdot} = \frac{1}{t} \sum_{k=1}^{t} x_{ijk} (i = 1, 2, \cdots, r; j = 1, 2, \cdots, s)$.

A,B 的交互效应平方和 $S_{A\times B}=t\sum\limits_{i=1}^{r}\sum\limits_{j=1}^{s}(\overline{x}_{ij.}-\overline{x}_{i..}-\overline{x}_{.j.}+\overline{x})^2$.

3. 假设检验

(1) $\dfrac{S_E}{\sigma^2}\sim\chi^2(rs(t-1))$;

(2) 当 H_{01} 为真时,$\dfrac{S_A}{\sigma^2}\sim\chi^2(r-1)$,从而 $F_A=\dfrac{S_A/(r-1)}{S_E/[rs(t-1)]}\sim F(r-1,rs(t-1))$;

(3) 当 H_{02} 为真时,$\dfrac{S_B}{\sigma^2}\sim\chi^2(s-1)$,从而 $F_B=\dfrac{S_B/(s-1)}{S_E/[rs(t-1)]}\sim F(s-1,rs(t-1))$;

(4) 当 H_{03} 为真时,$\dfrac{S_{A\times B}}{\sigma^2}\sim\chi^2((r-1)(s-1))$,从而

$$F_{A\times B}=\dfrac{S_{A\times B}/[(r-1)(s-1)]}{S_E/[rs(t-1)]}\sim F((r-1)(s-1),rs(t-1)).$$

对于显著性水平 α,H_{01} 拒绝域为 $F_A=\dfrac{S_A/(r-1)}{S_E/[rs(t-1)]}\geqslant F_\alpha(r-1,rs(t-1))$,

H_{02} 拒绝域为 $F_B=\dfrac{S_B/(s-1)}{S_E/[rs(t-1)]}\geqslant F_\alpha(s-1,rs(t-1))$,

H_{03} 拒绝域为 $F_{A\times B}=\dfrac{S_{A\times B}/[(r-1)(s-1)]}{S_E/[rs(t-1)]}\geqslant F_\alpha((r-1)(s-1),rs(t-1))$.

10.3 双因素无重复试验的方差分析

设有两个因素 A,B,因素 A 有 r 个水平 $A_1,A_2,\cdots,A_r$,因素 B 有 s 个水平 $B_1,B_2,\cdots,B_s$,对因素 A,B 的每对组合 $(A_i,B_j)(i=1,2,\cdots,r;j=1,2,\cdots,s)$ 做一次试验,试验数据记为 x_{ij},设 x_{ij} 相互独立,且设 $x_{ij}\sim N(\mu_{ij},\sigma^2)$. 此时数据结构的数学模型可以写成如下形式:

$$\begin{cases} x_{ij}=\mu+\alpha_i+\beta_j+\varepsilon_{ij}(i=1,2,\cdots,r;j=1,2,\cdots,s),\\ \varepsilon_{ij}\sim N(0,\sigma^2),\sum\limits_{i=1}^{r}\alpha_i=0,\sum\limits_{j=1}^{s}\beta_j=0, \end{cases}$$

其中 μ 为总平均,α_i 为水平 A_i 的效应,β_j 为水平 B_j 的效应,且 $\mu,\alpha_i,\beta_j,\sigma^2$ 均为未知参数. 此时要检验的假设有以下两个:

$$H_{01}:\alpha_1=\alpha_2=\cdots=\alpha_r=0,H_{11}:\alpha_1,\alpha_2,\cdots,\alpha_r \text{ 不全为零};$$

$$H_{02}:\beta_1=\beta_2=\cdots=\beta_s=0,H_{12}:\beta_1,\beta_2,\cdots,\beta_s \text{ 不全为零}.$$

与双因素等重复试验方差分析的讨论过程类似,可以得到如下方差分析表:

方差来源	平方和	自由度	均　　方	F 比
因素 A	S_A	$r-1$	$S_A/(r-1)$	$F_A = \dfrac{S_A/(r-1)}{S_E/[(r-1)(s-1)]}$
因素 B	S_B	$s-1$	$S_B/(s-1)$	$F_B = \dfrac{S_B/(s-1)}{S_E/[(r-1)(s-1)]}$
误　　差	S_E	$(r-1)(s-1)$	$S_E/(r-1)(s-1)$	
总　　和	S_T	$rs-1$		

取显著性水平为 α，得 H_{01} 的拒绝域为

$$F_A = \frac{S_A/(r-1)}{S_E/[(r-1)(s-1)]} \geqslant F_\alpha(r-1,(r-1)(s-1)),$$

得 H_{02} 的拒绝域为

$$F_B = \frac{S_B/(s-1)}{S_E/[(r-1)(s-1)]} \geqslant F_\alpha(s-1,(r-1)(s-1)).$$

习题详解

习　　题　　十

（A）

1. 三台机器制造同一种产品，记录五天的产量如下：

机器	A_1	A_2	A_3
日产量	138	163	155
	144	148	144
	135	152	159
	149	146	147
	143	157	153

试在显著性 $\alpha = 0.05$ 下检验这三台机器的日产量是否有显著差异.

解　对假设检验问题 $H_0:\mu_1 = \mu_2 = \mu_3$，　$H_1:\mu_1,\mu_2,\mu_3$ 不全相等，

取检验统计量 $F = \dfrac{S_A/(r-1)}{S_E/(n-r)}$，则在假设 H_0 下有

$$F = \frac{S_A/(r-1)}{S_E/(n-r)} \sim F(r-1,n-r),$$

拒绝域为 $F = \dfrac{S_A/(r-1)}{S_E/(n-r)} \geqslant F_a(r-1, n-r)$，$\alpha$ 为显著性水平，

其中 $S_A = \sum\limits_{j=1}^{r} \sum\limits_{i=1}^{n_j} (\overline{x}_{\cdot j} - \overline{x})^2 = \sum\limits_{j=1}^{r} n_j \overline{x}_{\cdot j}^2 - n\overline{x}^2$，$S_E = \sum\limits_{j=1}^{r} \sum\limits_{i=1}^{n_j} (x_{ij} - \overline{x}_{\cdot j})^2$，$r = 3, n = 15.$

计算分析得

组	观测数	求和	平均	方差
列 1	5	709	141.8	29.7
列 2	5	766	153.2	47.7
列 3	5	758	151.6	36.8

差异源	SS	df	MS	F	P-value	F crit
组间	380.9333	2	190.4667	5.003503	0.026286	3.885294
组内	456.8	12	38.06667			
总计	837.7333	14				

查表得 $F = 5.003503$，因为 $F_{0.05}(2,12) = 3.89$，所以 $F \geqslant F_{0.05}(2,12)$，拒绝原假设，因此三台机器的日产量有显著差异.

2. 下列数据给出了对灯泡光效的试验结果.（单位：Lm/W）

工厂	测量值					
1	9.47	9.00	9.12	9.27	9.27	9.25
2	10.80	11.28	11.15			
3	10.37	10.42	10.28			
4	10.65	10.33				
5	9.54	8.62				

试在显著性水平 $\alpha = 0.05$ 下检测不同工厂生产的灯泡光通量有无显著差别？

解　$H_0 : \mu_1 = \mu_2 = \mu_3 = \mu_4 = \mu_5$，　$H_1 : \mu_1, \mu_2, \mu_3, \mu_4, \mu_5$ 不全相等，

构造检验统计量 $F = \dfrac{S_A/(r-1)}{S_E/(n-r)}$，则在假设 H_0 下有

$$F = \dfrac{S_A/(r-1)}{S_E/(n-r)} \sim F(r-1, n-r),$$

拒绝域为

$$F = \dfrac{S_A/(r-1)}{S_E/(n-r)} \geqslant F_a(r-1, n-r)，\alpha \text{ 为显著性水平，}$$

其中 $S_A = \sum\limits_{j=1}^{r} \sum\limits_{i=1}^{n_j} (\overline{x}_{\cdot j} - \overline{x})^2 = \sum\limits_{j=1}^{r} n_j \overline{x}_{\cdot j}^2 - n\overline{x}^2, S_E = \sum\limits_{j=1}^{r} \sum\limits_{i=1}^{n_j} (x_{ij} - \overline{x}_{\cdot j})^2, r = 5, n = 16.$

计算分析得

组	观测数	求和	平均	方差
列 1	6	55.38	9.23	0.02524
列 2	3	33.23	11.07667	0.061633
列 3	3	31.07	10.35667	0.005033
列 4	2	20.98	10.49	0.0512
列 5	2	18.16	9.08	0.4232

差异源	SS	df	MS	F	P-value	F crit
组间	9.502642	4	2.37566	35.60577	3.1E−06	3.35669
组内	0.733933	11	0.066721			
总计	10.23658	15				

计算得 $F = 35.60577, F_{0.05}(4,11) = 3.36, F \geqslant F_{0.05}(4,11)$,拒绝原假设,因此不同工厂生产的灯泡光通量有显著差别.

3. 将抗生素注入人体会产生抗生素与血浆蛋白质结合的现象,以致减少了药效.下表列出 5 种常用的抗生素注入牛的体内时,抗生素与血浆蛋白质结合的百分比.试在显著性水平 $\alpha = 0.05$ 下检验这些百分比的均值有无显著的差异.设各总体服从正态分布,且方差相同.

抗生素	青霉素	四环素	链霉素	红霉素	氯霉素
测量值	29.6	27.3	5.8	21.6	29.2
	24.3	32.6	6.2	17.4	32.8
	28.5	30.8	11.0	18.3	25.0
	32.0	34.8	8.3	19.0	24.2

解 $H_0 : \mu_1 = \mu_2 = \mu_3 = \mu_4 = \mu_5$, $H_1 : \mu_1, \mu_2, \mu_3, \mu_4, \mu_5$ 不全相等,

构造检验统计量 $F = \dfrac{S_A/(r-1)}{S_E/(n-r)}$,则在假设 H_0 下有

$$F = \frac{S_A/(r-1)}{S_E/(n-r)} \sim F(r-1, n-r),$$

拒绝域为

$$F = \frac{S_A/(r-1)}{S_E/(n-r)} \geqslant F_\alpha(r-1, n-r), \alpha \text{ 为显著性水平},$$

其中 $S_A = \sum\limits_{j=1}^{r} \sum\limits_{i=1}^{n_j} (\overline{x}._j - \overline{x})^2 = \sum\limits_{j=1}^{r} n_j \overline{x}^2._j - n\overline{x}^2$, $S_E = \sum\limits_{j=1}^{r} \sum\limits_{i=1}^{n_j} (x_{ij} - \overline{x}._j)^2$, $r = 5$, $n = 20$.

计算分析得

组	观测数	求和	平均	方差
列 1	4	114.4	28.6	10.35333
列 2	4	125.5	31.375	10.05583
列 3	4	31.3	7.825	5.6825
列 4	4	76.3	19.075	3.2625
列 5	4	111.2	27.8	15.92

差异源	SS	df	MS	F	P-value	F crit
组间	1480.823	4	370.2058	40.88488	6.74E−08	3.055568
组内	135.8225	15	9.054833			
总计	1616.646	19				

计算得 $F = 40.88488$, $F_{0.05}(4,15) = 3.06$, $F \geqslant F_{0.05}(4,15)$, 拒绝原假设, 即表明均值有显著差异.

4. 一个年级有三个班, 他们进行了一次数学考试, 现从各个班级随机地抽取了一些学生, 记录其成绩如下:

	1 班			2 班			3 班	
73	66	89	88	77	78	68	41	79
60	82	45	31	48	78	59	56	68
80	43	93	91	62	51	91	53	71
36	73	77	76	85	96	79	71	15
			74	80	56		87	

试在显著性水平 $\alpha = 0.05$ 下检验各班级的平均分数有无显著性差异. 设各个总体服从正态分布, 且方差相同.

解 $H_0: \mu_1 = \mu_2 = \mu_3$, $H_1: \mu_1, \mu_2, \mu_3$ 不全相等,

构造检验统计量 $F = \dfrac{S_A/(r-1)}{S_E/(n-r)}$, 则在假设 H_0 下有

$$F = \frac{S_A/(r-1)}{S_E/(n-r)} \sim F(r-1, n-r),$$

拒绝域为

$$F = \frac{S_A/(r-1)}{S_E/(n-r)} \geqslant F_\alpha(r-1, n-r), \alpha \text{ 为显著性水平,}$$

其中 $S_A = \sum_{j=1}^{r} \sum_{i=1}^{n_j} (\overline{x}_{\cdot j} - \overline{x})^2 = \sum_{j=1}^{r} n_j \overline{x}_{\cdot j}^2 - n\overline{x}^2, S_E = \sum_{j=1}^{r} \sum_{i=1}^{n_j} (x_{ij} - \overline{x}_{\cdot j})^2, r = 3,$

$n = 30$.

计算分析得

组	观测数	求和	平均	方差
列 1	12	817	68.08333	343.9015
列 2	15	1071	71.4	327.9714
列 3	13	838	64.46154	414.6026

差异源	SS	df	MS	F	P-value	F crit
组间	335.3526	2	167.6763	0.46473	0.631923	3.251924
组内	13349.75	37	360.804			
总计	13685.1	39				

计算得 $F = 0.46473, F_{0.05}(2,37) = 3.25, F \leqslant F_{0.05}(2,37)$,接受原假设,即表明平均分数没有显著差异.

5. 为了寻找适应某地区的高产水稻品种,今选取五个不同品种的种子进行试验,每一品种在四种试验田上试种. 假定这 20 块土地面积与其他条件基本上相同,观测到各块土地的产量(kg)如下:

种子品种 A	试验田号			
	1	2	3	4
A_1	67	67	55	42
A_2	68	96	90	66
A_3	60	69	50	55
A_4	79	64	81	70
A_5	90	70	79	88

试检验:(1) 种子品种对水稻高产有无显著影响($\alpha = 0.01$);(2) 第 2,5 号种子对水稻高产的影响有无显著差异($\alpha = 0.05$).

解 (1) $H_0 : \alpha_1 = \alpha_2 = \alpha_3 = \alpha_4 = \alpha_5 = 0$, $H_1 : \alpha_1, \alpha_2, \alpha_3, \alpha_4, \alpha_5$ 不全为 0,

构造检验统计量 $F_A = \dfrac{S_A/(r-1)}{S_E/[(r-1)(s-1)]}$,则在假设 H_0 下有

$$F_A = \frac{S_A/(r-1)}{S_E/[(r-1)(s-1)]} \sim F(r-1,(r-1)(s-1)),$$

拒绝域为 $F_A = \dfrac{S_A/(r-1)}{S_E/[(r-1)(s-1)]} \geqslant F_\alpha(r-1,(r-1)(s-1))$,

其中 $S_A = st \displaystyle\sum_{i=1}^r (\overline{x}_{i..} - \overline{x})^2$,$S_E = \displaystyle\sum_{i=1}^r \sum_{j=1}^s \sum_{k=1}^t (x_{ijk} - \overline{x}_{ij.})^2$,该题中 $t=1$.

SUMMARY	观测数	求和	平均	方差
行 1	4	231	57.75	142.25
行 2	4	320	80	232
行 3	4	234	58.5	65.66667
行 4	4	294	73.5	63
行 5	4	327	81.75	84.25
列 1	5	364	72.8	138.7
列 2	5	366	73.2	167.7
列 3	5	355	71	305.5
列 4	5	321	64.2	295.2

差异源	SS	df	MS	F	P-value	F crit
行	2128.7	4	532.175	4.258252	0.022536	5.411951
列	261.8	3	87.26667	0.698273	0.570851	5.952545
误差	1499.7	12	124.975			
总计	3890.2	19				

计算得 $F_A = 4.258252$,$F_{0.01}(4,12) = 5.411951$,$F_A \leqslant F_{0.01}(4,12)$,接受原假设,即表明种子品种对水稻高产无显著差异.

(2) $H_0: \alpha_2 = \alpha_5 = 0$, $H_1: \alpha_2, \alpha_5$ 不全为 0,

构造检验统计量 $F_A = \dfrac{S_A/(r-1)}{S_E/[(r-1)(s-1)]}$,则在假设 H_0 下有

$$F_A = \frac{S_A/(r-1)}{S_E/[(r-1)(s-1)]} \sim F(r-1,(r-1)(s-1)),$$

拒绝域为 $F_A = \dfrac{S_A/(r-1)}{S_E/[(r-1)(s-1)]} \geqslant F_\alpha(r-1,(r-1)(s-1))$,

其中 $S_A = st \displaystyle\sum_{i=1}^{r}(\overline{x}_{i\cdot\cdot} - \overline{x})^2$, $S_E = \displaystyle\sum_{i=1}^{r}\sum_{j=1}^{s}\sum_{k=1}^{t}(x_{ijk} - \overline{x}_{ij\cdot})^2$, 该题中 $t=1$.

SUMMARY	观测数	求和	平均	方差
行 1	4	320	80	232
行 2	4	327	81.75	84.25
列 1	2	158	79	242
列 2	2	166	83	338
列 3	2	169	84.5	60.5
列 4	2	154	77	242

差异源	SS	df	MS	F	P-value	F crit
行	6.125	1	6.125	0.020967	0.89405	10.12796
列	72.375	3	24.125	0.082585	0.965061	9.276628
误差	876.375	3	292.125			
总计	954.875	7				

计算得 $F_A = 0.020967$, $F_{0.05}(1,3) = 10.12796$, $F_A \leqslant F_{0.05}(1,3)$, 接受原假设, 即无显著差异.

6. 下面记录了三位操作工分别在四种不同机器上操作三天的日产量:

机器 A	操作工 B								
	B_1			B_2			B_3		
A_1	15	15	17	19	19	16	16	18	21
A_2	17	17	17	15	15	15	19	22	22
A_3	15	17	16	18	17	16	18	18	18
A_4	18	20	22	15	16	17	17	17	17

试在显著性水平 $\alpha = 0.05$ 下检验操作工人之间的差异是否显著, 机器之间差异是否显著, 交互影响是否显著.

解 $H_{01}: \alpha_1 = \alpha_2 = \alpha_3 = \alpha_4 = 0$, $H_{11}: \alpha_1, \alpha_2, \alpha_3, \alpha_4$ 不全为 0;

$H_{02}: \beta_1 = \beta_2 = \beta_3 = 0$, $H_{12}: \beta_1, \beta_2, \beta_3$ 不全为 0;

$H_{03}: \gamma_{ij} = 0, i = 1,2,3,4; j = 1,2,3, \quad H_{13}: \gamma_{ij}$ 不全为 0.

构造检验统计量,并分别得到零假设下分布

$$F_A = \frac{S_A/(r-1)}{S_E/[rs(t-1)]} \sim F(r-1, rs(t-1)),$$

$$F_B = \frac{S_B/(s-1)}{S_E/[rs(t-1)]} \sim F(s-1, rs(t-1)),$$

$$F_{A \times B} = \frac{S_{A \times B}/[(r-1)(s-1)]}{S_E/[rs(t-1)]} \sim F((r-1)(s-1), rs(t-1)),$$

拒绝域分别为

$$F_A = \frac{S_A/(r-1)}{S_E/[rs(t-1)]} \geqslant F_a(r-1, rs(t-1)),$$

$$F_B = \frac{S_B/(s-1)}{S_E/[rs(t-1)]} \geqslant F_a(s-1, rs(t-1)),$$

$$F_{A \times B} = \frac{S_{A \times B}/[(r-1)(s-1)]}{S_E/[rs(t-1)]} \geqslant F_a((r-1)(s-1), rs(t-1)).$$

观测数	3	3	3	9
求和	47	54	55	156
平均	15.66667	18	18.33333	17.33333
方差	1.333333	3	6.333333	4.25
观测数	3	3	3	9
求和	51	45	63	159
平均	17	15	21	17.66667
方差	0	0	3	7.75
观测数	3	3	3	9
求和	48	51	54	153
平均	16	17	18	17
方差	1	1	0	1.25
观测数	3	3	3	9
求和	60	48	51	159
平均	20	16	17	17.66667
方差	4	1	0	4.5

续　表

总计			
观测数	12	12	12
求和	206	198	223
平均	17.16667	16.5	18.58333
方差	4.333333	2.272727	4.083333

差异源	SS	df	MS	F	P-value	F crit
样本	2.75	3	0.916667	0.532258	0.664528	3.008787
列	27.16667	2	13.58333	7.887097	0.00233	3.402826
交互	73.5	6	12.25	7.112903	0.000192	2.508189
内部	41.33333	24	1.722222			
总计	144.75	35				

计算得 $F_A = 0.532258, F_B = 7.887097, F_{A \times B} = 7.112903$，又有 $F_{0.05}(3,24) = 3.01$，$F_{0.05}(2,24) = 3.4, F_{0.05}(6,24) = 2.51$，所以机器间无显著差异，工人间有显著差异，交互影响有显著差异.

7. 在化工生产中为了提高得率，选了三种不同浓度、四种不同温度情况做试验. 为了考虑浓度与温度的交互作用，在浓度(%)与温度(℃)的每一种水平组合下各做两次试验，其得率数据如下表所示(数据均已减去 75).

浓度 A ＼ 温度 B	$B_1 = 10$		$B_2 = 24$		$B_3 = 38$		$B_4 = 52$	
$A_1 = 2$	14	10	11	11	13	9	10	12
$A_2 = 4$	9	7	10	8	7	11	6	10
$A_3 = 6$	5	11	13	14	12	13	14	10

试在显著性水平 $\alpha = 0.05$ 下检验不同浓度、不同温度以及它们之间的交互作用对得率有无显著影响.

解　$H_{01}: \alpha_1 = \alpha_2 = \alpha_3 = 0$，　$H_{11}: \alpha_1, \alpha_2, \alpha_3$ 不全为 0;

$H_{02}: \beta_1 = \beta_2 = \beta_3 = \beta_4 = 0$，　$H_{12}: \beta_1, \beta_2, \beta_3, \beta_4$ 不全为 0;

$H_{03}: \gamma_{ij} = 0, i = 1,2,3, j = 1,2,3,4$，　$H_{13}: \gamma_{ij}$ 不全为 0.

构造检验统计量，并分别得到零假设下分布

$$F_A = \frac{S_A/(r-1)}{S_E/[rs(t-1)]} \sim F(r-1, rs(t-1)),$$

$$F_B = \frac{S_B/(s-1)}{S_E/[rs(t-1)]} \sim F(s-1, rs(t-1)),$$

$$F_{A\times B} = \frac{S_{A\times B}/[(r-1)(s-1)]}{S_E/[rs(t-1)]} \sim F((r-1)(s-1), rs(t-1)),$$

则拒绝域分别为 $F_A = \dfrac{S_A/(r-1)}{S_E/[rs(t-1)]} \geqslant F_\alpha(r-1, rs(t-1)),$

$$F_B = \frac{S_B/(s-1)}{S_E/[rs(t-1)]} \geqslant F_\alpha(s-1, rs(t-1)),$$

$$F_{A\times B} = \frac{S_{A\times B}/[(r-1)(s-1)]}{S_E/[rs(t-1)]} \geqslant F_\alpha((r-1)(s-1), rs(t-1)).$$

观测数	2	2	2	2	8
求和	24	22	22	22	90
平均	12	11	11	11	11.25
方差	8	0	8	2	2.785714
观测数	2	2	2	2	8
求和	16	18	18	16	68
平均	8	9	9	8	8.5
方差	2	2	8	8	3.142857
观测数	2	2	2	2	8
求和	16	27	25	24	92
平均	8	13.5	12.5	12	11.5
方差	18	0.5	0.5	8	8.857143
总计					
观测数	6	6	6	6	
求和	56	67	65	62	
平均	9.333333	11.16667	10.83333	10.33333	
方差	9.866667	4.566667	5.766667	7.066667	

差异源	SS	df	MS	F	P-value	F crit
样本	44.33333	2	22.16667	4.092308	0.044153	3.885294
列	11.5	3	3.833333	0.707692	0.565693	3.490295
交互	27	6	4.5	0.830769	0.568369	2.99612
内部	65	12	5.416667			
总计	147.8333	23				

计算得 $F_A = 4.092308, F_B = 0.707692, F_{A \times B} = 0.830769$，又有 $F_{0.05}(2,12) = 3.885294$，$F_{0.05}(3,12) = 3.490295, F_{0.05}(6,12) = 2.99612$，所以浓度有显著影响，温度无显著影响，交互作用无显著影响.

8. 考察合成纤维弹性，影响因素为：收缩率 A 和总的拉伸倍数 B. 试验结果如下表：

B \ A	$A_1 = 0$		$A_2 = 4$		$A_3 = 8$		$A_4 = 12$	
$B_1 = 460$	71	73	73	75	76	73	75	73
$B_2 = 520$	72	73	76	74	79	77	73	72
$B_3 = 580$	75	73	78	77	74	75	70	71
$B_4 = 640$	77	75	74	74	74	73	69	69

试在显著性水平 $\alpha = 0.05$ 下检验因素 A, B 及它们的交互作用对试验结果是否有显著性影响差异.

解　$H_{01}: \alpha_1 = \alpha_2 = \alpha_3 = \alpha_4 = 0$,　$H_{11}: \alpha_1, \alpha_2, \alpha_3, \alpha_4$ 不全为 0;

$H_{02}: \beta_1 = \beta_2 = \beta_3 = \beta_4 = 0$,　$H_{12}: \beta_1, \beta_2, \beta_3, \beta_4$ 不全为 0;

$H_{03}: \gamma_{ij} = 0, i = 1,2,3,4, j = 1,2,3,4$,　$H_{13}: \gamma_{ij}$ 不全为 0.

构造检验统计量，并分别得到零假设下分布

$$F_A = \frac{S_A/(r-1)}{S_E/[rs(t-1)]} \sim F(r-1, rs(t-1)),$$

$$F_B = \frac{S_B/(s-1)}{S_E/[rs(t-1)]} \sim F(s-1, rs(t-1)),$$

$$F_{A \times B} = \frac{S_{A \times B}/[(r-1)(s-1)]}{S_E/[rs(t-1)]} \sim F((r-1)(s-1), rs(t-1)).$$

拒绝域分别为

$$F_A = \frac{S_A/(r-1)}{S_E/[rs(t-1)]} \geqslant F_\alpha(r-1, rs(t-1)),$$

$$F_B = \frac{S_B/(s-1)}{S_E/[rs(t-1)]} \geqslant F_\alpha(s-1, rs(t-1)),$$

$$F_{A \times B} = \frac{S_{A \times B}/[(r-1)(s-1)]}{S_E/[rs(t-1)]} \geqslant F_\alpha((r-1)(s-1), rs(t-1)).$$

观测数	2	2	2	2	8
求和	144	145	148	152	589
平均	72	72.5	74	76	73.625
方差	2	0.5	2	2	3.696429
观测数	2	2	2	2	8
求和	148	150	155	148	601
平均	74	75	77.5	74	75.125
方差	2	2	0.5	0	2.982143
观测数	2	2	2	2	8
求和	149	156	149	147	601
平均	74.5	78	74.5	73.5	75.125
方差	4.5	2	0.5	0.5	4.410714
观测数	2	2	2	2	8
求和	148	145	141	138	572
平均	74	72.5	70.5	69	71.5
方差	2	0.5	0.5	0	4.571429

总计

观测数	8	8	8	8	
求和	589	596	593	585	
平均	73.625	74.5	74.125	73.125	
方差	2.553571	6.571429	7.553571	7.839286	

差异源	SS	df	MS	F	P-value	F crit
样本	70.59375	3	23.53125	17.51163	2.62E−05	3.238872
列	8.59375	3	2.864583	2.131783	0.136299	3.238872
交互	79.53125	9	8.836806	6.576227	0.000591	2.537667
内部	21.5	16	1.34375			
总计	180.2188	31				

计算得 $F_A = 17.51163, F_B = 2.131783, F_{A \times B} = 6.576227$,又有 $F_{0.05}(3,16) = 3.24$,$F_{0.05}(3,16) = 3.24, F_{0.05}(9,16) = 2.54$,所以 A 的影响显著,B 的影响不显著,交互作用影响显著.

9. 进行农业试验,选择四个不同品种的小麦及三块试验田,每块试验田分成四块面积相等的小块,各种植一个品种的小麦,收获量(kg)如下:

试验田 B ＼ 品种 A	B_1	B_2	B_3	B_4
A_1	26	30	22	20
A_2	25	23	21	21
A_3	24	25	20	19

试在显著性水平 $\alpha = 0.05$ 下检验小麦品种及试验田对收获量是否有显著影响.

解 $H_{01} : \alpha_1 = \alpha_2 = \alpha_3 = 0$, $H_{11} : \alpha_1, \alpha_2, \alpha_3$ 不全为 0;

$H_{02} : \beta_1 = \beta_2 = \beta_3 = \beta_4 = 0$, $H_{12} : \beta_1, \beta_2, \beta_3, \beta_4$ 不全为 0.

构造检验统计量,并分别得到零假设下分布

$$F_A = \frac{S_A / (r-1)}{S_E / [(r-1)(s-1)]} \sim F(r-1, (r-1)(s-1)),$$

$$F_B = \frac{S_B / (s-1)}{S_E / [(r-1)(s-1)]} \sim F(s-1, (r-1)(s-1)),$$

拒绝域分别为

$$F_A = \frac{S_A / (r-1)}{S_E / [(r-1)(s-1)]} \geqslant F_\alpha (r-1, (r-1)(s-1)),$$

$$F_B = \frac{S_B / (s-1)}{S_E / [(r-1)(s-1)]} \geqslant F_\alpha (s-1, (r-1)(s-1)).$$

SUMMARY	观测数	求和	平均	方差
行 1	4	98	24.5	19.66667
行 2	4	90	22.5	3.666667
行 3	4	88	22	8.666667
列 1	3	75	25	1
列 2	3	78	26	13
列 3	3	63	21	1
列 4	3	60	20	1

差异源	SS	df	MS	F	P-value	F crit
行	14	2	7	2.333333	0.177979	5.143253
列	78	3	26	8.666667	0.013364	4.757063
误差	18	6	3			
总计	110	11				

计算得 $F_A = 2.3333, F_B = 8.6667$，又有 $F_{0.05}(2,6) = 5.14, F_{0.05}(3,6) = 4.757$，所以试验田对收获量无显著影响，小麦品种对收获量有显著差异．

10. 在橡胶生产过程中，选择四种不同的配料方案 A 及五种不同的硫化时间 B，测得产品的抗压强度（kg/cm²）如下：

配料方案 \ 硫化时间	B_1	B_2	B_3	B_4	B_5
A_1	151	157	144	134	136
A_2	144	162	128	138	132
A_3	134	133	130	122	125
A_4	131	126	124	126	121

试分别在显著性水平 $\alpha = 0.05, 0.01$ 下检验配料方案及硫化时间对产品的抗压强度是否有显著影响．

解 （1）显著性水平 $\alpha = 0.05$ 情况下：

$H_{01} : \alpha_1 = \alpha_2 = \alpha_3 = \alpha_4 = 0$，　$H_{11} : \alpha_1, \alpha_2, \alpha_3, \alpha_4$ 不全为 0；

$H_{02} : \beta_1 = \beta_2 = \beta_3 = \beta_4 = \beta_5 = 0$，　$H_{12} : \beta_1, \beta_2, \beta_3, \beta_4, \beta_5$ 不全为 0.

构造检验统计量,并分别得到零假设下分布

$$F_A = \frac{S_A/(r-1)}{S_E/[(r-1)(s-1)]} \sim F(r-1,(r-1)(s-1)),$$

$$F_B = \frac{S_B/(s-1)}{S_E/[(r-1)(s-1)]} \sim F(s-1,(r-1)(s-1)),$$

拒绝域分别为

$$F_A = \frac{S_A/(r-1)}{S_E/[(r-1)(s-1)]} \geqslant F_a(r-1,(r-1)(s-1)),$$

$$F_B = \frac{S_B/(s-1)}{S_E/[(r-1)(s-1)]} \geqslant F_a(s-1,(r-1)(s-1)).$$

SUMMARY	观测数	求和	平均	方差
行 1	5	722	144.4	95.3
行 2	5	704	140.8	177.2
行 3	5	644	128.8	26.7
行 4	5	628	125.6	13.3
列 1	4	560	140	84.66667
列 2	4	578	144.5	312.3333
列 3	4	526	131.5	75.66667
列 4	4	520	130	53.33333
列 5	4	514	128.5	45.66667

差异源	SS	df	MS	F	P-value	F crit
行	1243.8	3	414.6	10.55857	0.001103	3.490295
列	778.8	4	194.7	4.958404	0.013595	3.259167
误差	471.2	12	39.26667			
总计	2493.8	19				

计算得 $F_A = 10.55857, F_B = 4.958404$,因为 $F_{0.05}(3,12) = 3.49, F_{0.05}(4,12) = 3.259$,所以两者均有显著影响.

（2）显著性水平 $\alpha = 0.01$ 情况下:

$H_{01}: \alpha_1 = \alpha_2 = \alpha_3 = \alpha_4 = 0$,　$H_{11}: \alpha_1, \alpha_2, \alpha_3, \alpha_4$ 不全为 0;

$H_{02}:\beta_1 = \beta_2 = \beta_3 = \beta_4 = \beta_5 = 0,\quad H_{12}:\beta_1,\beta_2,\beta_3,\beta_4,\beta_5$ 不全为 0.

构造检验统计量, 并分别得到零假设下分布

$$F_A = \frac{S_A/(r-1)}{S_E/[(r-1)(s-1)]} \sim F(r-1,(r-1)(s-1)),$$

$$F_B = \frac{S_B/(s-1)}{S_E/[(r-1)(s-1)]} \sim F(s-1,(r-1)(s-1)),$$

则拒绝域分别为

$$F_A = \frac{S_A/(r-1)}{S_E/[(r-1)(s-1)]} \geqslant F_\alpha(r-1,(r-1)(s-1)),$$

$$F_B = \frac{S_B/(s-1)}{S_E/[(r-1)(s-1)]} \geqslant F_\alpha(s-1,(r-1)(s-1)).$$

SUMMARY	观测数	求和	平均	方差
行 1	5	722	144.4	95.3
行 2	5	704	140.8	177.2
行 3	5	644	128.8	26.7
行 4	5	628	125.6	13.3
列 1	4	560	140	84.66667
列 2	4	578	144.5	312.3333
列 3	4	526	131.5	75.66667
列 4	4	520	130	53.33333
列 5	4	514	128.5	45.66667

差异源	SS	df	MS	F	P-value	F crit
行	1243.8	3	414.6	10.55857	0.001103	5.952545
列	778.8	4	194.7	4.958404	0.013595	5.411951
误差	471.2	12	39.26667			
总计	2493.8	19				

计算得 $F_A = 10.55857$, $F_B = 4.958404$, 因为 $F_{0.01}(3,12) = 5.9525$, $F_{0.01}(4,12) = 5.412$, 所以硫化时间无显著差异, 配料方案有显著影响.

(B)

一、填空题

1. 检验因素 A 的影响是否显著,选用统计量_____,当 $H_0: \mu_1 = \mu_2 = \cdots = \mu_s$ 成立时,该统计量服从的分布是_____,拒绝域为_____.

解 $F = \dfrac{S_A/s-1}{S_E/n-s}, F(s-1, n-s), (F_\alpha(s-1, n-s), +\infty)$.

2. 单因素方差分析中,以 S_A 表示因素 A 引起的误差平方和,当假设 H_0 成立时,$\dfrac{S_A}{\sigma^2}$ 服从_____分布,自由度为_____.

解 $\chi^2, s-1$.

二、单项选择题

1. 方差分析实际上是一个(   )问题.

A. 假设检验   B. 参数估计   D. 随机试验   D. 参数检验

解 方差分析是一种统计方法,用于比较两组或更多组的均值是否存在显著差异,是假设检验问题.本题应选 A.

2. 方差分析中,常用的检验方法为(   ).

A. U 检验法   B. t 检验法   C. χ^2 检验法   D. F 检验法

解 U 或 t 检验法用于检验单组或两组均值的差异,当遇到三组及以上的资料互相比较时,重复使用 U 或 t 检验法比较一个均值与其他多个均值,会导致犯第一类错误的概率大幅度增加,故对于多组资料均值差异的显著性检验,应该使用 F 检验(又称方差分析).故本题应选 D.

3. 单因素方差分析中,数据 $x_{ij}(i=1,2,\cdots,n; j=1,2,\cdots,r)$ 可以看作取自(   ).

A. 一个总体 $X \sim N(\mu, \sigma^2)$

B. r 个总体 $X_j \sim N(\mu, \sigma_j^2)(j=1,2,\cdots,r)$

C. r 个总体 $X_j \sim N(\mu_j, \sigma_j^2)(j=1,2,\cdots,r)$

D. n 个总体 $X_j \sim N(\mu_j, \sigma_j^2)(i=1,2,\cdots,n; j=1,2,\cdots,r)$

解 因素 A 在不同水平 A_j 下的总体记为 $X_j(j=1,2,\cdots,r)$ 则有 $X_1, X_2, \cdots, X_r$ 相互独立,且 $x_j \sim N(\mu_j, \sigma^2), j=1,2,\cdots,r$,故本题应选 C.

4. 方差分析使用的 F 检验法中,统计量 $\dfrac{S_{A \times B}/[(r-1)(s-1)]}{S_E/[rs(t-1)]}$ 用来检验(   ).

A. 因素 A 作用的显著性   B. 因素 B 作用的显著性

C. 因素 A 和 B 的相关性   D. 因素 A 和因素 B 交互作用的显著性

解 在双因素重复试验的方差分析中，$\dfrac{S_{A \times B}/[(r-1)(s-1)]}{S_E/[rs(t-1)]}$ 用于检验因素 A 和因素 B 交互作用的显著性，本题应选 D.

5. 方差分析的基本依据是(　　).

A. 小概率事件在一次试验中不会发生　　B. 离差平方和的分解

C. 实际推断原理　　　　　　　　　　　D. 随机变量 ε 服从正态分布

解 本题应选 B. 对某一特性量经过多次试验的结果，一般不会是同一数值，而是彼此有差异，这种差异反映了该试验受各种因素的制约. 离差平方和就反映了这种制约因素引起的差异大小. 方差分析的基本思想是将总的离差平方和分解为几个部分，每一部分反映了方差的一种来源，然后利用 F 分布进行检验.